国家出版基金项目
NATIONAL PUBLICATION FOUNDATION

珠江流域水生态健康评估丛书

珠江水质生物监测与评价技术

王旭涛　黄少峰　黄迎艳　李思嘉　编著

中国水利水电出版社
www.waterpub.com.cn

·北京·

内 容 提 要

随着人们对水环境质量和水生态系统认识的加深，水生物监测得到越来越多的关注与重视，逐渐成为水环境监测的重要发展方向。与传统理化水质监测相比，水生物监测具有对污染反应敏感、反映长期效应、综合反映环境质量等优点。

本书以珠江流域研究为例，选取着生硅藻和底栖动物作为指示生物来研究其对河流水生态健康的指示作用，建立了监测评价技术体系，以此完善现有水环境监测体系，全面提升生物监测能力，从而更准确地掌握珠江河流水生态环境现状，为实现珠江流域生态环境管理提供有效的手段。本书共分 12 章，包含着生硅藻、底栖动物监测与评价技术的相关内容，可以为我国其他流域河流生态系统质量评估提供借鉴。

图书在版编目（CIP）数据

珠江水质生物监测与评价技术 / 王旭涛等编著. --
北京：中国水利水电出版社，2020.12
（珠江流域水生态健康评估丛书）
ISBN 978-7-5170-9275-9

Ⅰ．①珠… Ⅱ．①王… Ⅲ．①珠江－水质分析－生物
监测－评价 Ⅳ．①X832

中国版本图书馆CIP数据核字(2020)第261257号

书　　名	珠江流域水生态健康评估丛书 **珠江水质生物监测与评价技术** ZHU JIANG SHUIZHI SHENGWU JIANCE YU PINGJIA JISHU
作　　者	王旭涛　黄少峰　黄迎艳　李思嘉　编著
出版发行	中国水利水电出版社 （北京市海淀区玉渊潭南路 1 号 D 座　100038） 网址：www.waterpub.com.cn E-mail：sales@waterpub.com.cn 电话：(010) 68367658（营销中心）
经　　售	北京科水图书销售中心（零售） 电话：(010) 88383994、63202643、68545874 全国各地新华书店和相关出版物销售网点
排　　版	中国水利水电出版社微机排版中心
印　　刷	北京印匠彩色印刷有限公司
规　　格	184mm×260mm　16 开本　14.25 印张　365 千字
版　　次	2020 年 12 月第 1 版　2020 年 12 月第 1 次印刷
印　　数	001—500 册
定　　价	**108.00 元**

我国的水环境监测工作起步于 20 世纪 70 年代中期，经过近几十年的发展，已经形成了一套较完善的通过检测水体样本中污染因子的含量而做出水质评价的物化试验分析评价体系。但是水中的污染物有成千上万种，出于监测成本及工作量考虑，无法对水体中的每一种污染物进行监测，GB 3838—2002《地表水环境质量标准》仅要求检测常规的 24 项水质参数，这些参数即使全部检测合格也并不能代表水体中其他水质参数也是合格的。近年来，随着人们对水环境监测和河流生态健康的关注，水生物监测因其能综合反映水环境变化状况而得到越来越多的关注与重视，成为水环境监测的重要发展方向。其中，着生硅藻和底栖动物凭借分布范围广、对污染反应敏感、反映长期效应、分类鉴定及评价体系相对成熟等优点，常作为水生物监测中的重要工具，用以反映水生态系统健康状态。

珠江是我国第三大河，由西江、北江、东江以及珠江三角洲诸河组成。珠江流域跨越云南、贵州、广东、广西、江西、湖南等省（自治区），国境内流域面积约为 44 万 km^2，约占全国土地总面积的 4.6%；2016 年流域居住人口为 13301 万人，国民生产总值为 96430 亿元，约占全国国民生产总值的 13%。珠江三角洲地区的广州、深圳以及香港特别行政区、澳门特别行政区是我国重要的经济中心，珠江流域既维系着下游三角洲及沿海发达地区和上、中游云南、贵州、广西欠发达地区之间的水系交流，又担负着向香港特别行政区和澳门特别行政区供水的重要任务。因此，珠江水生态状况的好坏对流域经济的发展起着至关重要的作用。随着流域开发利用与生态环境保护之间的矛盾日益加剧，除采用常规理化污染因子监测作为水质管理的工具外，如何采用新手段表征和评价珠江河流水生态健康状况是流域水资源管理提出的新问题。目前珠江水系河流的水质监测多采用理化检测手段，其反映的结果只是采样瞬时水环境的理化参数特征。而河流中着生硅藻和底栖动物能够反映各种污染物对河流水生物长期、累积、综合的生态效应，是十分有效的河流生态环境质量指示生物。

本书内容主要基于珠江流域水环境监测中心在水利部公益性科研专项

"珠江水质生物监测与评价技术"（任务书编号 201001021）项目中开展的一系列研究工作。该项目选取着生硅藻和底栖动物作为指示生物来研究其对珠江河流水生态健康的指示作用，建立了监测评价技术体系。该体系的建立可以完善现有水环境监测体系，全面提升生物监测能力，从而更准确地掌握珠江河流水生态环境现状，为实现珠江流域生态环境管理提供有效的手段，搭建起珠江流域水资源开发与生态保护的桥梁，同时也为我国其他流域河流生态系统质量评估提供借鉴。

本书共四部分（12章），各部分的主要内容如下。

第一部分，研究概况。本部分包括第 1 章和第 2 章，主要介绍了生物监测的特点、选择着生硅藻和底栖动物作为河流水质指示生物的生态学意义、国内外在着生硅藻和底栖动物水质监测与评价方面的研究现状以及"珠江水质生物监测与评价技术"公益性项目的开展情况，包括研究区域概况、生物样品的采集及处理、环境数据的采集等。

第二部分，硅藻。本部分包括第 3 章～第 6 章，主要介绍了着生硅藻监测与评价技术在珠江流域的应用，包括珠江流域着生硅藻种群结构及特点、环境因素对硅藻群落的影响分析、着生硅藻指示种筛选、不同硅藻指数在珠江流域的适用性研究、根据筛选的硅藻指数评估珠江流域的河流水质和生态质量。

第三部分，底栖动物。本部分包括第 7 章～第 11 章，主要介绍了底栖动物生物监测与评价技术在珠江流域的应用，包括底栖动物指示种筛选、不同底栖动物指数在珠江流域的适用性研究、底栖动物评价体系构建与应用等。

第四部分，研究结论。本部分为第 12 章，主要介绍了着生硅藻和底栖动物在珠江河流水质和生态质量评估中的研究与应用，并展望了未来的发展方向。

本书稿撰写得到了多方支持和指导，在此谨向提供帮助与指导的单位、专家、学者表示衷心感谢！

由于作者水平有限，书中难免存在错误，希望广大读者批评指正。

作者

2019 年 10 月

目　录

第一部分
研究概况

第 1 章

绪　　论

1.1　河流污染与水质监测

近一个世纪以来，全球范围内人口增加和区域经济发展消耗了大量水资源，同时工业和城市向周围水环境排放大量废污水，加上对水环境保护意识的缺乏，自然水体环境受到极为严重的破坏，水资源质量整体恶化，水生生态系统功能退化。水污染造成可利用的淡水资源日益减少，水的供需矛盾加剧，进而危及人类生命安全和社会经济持续发展。根据联合国世界水资源评估报告（2003）：全球每天约有 20 亿 t 工业废水和农业废水流进各种水体，每年产生的污水总量为 1500km³；所有流经城市的亚洲河流均已被污染；美国 40％ 的河流、湖泊和水库被工业废渣、肥料和杀虫剂污染；欧洲 55 条主要河流中有 50 条已经遭受不同程度的污染。根据 2010 年《中国环境公报》，全国 204 条河流 409 个地表水国控监测断面中，Ⅳ类～劣Ⅴ类水质的断面比例为 40.1％。主要污染指标为高锰酸盐指数、五日生化需氧量和氨氮。在七大水系中，黄河、辽河为中度污染，海河为重度污染。

全球河流污染严重和生态质量下降，世界各国对于河流污染治理投入了大量的资金。对河流进行监测和水质评价是河流污染防治的前提。只有通过对河流环境变化进行定量分析，掌握河流环境参数的动态变化，才能制订水污染防治方案，提出水资源管理和保护政策。

1.2　生物监测概述

河流监测和评价方法分为理化监测法和生物监测法。理化参数评价为传统的河流水质监测方法。理化监测项目包括化学需氧量、五日生化需氧量、总磷、总氮、溶解氧、电导率等参数，通过以上参数的测定值采用单因子或多因子评价方法评价河流水质。理化监测具有简单方便、快速、高灵敏度等特点，但是也存在瞬间性、成本高及会带来二次污染等缺点。

生物监测和评价方法能够弥补理化监测的一些不足。生物监测（Biological monitoring）指利用群落、种群或生物个体对环境污染产生的反应，通过生物学的方法，从生物学角度对环境污染状况进行监测和评价的一种技术。联合国环境规划署（UNEP）将其定义为：

测量活着的生物体对人为压力的灵敏度。美国环境保护署（EPA）则将其定义为：使用活着的生物体来测定环境影响。在河流水环境中，水生群落可以认为是对生物和非生物压力的复合响应。污染物质进入河流，水生生物在群落结构特征、个体行为、生理功能、生态习性上都会做出相应的反应，响应结果是污染物对于生物的连续影响和累积作用。水生生物群落中的底栖动物、水生维管束植物、水生微藻和鱼类等生物均为良好的河流水质指示生物。一般来说，生物监测指示生物的敏感性与生命周期长短、移动性、位于食物链（网）的位置等生态特征相关。相对于其他指示生物，淡水着生硅藻拥有生命周期短、固着性强、位于食物链底端等特性，是十分合适的河流水质指示生物。利用着生硅藻作为指示生物进行河流水质监测和生态质量评价得到越来越广泛的应用。

1.3　硅藻、底栖动物生态学意义及分类学特征

1.3.1　硅藻

硅藻是一种具有硅质细胞壁的单细胞植物，广泛存在于地球的每一处湿润生境中，包括海洋、湖泊、河流、泉水、沼泽、湿土等。从严寒极地到热带沙漠都有硅藻的踪迹，硅藻一年四季都能生长繁殖，主要的繁殖方式为细胞分裂。由于硅藻分类学的发展，地球上现存硅藻种类确切数目存在争议，可能处于 2 万～200 万种的宽广范围中。硅藻细胞壁主要成分为二氧化硅，分上下两壳，以壳环带接合形成一个硅藻细胞，称为壳体。硅藻细胞形态模式图见图 1-1。细胞内含有的色素体主要为叶绿素 a、叶绿素 c 和 β-胡萝卜素，因此颜色呈黄褐色。在水体中，硅藻细胞单生或连成链状、带状、辐射状群体，营浮游或附生生活。相对于浮游硅藻，着生硅藻的固着稳定性更能准确地反映环境变化，因此大多数生物硅藻评价方法建立于着生硅藻群落数据。着生硅藻按其附生基质的不同，可以分为附石（Epilithic）硅藻、附植（Epilithytic）硅藻、附砂（Epipsammic）硅藻、附泥（Epipelic）硅藻、附动物（Epizoic）硅藻。由于附石硅藻的生物量较大，加之采样简便，因此对于附石硅藻的水质评价研究较多。

硅藻作为水生生态系统中的初级生产者，是全球碳固定环节中的重要吸收源，地球 40% 的氧气释放来源于硅藻的光合作用。同时，硅藻在水生食物链（网）中，是一些水生生物不可或缺的饵料食物。硅藻在水体生态系统中的物质循环和能量流动中扮演着重要的角色。

硅藻种类鉴定是硅藻水质评价的研究前提。通过硅藻的硅质外壳可以分辨不同的硅藻种类。硅藻门（Bacillariophyta）植物分为两大类别：中心纲（Centricae）硅藻及羽纹纲（Pennatae）硅藻。其主要区别在于中心纲细胞壳面纹饰呈放射状排列，无假壳缝或壳缝；羽纹纲细胞壳面呈两侧对称、羽状排列，有假壳缝或壳缝。总体来说，壳面形状大小、几何对称性、壳面饰纹排列、中央区和极节样式特点、壳缝结构等是硅藻分类的重要依据。

1.3.2　底栖动物

大型底栖无脊椎动物（Benthic macroinvertebrate）是指生命周期的全部或至少一段

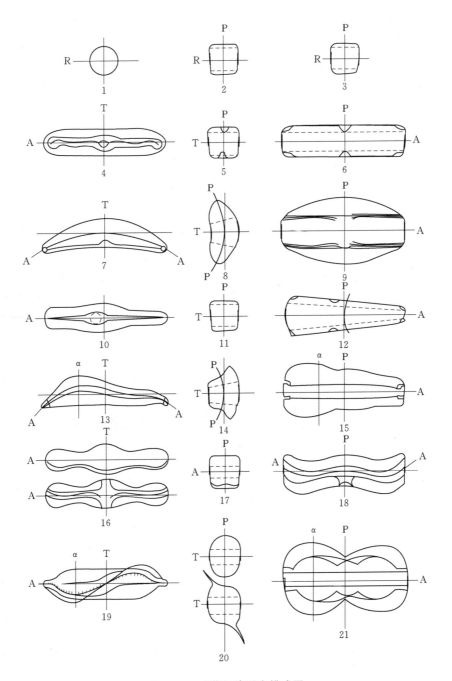

图 1-1　硅藻细胞形态模式图

1~3—*Cyclotella* sp.；4~6—*Pinnularia* sp.；7~9—*Amphora ovalis*；10~12—*Gomphonema* sp.；
13~15—*Rhopalodia vermicularis*；16~18—*Achnanthes inflata*；19~21—*Entomoneis alata*；
A—纵轴；R—放射轴；T—横轴；P—贯壳轴

时期聚居于水体底部的大于 0.5mm 的水生无脊椎动物群，以下简称底栖动物。在淡水中，底栖动物主要包括水生昆虫、软体动物、软甲亚纲、寡毛纲、蛭纲、涡虫纲等。

底栖动物的种类可以按照不同的生活习性来划分，也可以依据摄食对象和摄食方式的差异来划分。按照生活习性可以将底栖动物分成 8 类。

（1）蔓生型底栖动物（Sprawlers），该类生物喜好在水生植物茎叶表面或河床底质表层生活的动物，大多具有鳃或者其他呼吸器官来保证免受泥沙淤积的影响。

（2）溜水型底栖动物（Skaters），该类动物以水龟科为主要类群，可以利用水体表面的张力而不沉入水体，在水面上生活。

（3）潜水型底栖动物（Divers），指能游到水体表面呼吸空气，在水体中能比较自主地游动的底栖动物，同时并不附着在底质表面。

（4）穴居型底栖动物（Burrowers），该类动物栖息于河床砂石缝隙内，主要摄食河床表面的细有机颗粒物质。

（5）游泳型底栖动物（Swimmers），指能自由控制自身运动方向并可以改变其运动速度的底栖动物，能在水体中来回游弋，主要依附于河床底质的表面。

（6）攀爬型底栖动物（Climbers），指生活在涓流区或者静水区的底质表面、活体水生植物、腐败的有机碎屑或木头碎屑上的底栖动物。

（7）钻蚀型底栖动物（Boring benthos）。该类生物主要借助物理的或化学的方式挖掘出适宜的生存空间。

（8）固着型底栖动物（Clingers），指主要栖息于河床底质的动物，身体外形或者生活行为上适应性很强，可以承受水力冲击，终生固着或者临时固着在水底表面或者底质突出物上。

按摄食对象和摄食方式的差异，可分为以下 6 个主要的功能摄食类群。

（1）捕食者（Predators），该类生物主要通过猎食底栖动物的方式生存，从食物链的角度来说属于次级消费者。

（2）收集者（Collectors），主要以细有机颗粒物为食物来源，在食物链上属于初级消费者。该类群还可以进一步分为两类：直接收集者和滤食收集者。其中直接收集者主要以摄食沉积于底质表面的 FPOM 为主，而滤食收集者主要以悬浮于水中的 FPOM 为食。

（3）撕食者（Shredders），摄食粗颗粒有机质，在食物链中处于初级消费者，与其他微型水生生物在分解水生维管束植物的残体组织上发挥相同的作用，同时可以直接以水生维管束植物的活体为食物来源。

（4）刮食者（Scrapers），摄食的对象主要在表层，刮取依附在河床底质上的微小型生物、藻类或其他附着型的生物。

（5）食腐者（Omnivore），拥有广泛的摄食范围，可以同时摄食死的或活的有机物质，也被称作清道夫。

（6）钻食者（Piercers），通过刺吸其他底栖动物的结构组织来摄食。

不同的底栖动物对食物的摄取方式相差很大，河流生态系统中以前 4 种功能摄食类群为主，它们的分布可以反映资源的合理分布和科学利用，反映生态系统的过程和水平。同时，功能摄食类群的分布在一定程度上也能反映它们对环境变量的耐受力，可以用于研究水质污染的影响，有利于准确地进行河流生态评价。

1.4 主要生态参数对硅藻、底栖动物的影响

影响硅藻、底栖动物在水体中的生长、分布的生态参数主要包括物理参数（光照、温度、透明度、流速、水深、底质等）、化学参数（电导率、营养盐、pH 值、离子、重金属等）和生物参数（竞争、捕食、水生植物、饵料生物等）。其中，理化参数与硅藻群落关系的研究较普遍深入。

1.4.1 光照

光是硅藻生命活动能量的主要来源。硅藻通过光合作用产生构成自身细胞物质的有机物。光是影响硅藻生长和生存的最重要生态因子之一。在水生态系统中，光照随着水体深度的增加而减弱，位于不同水体深度的着生硅藻群落结构因此发生改变，适应所处环境的光强度。硅藻的最适宜光照强度范围为 $1000 \sim 7000lx$。Hoagland 等（1990）的研究证明了底栖藻类群落物种组成在水体不同深度存在的差异。在一定范围光照强度内，硅藻光合作用率与光照强度呈正比例关系，硅藻光合作用速度随着光照强度的增加而增加，但是光照强度一旦超过了一定量，达到光饱和时，硅藻会出现光抑制现象。钱振明等和庄树宏等的研究证实了硅藻的这个生态特征。

光照对底栖动物的影响主要通过影响水体的初级生产力从而间接地影响底栖动物的生长。

1.4.2 温度

温度是影响着生硅藻群落的重要生态因子。温度对于硅藻的作用机制主要是影响细胞内酶活性。在适宜的温度下，硅藻生长繁殖迅速。过高的温度或过低的温度都会使硅藻细胞中蛋白质和核酸受到不可逆的损害，机能下降，停止生长，甚至死亡。另外，温度也会影响水环境中各类营养物、离子的分解率或离解度，间接地影响生硅藻的生长分布。不同的硅藻种类具有不同的生长适宜温度，这是硅藻适应不同生长环境的结果。比如，长生等片藻（*Diatoma elongamm*）最适宜的生长温度是 $10 \sim 20℃$。侯旭光等（2002）在南极地区发现的一种优势硅藻（*Myrionema* spp.），其最适生长温度为 $-1 \sim 8℃$。藻类学家在高达 $60℃$ 的温泉中仍能发现硅藻的踪影，它们在高温环境下仍能正常地生长和繁殖。一般来说，大多数硅藻都存活于 $5 \sim 40℃$ 的温度范围内，其中最适范围为 $15 \sim 30℃$。

温度对底栖动物的影响较为普遍的认识是在食物和其他环境适宜的条件下，在适宜的温度范围内，升高温度可以加快底栖动物的生长。温度变化还与底栖动物物种的个体大小有关。个体越小，影响越大。如不同规格大小的梨形环棱螺（*Bellamya purificate*）在温度梯度中的生长实验就证明了这一点。这可能是小个体对外界适应性较大个体弱的缘故。大部分底栖动物物种都适宜在较高的温度中生长，如一些摇蚊幼虫（Chironomidae）在夏季温暖的季节中生长迅速，而到寒冷的月份则完全停止生长。但是温度过高会对底栖动物产生不良影响，如当温度到 $36℃$ 时青蛤（*Cyclina sinensis*）稚贝停止生长；当温度升高到 $39℃$ 时，青蛤稚贝就会死亡。当然也有适宜在低温生长的底栖动物物种，如大红德永

摇蚊（*Tokunagayusurikd akamusi*）幼虫，当水温高于 20℃时开始钻到底泥深处休眠，一直到深秋水温下降到 20℃时才开始大量出现在表层底泥中。其主要生长季节在冬季。

1.4.3 流速

水体流速影响硅藻的生长分布。根据水流速度，将硅藻分为 5 种生长类型：真静水性种、好静水性种、不定性种、好流水性种和真流水性种。一般而言，在江河中硅藻群落以不定性种类和好流水性种类占优势，而在湖泊水库中则以静水性种为主。王翠红等（2004）对流速与着生硅藻多样性指数的关系进行了研究：认为随着河流流速增加，多样性指数值略有上升；但是如果流速较高，那么多样性指数值反而下降。这是由于硅藻细胞附着在基质上，当流速较高时，部分细胞易被水流冲走，造成物种多样性下降。为了适应不同流速的水体环境，着生硅藻发展了特殊的生存机制，如由胶质分泌孔分泌的胶质固着，或由胶质柄固着，或固着在空的胶质管上。

流速对底栖动物群落的现存量和种类组成影响较大。底栖动物群落的物种丰度一般出现在流速为 0.3～1.3m/s 的各种底质中。流速降低在一定程度上可加快有机碎屑沉积量的增加，而有机碎屑是底栖动物很重要的食物来源。但是当流速低于 0.3m/s 时，河床趋于淤积，生产力不高；当流速大于 1.3m/s 时，流速就会成为大多数生物的限制因素。水流扰动对滤食收集者的栖息非常不利，会降低滤食者的多度，如蜉蝣（Ephemeroptera）和毛翅目（Trichoptera）。根据对流速大小的要求不同，可以将底栖动物分为急流型和缓流型。急流型底栖动物是河流底栖动物群落的典型生物代表。为了能够停栖在一个地点而不被水流冲走，它们形成了一些特有的适应特性。它们一般具有流线形的身体，以使其在流水中产生的摩擦力最小，如四节蜉科（Baetidae）稚虫；许多急流动物都具有非常扁平的身体，使它们能在石块下或底质缝隙中得以栖息；有些动物持久地附着在固定的物体上，如有的毛翅目幼虫会把巢和石块粘在一起；有些动物则具有钩和吸盘等附着器官，如双翅目（Diptera）蚋科（Simuliidae）和网蚊科（Blephariceridae）的幼虫；有些动物具有黏着的下表面，如涡虫（Turbellaria），这使它们能牢牢地粘附在水下石块的表面，缓慢地在石块表面爬行。

1.4.4 水深

一般来说，底栖动物群落的密度和多样性随着水深的增加而不断递减。Beisel 等指出，河流水深与底栖动物的均匀度呈正相关关系，与多度呈负相关关系。当水深为 16～50cm 时，底栖动物群落的物种丰度和生物密度最高，敏感类群也最多。如果水流过浅，那么作为底栖动物重要食物来源的水生植物和底栖动物本身会受到光照的干扰；相反，如果水流过深，那么光照的衰减会导致初级生产力降低。对于湖泊，因为湖泊不同位置的水深不同，底栖动物群落的组成也不同。深水湖泊底栖动物种类很少，但是现存量有时很大，常以寡毛类为主，浅水湖泊底栖动物的物种较多，但通常以螺类的生物量为最大，主要为沼螺属（*Parafossarulus*）、涵螺属（*Alocinma*）、短沟蜷属（*Semisulcospira*）、环棱螺（*Bellamya*）等。对于水库，由于水体较深，底栖动物的物种数一般较少。寡毛类是山谷型水库和水库深水区的优势类群，而摇蚊幼虫则在平原型水库和水库浅水区较多。

1.4.5 电导率

电导率是影响硅藻分布的主要因素之一。电导率反映水体中带电离子的多少，可溶的带电离子越多，水体电导率越大。Sai 等（1999）通过典范对应分析（Canonical Correspondence Analysis，简称 CCA），证实水体电导率是 Truelove 低地水体硅藻群落分布的主要影响因素，并通过加权平均回归（Weighted averaging regression）方法建立电导率与硅藻的定量预测模型。Soininen 等（2004）研究发现：当水体电导率大幅度下降，大型着生硅藻种类（如 *Amphora ovalis*、*Gyrosigma acuminatum*、*Campylodiscus noricus*）迅速减少，甚至消失，但 *Cyclotella* 和 *Fragilaria* 种类却大量增加。何琦等（2011）发现在增江流域，电导率高的水体，菱形藻属相对丰度也高，其相对丰度与电导率呈极显著正相关关系（$R = 0.75$，$p < 0.001$）。邓培雁等应用典范对应分析和偏典范对应分析方法研究桂江流域着生硅藻群落影响因素时，发现电导率是影响着生硅藻群落结构的主要水质因素。

1.4.6 营养盐

水体中的营养盐浓度影响硅藻代谢活动和生长速率，进而影响硅藻群落结构组成。Karin 等（2007）对美国 New Jersey 河硅藻群落结构进行研究，认为河流中营养盐浓度能显著地改变硅藻物种组成。营养盐在一定范围内，对硅藻的生长繁殖具促进作用；含量过低时，起限制作用；浓度过高，则有毒害作用。不同硅藻对营养盐的需求有差异性，如脆杆藻科（Fragilariaceae）种类对磷的需求低，对硅的需求高；中心纲（Centriae）种类相反，对磷的需求高，对硅的需求低。一般而言，限制硅藻生长的主要营养盐元素是氮和磷，水中氮、磷浓度及氮磷比对硅藻种类及丰度有显著影响。水中氮主要来源于各类氨盐和亚硝酸盐、硝酸盐，磷则主要来自磷酸盐。磷浓度增加往往是硅藻爆发性生长的关键因素。

底栖动物的多样性与水体中总氮、总磷均呈负相关关系。水体富营养化导致底栖动物有些种类消失，而耐污种的生物量却相应增加。如东湖底栖动物从 20 世纪 60 年代的 133 种降到 20 世纪 90 年代的 67 种，其中以毛翅目和软体物种类的消失更甚，而霍甫水丝蚓（*Limnodrilus hoffmeisteri*）的密度呈快速增长的趋势。

1.4.7 pH 值

硅藻对于水中 pH 值十分敏感。水的 pH 值对硅藻生长的影响机制可以归纳为以下几个方面：影响水中 CO_2 浓度，以致影响硅藻光合作用中的 CO_2 可利用效率；影响呼吸作用中有机碳源的氧化速度，以致影响硅藻同化有机物的效率；细胞膜电荷因水中酸碱度变化而变化，从而影响细胞对环境中营养物的吸收和利用；影响硅藻细胞代谢活动过程中酶的活性；影响水体环境中营养物质的溶解度、离解度或分解率等理化过程，从而改变营养物质的供给；影响代谢产物的再利用性和毒性。不同硅藻种类生长适宜的 pH 值范围不同，但是大多数硅藻适宜生长在 pH 值为 7.8～8.2 的微碱性水环境中。Van Dam 根据酸碱度偏好，将硅藻分为 6 种生态类群：喜酸性（acidobiontic）、喜偏酸性（acidophilous）、喜中性（circumneutral）、喜碱性（alkaliphilous）、唯碱性（alkalibiontic）和无差异（in-different）。

水体的 pH 值对底栖动物也产生一定的影响。如 pH 值在 5.0 以下时底栖动物的生物量明显减少，繁殖能力显著减弱；泥螺（*Bullacta exarata*）的浮游幼虫在 pH 值为 5.0 以下时会产生大量畸形，pH 值在 7～8 时存活率和生长最佳。Stoertz 等（2002）研究发现，在河流被酸性矿排水污染隔离的情况下底栖动物的多样性降低，摇蚊幼虫占了底栖动物总数的 94%，而蜻蜓目（Odonata）、蜉蝣目（Ephemeroptera）和襀翅目（Plecoptera）则会消失。

1.4.8　重金属

重金属元素进入水体后多数会沉积于底泥中，这必然对生活在水生生态系统底层的底栖动物构成极大的威胁。在水生生态系统中，铜、铅、锌是重金属中对水生动物造成生态风险较大的 3 种，其中铜对底栖动物的生物毒性要远高于其他重金属。朱江等（1996）研究了德兴铜矿废水对乐安江底栖动物群落的影响，指出乐安江水体底泥中铜的浓度与底栖动物多样性指数呈显著负相关关系。

1.4.9　底质

底质是底栖动物生长、繁殖等一切生命活动的必备条件，底质的颗粒大小、稳定程度、表面构造和营养成分等都对底栖动物有很大的影响，具体的影响随个体种类而异。水体的底质大体可分为岩石、砾石、粗砂、细砂、黏土和淤泥等。粗砂和细砂的底质最不稳定，通常生物量最低；砾石底质的底栖动物生物量较高。同种底栖动物在不同底质中的差别也较大，如在泥沙滩和砾石滩同种软体动物呈现出不同的优势度，东湖铜锈环棱螺（*Bellamya aeruginosa*）则主要生活于含砂的湖底。

1.4.10　生物间相互作用

底栖动物种间的影响主要是在捕食和生存空间两方面发生竞争，其结果往往是造成低质量的摄食条件和生存空间、低下的生长发育速率，最终对现存量造成负面作用。如蜉蝣目（Ephemeroptera）、毛翅目（Trichoptera）、摇蚊（Chironomidae）和颤蚓类（Tubificida）等底栖动物在不同密度下进行的培养实验表明，高密度造成同种或异种个体变小，死亡率增加，世代数减少，从而导致生物量降低。即使在水质较好的条件下，由于密度过大，底栖动物的生长也会受到较大的影响。

1.4.11　水生植物

在生物环境中，苔藓、水草及着生藻类等底床附生植物是影响底栖动物的重要因素。大型水生植物不仅能作为底栖动物重要的食物来源，还能为底栖动物提供避难场所，且可以缓冲生物种群抵抗各种非生物扰动或生物间的相互作用。植物类型不同，该区分布的底栖动物类群也会不同。在密度方面，沿岸带和沉水植物区软体动物占优势，水生昆虫次之，寡毛纲再次，其他种类最少；挺水植物区水生昆虫密度较低，寡毛纲和软体动物密度值较低。不同底栖类群与水生植物的关系表现不同，这主要取决于各类动物的生活习性。一般来说，腹足纲的生物量随着大型水草生物量的增加而增加，水草上生长的大量着生藻类是小型腹足纲的主食对象，而双壳纲主要滤食悬浮碎屑、细菌和浮游植物。

1.5 国内外研究概况

1.5.1 硅藻生物评价研究进展

硅藻是河流中最常见且种类最丰富的生物元素之一，是水生态系统的初级生产者。硅藻作为河湖水质评价的生物参数的优势如下：第一，作为初级生产者，受环境中各种物理、化学因素的直接影响，与原生动物、大型无脊椎动物和鱼类相比，对污染物更敏感、更迅速，能够准确地反映水体的各种变化。第二，硅藻栖息生境十分广泛，包括河流、湖泊、水库、泉水、湿地、河流入海口和海洋等，一切湿润的生境都有其踪迹，能反映各种水体的水质状况。第三，硅藻生命周期短，不仅可以对环境变化做出快速反应，还可以在一年中的任何时段进行采样。第四，着生硅藻会形成胶质柄、胶质管等分泌物，这些物质可以使着生硅藻附着在基质上，避免被水流冲走或者受到其他干扰而脱落，这使着生硅藻不能够通过迁移和其他形式来躲避污染的危害，所以可以准确地反映水质的变化过程。第五，硅藻细胞壁高度钙质化，能够在受酸、碱、重金属等污染严重的水体中生长，而在这种极度污染的水体中，其他生物可能无法生存。第六，硅藻样品采样方便，成本较低，玻片样品能够保存多年。以上优势使硅藻已经被广泛用于河流水质监测与评价中。

利用硅藻作为河流水质评价的生物指示物已有 100 多年的历史。1908 年，Kolkwitz 和 Marsson 首次将硅藻运用于水质研究，水质判断主要建立于关键指示种的有无出现，评价方法较为粗略。从 20 世纪 60 年代开始，评价方法引入硅藻群落结构特征，考虑硅藻种类的出现和在群落中的丰度比例，种类的生态偏好和耐受性等，评价目的不再是单一的水质污染监测，开始对水体整体生态质量进行评估。近 30 年来，随着硅藻个体生态学的发展，生态学家已经开发出数十种地域性的生物硅藻评价指数，包括：英国的硅藻营养化指数（Trophic diatom index，简称 TDI，Kelly 等，1995）；法国的硅藻属指数（Generic diatom index，简称 IDG，Cemagref，1982—1990）、特定污染敏感指数（Specific polluo-sensitivity index，简称 IPS，Cemagref，1982）、硅藻生物指数（Biological diatom index，简称 IBD，Lenoir 等，1995）；意大利的硅藻富营养化污染指数（Eutrophication pollution diatom index，简称 EPI-D，Dell Uomo，2004）；澳大利亚的 Rott saprobic index（Rott，1997）、Rott trophic index（Rott，1998）；德国的 Schiefele and kohmann trophic index（Schiefele 等，1993）；法国和比利时的欧盟硅藻指数（European economic community index，简称 CEE，Descy 等，1991）；日本的硅藻群落有机污染物指数（Diatom assemblage index of organic pollution，简称 DAIPo，Watanabe et al.，1986）；而美国倾向于通过多度量指标建立综合的生物完整性指数（Index of biotic integrity），评价河流的健康状态，如肯塔基州硅藻污染耐受指数（Kentucky diatom pollution tolerance index，简称 KYDPTI），蒙大拿州硅藻污染指数（Montana diatom pollution index，简称 MTDPI），河流硅藻指数（River diatom index，简称 RDI）等。最新版的 Omnidia 5.3 软件可计算 15 种硅藻指数（CEE、DESCY、DI – CH、EPI – D、IDG、IBD、IDAP、IDP、IPS、LO-BO、SHE、SID、SLA、TDI、TID、WAT、IDSE）。

硅藻在河流水质及生态质量评价中的作用日趋显著，使其在欧洲（法国、英国、德国、荷兰、比利时、西班牙、葡萄牙、芬兰、波兰、意大利、奥地利、爱沙尼亚），南北美洲（美国、加拿大、哥斯达黎加、巴西、阿根廷），非洲（南非），亚洲（中国、日本、泰国、马来西亚、印度、土耳其），大洋洲（澳大利亚、新西兰）等全球范围内的多个国家和地区均有研究，均有关于硅藻水质评价的研究报道。特别是在欧洲和美国，硅藻指数评价已经成为大型河流水质生物监测项目的重要依据。2000 年，欧盟颁布的《水框架指令》（*Water Framework Directive*，2000）和《2000 年欧洲议会指令》（*European Parliament 2000 Directive*）将硅藻群落特征作为水生态系统评价的重要组成部分，选择生态状况良好的区域为参考点，研究硅藻群落在人类干扰条件下相对于参考区域的变异，以此为规范，制定欧盟成员国恢复良好水生态系统的标准。在美国，至少有 20 个州已经建立起基于硅藻的水质监测网络，美国环境保护署（EPA）1999 年发布的《溪流和可涉水河流快速生物评价指引》（*Rapid Bioassessment Protocols for Use in Streams and Wadeable Rivers：Periphyton，Benthic Macroinvertebrates and Fish，Second Edition*），将硅藻样品采集的标准规范收编于内。由 EPA 开展的 2008—2011 年美国国内河流水质监测计划（*National Rivers and Streams Assessment*）将硅藻列为重要的生物监测指示生物。20 世纪末，澳大利亚对众多溪流，原始的西南地区及水生态系统破坏严重的市区进行了大范围的硅藻调查，为澳大利亚生物监测河流评估系统（Australian River Assessment Scheme，简称 AusRivAS）提供了很好的补充。

国内硅藻监测评价技术尚处于初步阶段，应用硅藻进行水质评价的研究报道相对较少。1991 年，刘俊运用连续比较指数（Sequential Comparison Index，简称 SCI）对玉溪地区的抚仙湖、星云湖、杞麓湖及东风水库进行了水质状况评价；1998 年，齐雨藻等运用 DAIPo 指数和河流污染指数（Rivers Pollution Index，简称 RPId）来评价珠江广州河段的水质状况。进入 21 世纪后，运用硅藻进行水质评价的研究逐渐增多，大致分为 3 个方向：一是运用国外已有硅藻生物指数进行水质评价，如辛晓云等（2000）、李伟等（2002）利用 DAIPo 分别对内蒙古自治区岱海、历山老摇河进行水质评价；赵湘桂等（2009）以漓江为示范区，比较了 IPS 指数和 IBD 指数与我国现有河流理化监测的差异性，对漓江生态状况进行评估。二是运用一系列多样性指数进行硅藻水质评价，如苗治国（2007）运用 Shannon – Wiener 多样性指数、Simpson 指数、Lloyd – Ghelardi 均匀性指数和 Margalef 丰富度指数对汾河太原段水质进行评价；唐鑫等（2013）运用 Shannon – Wiener 多样性指数对贝江水质进行评价。三是运用硅藻指示性属种进行水质评价，如栾卓等（2010）通过分析硅藻群落中的优势种及其指示属性对松花江哈尔滨段水域进行了水质的初步评价。

总体来说，国内的硅藻水质生物评价研究与国际还存在很大差距，大多还处于或直接运用国外已有硅藻指数，或简单运用一系列多样性指数进行分析，没有建立适合我国河流水质硅藻生物评价的指数和标准。

1.5.2 底栖动物生物评价研究进展

底栖动物在水生生态系统中具有极其重要的生态学作用。它们是水生生态系统的一个重要类群，在健康生态系统中起着关键作用。底栖动物在水生生态系统食物链中扮演着中转的角色，在能量循环和营养循环中作用重大。如果出现底栖动物种群衰退或者消失的情况，将降低生态系统内能量处理的效率，导致更严重的生态失衡。

底栖动物的群落特征及空间分布与诸多环境参数具有密切关系，河床底质、水文条件、理化因子和植被状况及气候条件等均在不同程度上影响底栖动物的群落分布特征及水生态系统的结构与功能。因此，与其他生物相比，底栖动物作为指示物种用于生态评价具有如下优势：

（1）底栖动物具有较大的活动范围，在河流中普遍存在。

（2）与浮游动植物相比，底栖动物的体型相对较大，易于采集和辨认，采集时只需少量的人力和简单工具即可，成本低。

（3）活动场所比较固定，迁徙能力弱，且生活周期长，可以监测当地河流的综合生态条件在较长时间尺度内的时空变化信息。

（4）可对生态环境的变化做出迅速响应，其群落结构的变化趋势能够反映短期环境变化的影响。

因此，底栖动物被广泛用于作为指示物种对河流生境进行生态评价和生物监测，被称为优秀的"水下哨兵"。

国外关于底栖动物的生物学评价起始于20世纪初期，该阶段的研究主要集中于水质状况方面，以定性评价为主。20世纪60—70年代，关于底栖动物的研究逐渐由定性评价发展为生物多样性指数的定量评价，产生了污生指数（Saprobic index）、生物指数（Biotic indices）以及多样性指数。但是到了20世纪70年代中期，大多数的欧洲国家开始集中发展生物指数和记分系统（Score system）。在这段时间内常用的生物指数有Trent指数（Trent biotic index）、Chandler记分系统（Chandler's score system）、BI指数（Biotique index）、BMWP记分系统（Biological monitoring working party score）和比利时指数（Belgian biotic index，简称BBI）。水环境质量的变化对生物群落的影响是多方面的，单个生物指数只是从一个或几个方面来反映生物群落状况。为了克服这种缺陷，人们从一开始只选用单个生物指数转向用多个生物指数同时参与水质评价。目前已经建立起以底栖动物为基础的评价指数底栖生物完整性指数（Benthic - index of biotical intergrity，简称B-IBI）及其评价标准。依据B-IBI的建立方法，从事水质快速生物评价的研究者们提出了多度量指数（Multimetric）概念，关于建立多度量指数的方法则称为多度量指数法（Multimetric approach）。在美国，所有的州都开始使用多度量指数法进行水质生物评价，用底栖动物进行评价的有48个州。在英国和澳大利亚等国则主要通过多变量法（Multivariate method）建立的预测模型进行评价，目前使用的两个主要预测模型是英国的BEAST模型（Benthic assessment of sediment）和澳大利亚的AusRivAS模型。两者均需以大量受污染断面的底栖动物群落和栖境资料为基础。根据种类组成相似性用聚类分析建立参照点群，并用逐步判别分析法（Stepwise discrimnant function analysis）筛选出与各参照点群底栖动物群落组成有密切相关的变量，建立差别函数。进入 21 世纪后，底栖动物水质生物评价更加强调与其他学科相结合，如应用 GIS 技术。Gentio 等（2002）研究了底栖动物群落构成与土地使用状况之间的关系。Karr 等（1999）同样运用 GIS 技术，分析了城镇化过程中不同空间尺度下的土地使用情况与 B-IBI 指数间的关系。由此可见，国外关于底栖动物生物评价的研究已经相对比较成熟。

我国关于底栖动物的研究始于 20 世纪 60 年代。该阶段研究主要集中于区域底栖动物的物种组成、分布及群落结构的变化，随后逐渐延伸到底栖动物的生物指示作用，将其独立作为一个指标应用于水质生物学评价。20 世纪 80—90 年代，随着我国环境保护工作的全面开展，开始努力探索水体生物监测的有效方法，底栖动物因其自身的特点成为当时国内的研究热点之一。颜京松（1980）发表了利用 Trent 指数、Chandler 指数、Shannon - Wiener 指数和 Goodnight 指数评价甘肃省境内黄河干支流枯水期水质的文章。黄玉瑶（1982）对蓟运河进行了大型无脊椎动物生物评价，提出了国内大型底栖无脊椎动物 Shannon - Wiener 指数划分水质的 5 级标准。谢翠娴（1985）在评价严家湖农药污染时，将水质划分为 6 级。进入 20 世纪 90 年代以后，该领域的研究又上了一个台阶。任淑智（1991）利用底栖动物对北京、天津及邻近地区的河流、水库、湖泊进行了生物评价，分析了 Trent 指数、Shannon - Wiener 指数和 Goodnight 指数之间的相关性，发现这三者与水质的关系有类似的变化趋势。蔡晓明等（1992）在评价青龙河水质时，采用了 Beck 指数、Gleason 指数、Shannon - Wiener 指数、Simpson 指数和敏感性指数进行综合评价。杨莲芳（1992）在美国克莱姆森大学的支持和帮助下，将美国 EPA 制定的大型底栖无脊椎动物快速水质生物评价技术介绍到了国内，首次在国内利用 EPT（E——蜉游目；P——翅目，T——毛翅目）分类单元数和科级水平生物指数 FBI（Family biotic index）评价了安徽九华河、丰溪河水质。戴友芝、张建波对洞庭湖水质进行了生物学评价研究，建立了综合生物指数评价水质级别标准。王新华等（2002）利用底栖动物评价了引滦入津流域的水质，王建国等（2002）采用科级水平生物指数对庐山水体进行了全面评价。随着 B-IBI 指数研究的兴起，王备新（2005）等应用 B-IBI 评价安徽省黄山地区溪流河流健康状况。蔡立哲（2003）根据 Warwick 提出的丰度生物量比较法 ABC，建立了评价海洋环境质量的大型底栖动物污染指数 MPI。

总体来说，目前我国河流底栖动物生物评价的研究与国外先进技术相比比较薄弱。一方面，国内研究多为引进国外常用的生物指数对某一水体进行生态质量评价，但是由于缺乏适合我国实际情况的评价标准，这些指数的应用仍然存在一定的障碍。另一方面，目前国内针对这些先进的生物指数在我国江河湖泊等水体开展的适应性研究还比较少；对某些生态意义比较重要的区域的底栖动物群落也缺少长期的生态观测，通过受干扰水体和干扰极小水体或未受干扰水体之间大型底栖无脊椎动物群落结构和功能之间的相互比较建立适合我国底栖动物水质评价标准的研究更少。

1.5.3　硅藻、底栖动物评价方法分类

根据采用不同层次的生物属性，硅藻评价方法可以分为以下几类。

（1）生物量（Biomass）评价。监测项目包括干重（Dry weight）、无灰干重（Ash free dry weight，简称 AFDW）、叶绿素含量（Chl a）和细胞密度。生物量评价灵敏度较低，因为水体环境的变化主要引起硅藻群落结构的变化（包括种类和种类丰度的改变），绝对生物量可能改变不大。另外，对于中等营养化和含毒物质的水体，生物量指标评价结果可靠性很低。

（2）多样性（Diversity）评价。考察物种丰富度、均匀度和优势种群比例等项目。多样性评价方法认为硅藻群落结构会发生季节变化，但是物种多样性则会维持，季节变异较低。较常用的多样性指数有 Shannon – Wiener 指数（H'）、Margalef 指数（D）、Pielou 均匀度指数（E）和 Simpson 指数等。

（3）相似性分类（Taxonomic similarity）评价。采用群落相似性指数，对比判断采样断面硅藻群落与生态状况良好的自然参考点硅藻群落的差异进行水质评价。

（4）功能团（Guild）层次评价。通过功能团（通常为种层次以上的分类学单位）所反映出的综合生态学特性进行评价，如利用硅藻商（中心纲种类与羽纹纲种类的丰度比值）进行水质评价；利用具有普遍生态指示作用的功能团，例如菱形藻属大量出现的水体通常被认为有机污染程度较重，而短缝藻属种类丰富的水体则相对清洁干净；利用形态功能团，如可移动的硅藻种类（包括布纹藻属、舟形藻属、菱形藻属、双菱藻属）能反映水体沉淀物的淤积状况。相对于种层次、属层次的评价方法较粗糙，只能进行大致的生态评估。

（5）形态特征评价。例如通过硅藻细胞畸变，量化分析水体环境中重金属的污染程度。

（6）硅藻指数评价。大多数的硅藻评价指数基于 Zelinka & Marvan 的加权平均方程，方程中最重要的参数是确定每个进入指数的硅藻种对于污染程度的敏感值和耐受值（指示值）。在早期，生态学家建立硅藻评价指数，硅藻不同种类的敏感值和耐受值赋值的依据来源于分散的文献资料。随着硅藻个体生态学技术的发展，敏感值和耐受值主要建立于大型的硅藻数据库和合适的数量统计技术。评价指数根据其研究目的的不同而不同。有些指数是为了研究水体中有机污染物的浓度，如斯雷德切克指数（Sládeček's index, Sládeček, 1986，SLA）和 DAIpo 指数；有些指数是为了评价水体中营养物的水平，如 TDI 指数；有些指数是为了实现水质的综合评估，其综合考虑水体中的有机物，营养物质的浓度，如 IPS、IBD 和 IDG 指数。

（7）生态类群（Ecological groups）评价。即将硅藻群落在特定生态因子谱上划分不同的生态类群，通过生态类群比例评价水体生态状态。如 Van Dam 依据硅藻承受有机污染的程度将硅藻划分为 5 个生态类群：贫污染性（Oligosaprobous）类群、β-中污染性（β-mesosaprobous）类群、α-中污染性（α-mesosaprobous）类群、α-中污染性或强污染性（α-meso-/polysaprobous）类群和强污染性（polysaprobous）类群。根据各类群比例即可判断水体有机污染程度。除了有机污染程度（Saprobity），Van Dam 还对酸碱度（pH 值）、盐度（Salinity）、有机氮吸收代谢（Nitrogen uptake）、氧需求量（Oxygen requirements）、营养状态（Trophic state）、湿度（Moisture）等生态因子划分了硅藻生态类群。Van Dam（1994）生态类群划分体系是应用最广泛的硅藻生态谱体系，除了 Van Dam 体系，还有 Lange Bertalot（1979）体系和 Hoffmann（1994）体系等。

（8）多度量指标（Multimetric indices）评价。多度量指标评价法认为基于个体生态特性的硅藻评价指数在实际生境中受多种环境因素干扰，其准确性会因各种干扰的强烈相互作用而下降，同时指出其对于人为干扰属于非线性响应模型。而线形模型的多度量指标能克服以上问题，评价时通常综合多项生态指标，如物种多样性、敏感与耐受种比例、功能类群、生境类型等，建立复合的评价指数，可称为生物完整性指数（Index of biotic integrity），进行水体综合生态质量评价。

应用底栖动物群落来评价水质的方法有很多，目前应用较多的方法有下面几种。

（1）指示生物法。指示生物法是通过对底栖动物进行系统的调查、鉴定，利用某些底栖动物类群对水环境中污染物敏感性和耐受性的不同反应（包括底栖动物的密度、生物史、繁殖率及形态上有否缺陷等）来指示其所依赖的水体内污染物的污染状况。底栖动物，尤其是双壳贝类，已经被广泛应用于评价重金属污染。美国、法国、澳大利亚和英国等国利用贻贝和牡蛎作为指示生物监测海洋重金属污染。但是由于指示生物具有污染专一性和地区专一性，涉及的生物门类众多，调查人员需具有专门研究某一类生物的知识，因此限制了该法的应用。

（2）生物指数法。生物指数法是根据指示生物物种的特性和出现的情况，运用数学方法求得的反映生物种群或群落结构的变化数值，用以评价水质质量的方法。它是一种定量化的方法。常用于底栖动物的方法有 Berk 生物指数、Trent 生物指数、Goodnight 生物指数（GBD）、Chanler 生物指数（CBD）、连续比较指数（SCD）、科级水平生物指数（FBI）、EPT 种类丰富度、生物学污染指数（BPI）。

（3）多样性指数法。多样性指数法是利用群落内物种多样性指数有关公式来表达水质的好坏。其理论基础是：在清洁水体中生物种类多样，数量较少；在污染水体中，敏感种类消失，耐污种类大量繁殖，种类单一，数量大。多样性指数法的优点在于确定物种、判断物种耐污性的要求不严格，因此较为简便。比较常用的多样性指数有 Margalef 指数、Shannon - Wiener 指数、Simpson 指数等。

（4）多度量指数。单个生物指数只是从一个或几个方面来反映生物群落状况。为了克服这种缺陷，人们开始转向用多个生物指数同时参与水质评价，研究同一生态地区生物指数或参数间的相关性，对包含有重复信息的指数，仅选择其中的一个作为代表，最终筛选出最适合某个地区进行水质生物评价的一些生物指数，通常为 6～8 个，用不同记分值来表示各指数值的大小，评价时累加各指数的记分值，以总记分值（又称多度量指数）的大小来判定水质级别。

第 2 章

研 究 背 景

2.1　研究依托

本书内容主要基于珠江流域水环境监测中心在水利部公益性科研专项"珠江水质生物监测与评价技术"（任务书编号 201001021）项目中开展的一系列研究工作。项目执行时间为 2010 年 9 月—2013 年 8 月，于 2015 年 7 月通过水利部验收，协作单位包括华南师范大学、南京农业大学等多家单位。

该项目针对我国河流水质监测以物化监测为主、生物监测不足、缺乏相应的生物监测与评价技术体系等问题，在珠江流域开展了硅藻和底栖动物监测评价技术体系研究，建立了评价指数，划分了评价等级，阐明了评价指数所代表的珠江水环境状况和生态意义，开发了鉴定辅助软件和数据管理系统。主要研究任务包括以下几个方面。

（1）河流水质生物监测与评价技术体系构建。

1）水质硅藻生物监测指标选取和评价等级建立：在珠江流域水质监测网点选择不同自然条件、不同社会发展水平和不同生态特征的典型断面设置采样断面，在日常水质物化监测的同时，采集附着硅藻。对现有硅藻指数进行比较研究，筛选适合珠江流域特征的水质硅藻监测指标，阐明不同硅藻指标所指示的生态学意义，使所选取的硅藻生物监测指标尽可能多地包含河流水质物化监测信息，利用所选取的水质硅藻评价指标，结合现有地表水评价等级建立河流水质硅藻评价等级。

2）水质底栖动物监测指标选取和评价等级建立：在野外采集、室内鉴定和分析的基础上，计算候选底栖生物参数值，进而开展候选参数的敏感性、冗余性和准确性的多元统计分析以及标准化生物参数量纲的计算，初步建立底栖无脊椎动物评价指数。研究和分析已建立的评价指数参照断面和受损断面的准确性和精确性以及该指数与水质理化参数和生境指标的相关性，最终建立高准确性的底栖无脊椎动物监测方法和评价标准。

（2）拟定珠江流域河水质生物监测与评级技术规范。利用影响水质生物监测和评价的环境主导因素，一是制定采样的规范，主要包括监测和评价的频次、生物采样工具和方法、采样断面布置、生物生长介质选择、样品保存和处理方法等；二是种类鉴定的规范，标本鉴定水平、标准和要求；三是生物指标计算标准，包括指数计算方法、评价标准以及质量控制；四是评价报告的撰写和信息发布等规范。

（3）开发河流水质硅藻与底栖动物监测与评价结果的数据管理系统。开发的数据管理系统包括硅藻、底栖动物标准图谱数据库，通过人机对话能够自动识别和查询，建立生态监测信息库，自动计算水质生物评价指数和划分评价等级，实现与水质物化监测及评价结果的对接，融汇实验室分析数据、统计数据、文字数据、地图数据、图像数据，对河流水质进行综合管理，以便预测和判定河流生态发展趋势。

项目实施期间，珠江水质生物监测与评价技术在流域内多条重要河流得到了应用，取得了良好效果，为流域各省（自治区）培养了多名水生物监测技术人员。

2.2　研究区域概述

珠江是中国南方最大的河流，自西至东横贯华南大地，与长江、黄河、淮河、海河、松花江、辽河并称中国七大江河。

珠江流域的水系由西江、北江、东江、珠江三角洲诸河组成，流域面积为 45.37 万 km^2，其中在中国境内的流域面积为 44.21 万 km^2，多年平均径流量为 3360 亿 m^3。西江主流发源于云南省曲靖市沾益区境内的马雄山，从上游往下游分为南盘江、红水河、黔江、浔江及西江等河段，主要支流有北盘江、柳江、郁江、桂江及贺江等，在广东省珠海市的磨刀门注入南海，干流至三水区思贤滘长 2075km。北江主流发源于江西省信丰县石碣大茅坑，较大支流有武水、连江、滃江、潖江和绥江等，干流在思贤滘与西江连通后进入珠江三角洲，干流至三水区思贤滘全长 468km。东江主流发源于江西省寻乌县桠髻钵山，较大支流有安远水、新丰江、西枝江等，在广东省东莞市石龙镇进入珠江三角洲，石龙以上干流长 520km。珠江三角洲诸河包括西江和北江思贤滘以下及东江石龙以下河网水系注入三角洲的潭江、高明河、沙坪河、流溪河、增江、深圳河、茅洲河等中小河流。香港特别行政区的九龙和澳门特别行政区在其地理范围内。珠江三角洲诸河纵横交错，水流相互贯通，自东而西经由虎门、蕉门、洪奇门、横门、磨刀门、鸡啼门、虎跳门及崖门入注南海，构成独特的"诸河通汇，八口分流"的水系特征。

珠江流域沿海开放的港口城市有广州、湛江、北海，经济特区城市有深圳、珠海、汕头。珠江三角洲是沿海经济开发区，目前已经形成以广州为中心，包括深圳、珠海、佛山、江门及周围几十个中小城镇在内的珠江三角洲城市群，成为全国城镇化水平最高的地区。

改革开放以来，珠江流域经济得到长足发展，但是由于大量污水排放，部分河段已经超出河流的自净能力。伴随着区域经济协作，产业向中西部、流域上中游加速转移，污染也在加速上移，再加上河口、河道的无序围垦，湿地的退化和减少，流域面临高污染风险期。因此，通过水质生物监测与评价技术，评估河流健康状况，制订生态治理方案，提高珠江水资源质量，恢复珠江水生生物多样性，显得十分迫切。

2.3 野外采样方案

本项目选取珠江流域内的东江、北江、郁江、桂江、三角洲作为研究调查区域,进行水生物野外采样工作。野外采样区域位置示意图见图2-1。

图2-1 野外采样区域位置示意图

2.3.1 东江

东江是珠江流域三大水系之一,发源于江西省寻乌县桠髻钵山,源区包括江西省的寻乌、安远、定南县,上游称寻乌水,在广东省河源市龙川县合河坝与安远水汇合后称东江,经河源市龙川县、东源县、源城区、紫金县,惠州市博罗县、惠城区,至东莞市石龙镇后,流入珠江三角洲东部网河区,分南北两水道(南支流与北干流)注入狮子洋,经虎门出海。

东江干流由东北向西南流,河道长度从源头至石龙为520km,至狮子洋全长562km。河口狮子洋以上流域总面积为35340km²。

共设置27个采样断面,包括寻乌水、九曲河、浰江、新丰江、秋香江、公庄河、西枝江、增江等多条支流。东江采样断面分布示意图见图2-2,东江采样断面位置信息见表2-1。

2.3.2 北江

北江是珠江第二大水系,发源于江西省信丰县石碣大茅坑,自东北往西南穿山越岭,流经南雄、始兴、曲江等市(县),至韶关市沙洲尾与支流武水汇合,始称北江;再自北向南流经英德、清新、清远至三水河口,在思贤滘与西江相通,注入珠江三角洲网河区。

北江干流至三水区思贤滘全长468km,平均坡降为0.26‰,流域集雨面积为46710km²。

共设置 31 个采样断面，包括浈水、武水、连江、小东江、绥江等多条支流。北江采样断面位置信息见表 2-2，北江采样断面分布示意图见图 2-3。

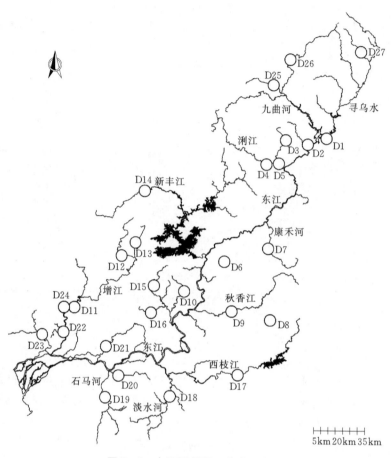

图 2-2　东江采样断面分布示意图

表 2-1　　　　　　　　　　　　东江采样断面位置信息

断面代码	位　置	东经/(°)	北纬/(°)
D1	河源市龙川县南龙村	115.44	24.44
D2	河源市龙川县石水镇	115.33	24.40
D3	河源市和平县三多村	115.19	24.43
D4	河源市和平县林寨镇	115.07	24.28
D5	河源市和平县东水镇	115.15	24.29
D6	河源市紫金县良洞村	114.81	23.70
D7	河源市东源县康禾镇若坝大桥	115.08	23.78
D8	河源市紫金县瓦溪镇四联桥	115.10	23.35
D9	河源市紫金县凤安镇下石村	114.86	23.40
D10	河源市紫金县石坝镇石坝桥	114.57	23.52
D11	广州市增城区正果镇正果大桥	113.89	23.42

续表

断面代码	位 置	东经/(°)	北纬/(°)
D12	惠州市龙门县黄竹沥村	114.19	23.73
D13	惠州市龙门县河田村隔水桥	114.27	23.81
D14	韶关市新丰县福水陂引水工程	114.33	24.12
D15	惠州市博罗县公庄镇	114.39	23.55
D16	惠州市博罗柏县糖镇	114.37	23.39
D17	惠州市惠东县宝华寺	114.90	23.03
D18	惠州市惠阳区三和镇	114.49	22.90
D19	东莞市樟木头镇雍景花园	114.09	22.89
D20	惠州市惠城区潼湖农场	114.17	23.02
D21	惠州市龙门县龙华镇龙华桥	114.09	23.19
D22	广州市增城区雁塔大桥	113.83	23.27
D23	广州市增城区神岗村神岗桥	113.69	23.26
D24	广州市增城区庙潭大桥	113.83	23.42
D25	赣州市定南县天九镇政府对面	115.11	24.76
D26	赣州市定南县鹤子乡沿江路大桥	115.22	24.91
D27	赣州市寻乌县江东庙旁桥下	115.65	24.96

表 2-2 北江采样断面位置信息

断面代码	位 置	东经/(°)	北纬/(°)
B1	肇庆市怀集县渡头大桥	112.24	23.85
B2	肇庆市广宁县大洞村南乡桥	112.29	23.68
B3	肇庆市广宁县古水镇古水桥	112.30	23.68
B4	肇庆市广宁县佛洞村	112.29	23.68
B5	肇庆市广宁县古水镇古水水位站	112.30	23.67
B6	韶关市广宁县金场村金场绥江大桥	112.34	23.64
B7	韶关市广宁县东乡绥江大桥	112.38	23.61
B8	韶关市广宁县南街镇大径桥	112.42	23.63
B9	韶关市广宁县扶赖村扶赖渡口	112.40	23.59
B10	韶关市广宁县春水村春水采沙场	112.52	23.48
B11	韶关市乐昌市三拱桥村三拱桥	112.98	25.31
B12	韶关市乐昌市石灰冲桥	113.00	25.26
B13	韶关市乐昌市田头村田头大桥	113.11	25.31
B14	韶关市乐昌市泗公坑村	113.19	25.27
B15	韶关市仁化县周田镇上坪	113.84	24.97
B16	韶关市南雄市江头镇上坪村	114.40	25.12
B17	清远市阳山县阳山收费站	112.65	24.46
B18	清远市连州市区番禺路大桥	112.38	24.80

断面代码	位　　置	东经/(°)	北纬/(°)
B19	清远市阳山县岭背镇卫生院	112.71	24.61
B20	韶关市吴江区龙归镇社主桥	113.46	24.74
B21	清远市英德市波罗镇波罗大桥	113.03	24.44
B22	清远市英德市沙龙村	113.29	24.09
B23	清远市英德市英东大桥下	113.67	24.23
B24	清远市英德市横石水大桥	113.81	24.36
B25	韶关市翁源市翁源体育馆旁桥	114.12	24.37
B26	清远市英德市白沙镇塔子桥	113.78	24.10
B27	清远市佛冈县奥园坝仔坑桥	113.56	23.87
B28	清远市清新区骆坑口沙场	112.93	23.77
B29	清远市清城区大燕河大桥	113.07	23.63
B30	佛山市三水区六一桥	112.87	23.46
B31	肇庆市四会市五马岗桥	112.77	23.29

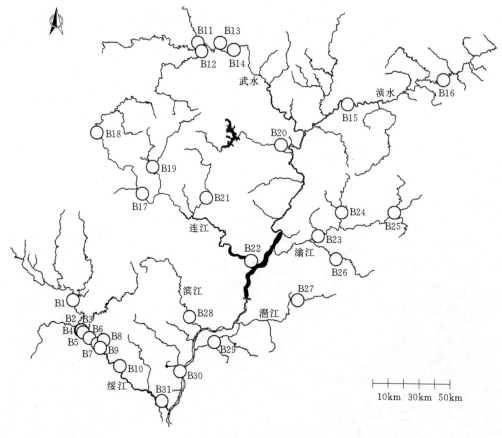

图 2-3　北江采样断面分布示意图

2.3.3 郁江

郁江是珠江流域西江水系最大支流，发源于云南省文山壮族苗族自治州广南县，干流自上游分为达良河、驮娘江、剥隘河、右江，在南宁江南区江西镇同江村右纳左江后，干流始称郁江，于广西壮族自治区桂平市注入西江黔江段以下的西江河段又称浔江。

流域面积为 89667km²，其中在我国境内的面积为 78074km²，干流全长 1157km。

共设置 17 个采样断面，包括右江、左江、明江、邕江等河流。郁江采样断面分布示意图见图 2-4，郁江采样断面位置信息见表 2-3。

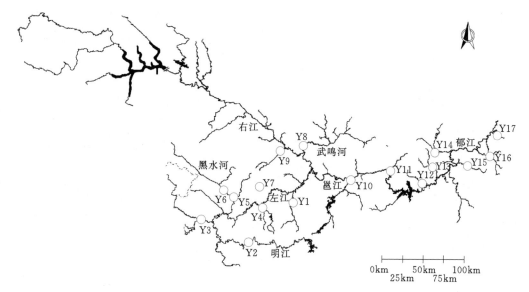

图 2-4 郁江采样断面分布示意图

表 2-3　　　　　　　　　　　郁江采样断面位置信息

断面代码	位　　置	东经/(°)	北纬/(°)
Y1	崇左市扶绥县岜盆乡姑豆村	107.87	22.52
Y2	崇左市宁明县北江乡思州村	107.39	22.10
Y3	崇左市龙州县龙州镇龙州大桥	106.87	22.33
Y4	崇左市江州区濑湍镇	107.54	22.46
Y5	崇左市江州区新和镇新村	107.22	22.57
Y6	崇左市大新县雷平镇雷平桥	107.11	22.65
Y7	崇左市江州区左州镇大桥	107.50	22.69
Y8	南宁市隆安县丁当镇	107.97	23.12
Y9	南宁市隆安县乔建镇芭难村大登桥	107.72	23.07
Y10	南宁市邕宁区蒲庙镇蒲庙大桥	108.49	22.76
Y11	南宁市横县六景镇马占村	108.92	22.86

续表

断面代码	位　　置	东经/(°)	北纬/(°)
Y12	南宁市横县横州镇蒙村	109.26	22.73
Y13	南宁市横县云表镇顺龙油站	109.38	22.90
Y14	贵港市覃塘区三里镇双凤村桥	109.40	23.06
Y15	贵港市港南区桥圩镇黎村江广济桥	109.76	22.92
Y16	桂平市大洋镇风雨亭桥	110.01	23.02
Y17	桂平市社步镇宁口村大桥	110.09	23.25

2.3.4 桂江

桂江是西江水系的第四大支流，干流源于桂林市兴安县境的猫儿山，上游源头与长江流域的湘江上源由公元前 2 世纪开凿的灵渠沟通。桂江上游称漓江，沿南岭西南麓南流经桂林市及阳朔、昭平等县，至平乐三江口与荔浦河、恭城河汇合后称桂江。沿途纳思勤江、富群河、思良江，流到梧州市入西江。

流域面积为 19025km²，干流全长 437km；共设置 25 个采样断面，包括大榕江、漓江、恭城河、荔浦河、思勤江等支流。

桂江采样断面分布示意图见图 2-5，桂江采样断面位置信息见表 2-4。

2.3.5 珠江三角洲

珠江三角洲是西江、北江和东江入海时冲击沉淀而成的一个三角洲，是放射形汉道的三角洲复合体。三角洲上较大水道近百条，较小的港汊更多，交织成网。珠江分别由 8 个口门入海。珠江三角洲位于经济较发达的区域，所受到的环境威胁较大。在珠江三角洲范围内选取较具代表性的流溪河和广州水道分别设置站点 10 个和 5 个。

珠江三角洲采样断面位置信息见表 2-5，珠江三角洲采样断面分布示意图见图 2-6。

图 2-5　桂江采样断面分布示意图

表 2 - 4 桂江采样断面位置信息

断面代码	位　置	东经/(°)	北纬/(°)
G1	梧州市旺村坝下	111.24	23.53
G2	梧州市苍梧县武岭村	111.11	23.71
G3	贺州市昭平县富罗水文站	111.14	24.01
G4	贺州市昭平县黄姚	111.20	24.17
G5	贺州市昭平县下福水电站	110.82	24.08
G6	贺州市昭平县下揽村	110.94	24.22
G7	贺州市钟山县花山水库	111.11	24.57
G8	贺州市昭平县昭平水电站	110.83	24.20
G9	桂林市恭城县恭城水文站	110.82	24.82
G10	桂林市恭城县龙虎乡	110.98	25.08
G11	桂林市荔浦县荔浦水文站	110.41	24.50
G12	桂林市荔浦县念村	110.22	24.39
G13	桂林市阳朔县阳朔水文站	110.51	24.78
G14	桂林市阳朔县遇龙河	110.35	24.90
G15	桂林市雁山区冠岩	110.42	25.05
G16	桂林市灵山县潮田乡	110.52	25.21
G17	桂林市灵山县新寨村	110.58	25.13
G18	桂林市桂林水文站	110.30	25.25
G19	桂林市灵山县兰田瑶族乡	110.19	25.61
G20	桂林市灵山县顶塘村东江河	110.24	25.65
G21	桂林市兴安县灵渠	110.47	25.57
G22	桂林市兴安县大溶江水文站	110.46	25.57
G23	桂林市兴安县猫儿山	110.14	25.86
G24	桂林市兴安县司门镇六洞河	110.48	25.69
G25	桂林市兴安县乌龟江	110.48	25.86

表 2 - 5 珠江三角洲采样断面位置信息

断面代码	位　置	东经/(°)	北纬/(°)
C1	广州市白云区九潭鹤岗村	113.16	23.29
C2	广州市白云区江高镇龙湖仓库	113.23	23.27
C3	广州市白云区鸦岗水文站	113.19	23.22
C4	广州市荔湾区黄沙码头	113.24	23.11
C5	广州市海珠区中大码头	113.30	23.11
L1	广州市从化区东明镇下大步村	113.90	23.92
L2	广州市从化区吕田镇洽水塘村	113.92	23.83
L3	广州市从化区良口镇流溪河电厂	113.77	23.75

断面代码	位　　置	东经/(°)	北纬/(°)
L4	广州市从化区良口镇水口围	113.76	23.68
L5	广州市从化区温泉镇碧水湾温泉度假村	113.71	23.70
L6	广州市从化区街口镇迎宾大桥	113.61	23.57
L7	广州市从化区街口镇海朗大桥	113.58	23.53
L8	广州市从化区街口镇荔景苑	113.57	23.54
L9	广州市从化区街口镇大坳桥	113.56	23.52
L10	广州市从化区太平镇太平桥	113.47	23.43

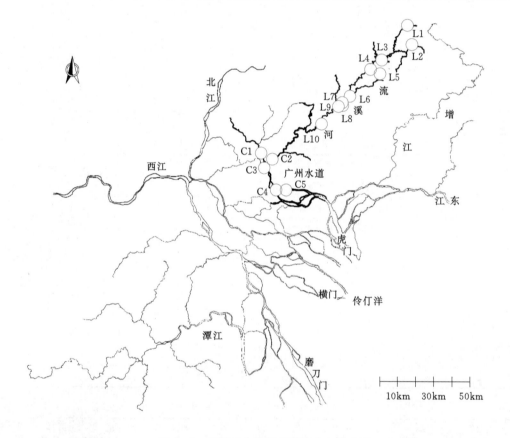

图 2-6　珠江三角洲采样断面分布示意图

2.4　生物样品采集及处理

2.4.1　硅藻

　　一般认为硅藻生物指数可以应用于所有水域，但是必须严格按照取样有关的注意事项操作。例如，在缺乏营养物的水域里，硅藻可能匮乏，因此需要扩大取样的范围；在水流缓慢的水体里，浮游硅藻的沉积以及死亡硅藻的出现可能使评价结果失真；硅藻取样工具的使用不当也可能导致错误的诊断结果。

2.4.1.1 样品采集

1. 采样时期

经过长期研究发现，冬季采集的硅藻生物群落非常一致，不能体现水质差异；而在5—10月所取的样本与水体的理化特征有着极高的一致性，其中枯水期是最佳的水质评价时期。每年采集一次硅藻样品已经足够，但是对于某些特别的研究，采样频率需结合实际综合考虑。

值得注意的是，无论是枯水期还是丰水期，都应等待一段时间再进行采样。这个时间间隔是为了让硅藻群落有一定的稳定时间，同时也让水环境得到平衡。这个间隔的长度与气候因素、河水的营养程度、水的饱和度都有关系。普遍的方法是，采样时间在枯水期或丰水期后的 15d 或引起大量沉淀物移动的严重丰水期后的 4 周。

2. 采样工具

样品采集所用到的工具是多样化的。常用的硅藻采集工具有牙刷或者薄型刀片（小刀、解剖刀、伸缩刮网），也可以使用吸取法进行定量采集。薄型刀片多用于较软的基质，如岩灰质基质；牙刷多用于坚硬的基质（如卵石、砾石），特别是针对缝隙或者空隙采集时使用；伸缩刮网主要用于固化河段堤坝上的采样。在任何情况下，对采样工具必须进行严格的清洁，避免污染。

对于水下植物，特别是水面漂浮的植物（如水莲），推荐使用耙状器具。硅藻可以通过挤压水生植物来收集。初次挤压可以沥干水分，再次挤压得到绿色或栗色的液体，其中就含有硅藻。

对于垂直比较难接近的侧壁（如板柱、桥的褶皱处），常使用有伸缩柄的刮刀。这个刮刀还能配有筛孔的网，孔隙为 $25\sim30\mu m$，这种网用于收集藻类物质被刮取后的薄膜。

3. 采样位置

在水流不深的前提下，尽量在主要河床正中取样，尽量远离河岸，这样可以避免收集到不必要的临时排污物；在村镇采样时，可以进行线形采集或者在两岸分别采集；绝大部分硅藻的生长需要氧气，在光照充足的情况下，它们大多数都处于浅水层，采样地点应避免森林覆盖处和阴暗处；在涨落潮处，采样应该深入水中 $30\sim50cm$ 处，还要检测水平线范围内有没有被动物污染过。

在急流断面的外来硅藻和沉积物数量较少。因此，即使该断面的底质性质不具有河段代表性，也应优先考虑在此类区域进行采样。

缓流河段一般不适合采样，如果必须在此类河段采集，那么应选取垂直基质（或支架），这样可以排除死亡硅藻沉积的影响。

在样品采集时，应该去除附着在基质上的丝状藻类。可以将其放在水中摇动漂洗，这样不仅可以去除特别的矿物质、有机物，还可以去除死亡的硅藻。

4. 采样基质选择

即使采样断面存在多种不同的基质，但是只需要选取一个样本，而这个样本只需要对应一种基质（自然基质、人造基质、改造过的河床、大型植物等）。选择基质的优先级依次为：稳定的自然基质＞稳定的人造基质＞植物载体。

在移动的或者不稳定的基质（沙土、湖底淤泥）或木头上不能采集硅藻样品。移动的基质常常掩蔽了大量硅藻群落，不能体现环境平衡。而湖底淤泥不仅不稳定，还掩蔽了大量食腐性硅藻群落，故不能反映水体的化学性质。如果木头在水中腐烂，那么会引发喜好腐殖质的特定硅藻群落繁殖，也不能体现真实的水环境状况。

不论基质的数量、性质如何，进行采样的样本总表面积都应在 $100cm^2$ 左右，但是对于水资源贫瘠、缺少硅藻的地方，可以适当扩大至 $1000cm^2$。

在天然坚硬的基质上选定样本时，应优先考虑基质的稳定性。基质越稳定，越应优先考虑。天然基质的优先级顺序为：岩块＞卵石＞砾石。不论基质的性质和数量如何，在任何情况下都应该避免在侵蚀表面或者沉积物表面采取硅藻。

在缺少天然坚硬基质的情况下，样本选取可以在桥柱、码头等处进行，但是不能选用木质载体。在取样时，可以在一定水深处采取刮的方式进行，以避免潮汐带来的换气影响。针对有大量丝状藻类聚集的基质，可以在采样前轻轻晃动采样区域，以去除有机物质和矿物质，同时也能去除浮游硅藻的影响。

在缺少天然和人造的硬质载体的情况下，可以在水生植物（大型水生植物、苔藓植物、丝状藻类）浸入水中部分采集样本。在采样前，可以将这些植物放在水中轻轻地摇动，以便去除有机质和矿物质沉淀。但是同时也要注意，在轻轻晃动的同时，不能去除那些吸附力较差的硅藻。硅藻收集一般可以通过压榨法（丝状硅藻、苔藓植物）或刮取法（茎、大型植物叶子）进行。应尽量避免把漂浮在水上的叶子（睡莲）内侧背光处作为采样基质。

在缺少以上几类基质的情况下，或者在进行特别研究的前提下，可以放置人造基质作为载体。应该指出的是，这种采样方式结果经常会受到沿河村庄、天气状况等因素的影响。因此，在研究的同时必须充分考虑河流特性、生物数量、建立点等因素，可以选用的人造基质有很多种，如石块、方砖、陶器、丙烯网绳等，采样结果的变化主要取决于基质浸水时间的长短。基质浸水的时间根据水流情况、营养状况、天气情况等因素设定为若干天到若干星期。在此强烈推荐进行预测试，这样可以评估所选基质的满意度，又可以控制基质培养时间。

5. 采样方法

（1）在卵石上采样。

1）在河流水面以下大约 20cm 处随机选取至少 5 个大鹅卵石或者 10 个小卵石。

2）将卵石放入托盘内，加入少量河水，注意标记卵石的上表面。

3）用牙刷或小刀刮擦卵石上表面，以脱除生物膜（在每个断面要使用新牙刷，以避免污染）。

4）将刮/刷下的生物膜转移进托盘中，重复上述操作直到托盘内收集到足够的呈深褐色的悬浊液样品。

5）将悬浊液倒入贴有标签的样品瓶内，加入终浓度 10％的甲醛保存。

（2）在挺水植物上采样。

在珠江优先选择水甜茅（*Glyceria maxima*）、芦苇（*Phragmites australis*）和香蒲

类（*Typha* spp.）等挺水植物用于采样。采集挺水植物水面以下茎表面的黏泥层。

1）为了采集样本，先要去除水面上方的茎和叶，然后将采样瓶底朝上扣在茎上。

2）切断瓶口下方的茎并且移开采样瓶和茎（这样操作可以使茎上松散附着的硅藻不易脱落损失）。

3）一旦采集好茎样，便可以采用牙刷刮擦法脱除生物膜。

4）在清洗过所有的茎之后，将褐色悬浊液倒入贴有标签的采样瓶内，加入终浓度10%的甲醛保存。

（3）在沉水植物上采样。可以选择在沉水植物，如毛茛（*Ranunculus japonicus*）和狐尾藻（*Myriophyllum Verticillatum*）上采集硅藻样本。这种采样方法可以同时采集附生植物和其他松散地附着在大型植物上的藻类。

1）在河水主流区域采集大约5个健全的植物茎，注意不要夹杂受到河底沉积物污染的茎部分。

2）将茎和少量河水一同装入塑料袋内，然后用力振摇袋子，大约10s。

3）将褐色悬浊液直接倒入采样瓶内，加入终浓度10%的甲醛保存。

2.4.1.2　样品处理

采集到的硅藻样品应保存在中性甲醛中。一般来说，浓度10%的甲醛已经可以满足要求，但是这个参数还是应该根据样品中引入的有机物总量进行适当调整。

目前常用的样品处理方法包括焙烧，如加入硝酸、高锰酸钾、双氧水等。使用双氧水（110L/mol 或 130L/mol）样品处理方法如下。

（1）振荡硅藻样品瓶，使采集的硅藻样品充分混匀后用一次性移液管取 2mL 的样品放入 20mL 玻璃试管内。

（2）在试管内加入 8mL 的双氧水，水浴加热 16h 去除有机物，最终得到白色悬浊液。如果将试管放入装有沙子的容器内，对容器加热 10min 左右（根据有机物多少而定），可以得到白色悬浊液，但是有机物的去除效果不如水浴加热彻底。

（3）将处理的白色悬浊液静置沉淀后移除上清液，再加入 10mL 浓度为 10%的盐酸，此时会产生大量气泡，待气泡消失后静置沉降，移除上清液。

（4）向试管中加入 20mL 蒸馏水，振荡均匀后静置沉降，移除上清液。如此反复操作 3 遍，用于清洗消化后的样品，去除剩余的双氧水和盐酸。清洗工作可以通过离心分离的方式来提速，离心方式可以是手动的也可以是自动的，建议离心速度不超过 1500r/min，以免转速过快损伤硅藻外壳。

（5）将处理的硅藻样品加入适量蒸馏水稀释（稀释液浓度的调配应保证盖玻片标本中硅藻壳面不重叠，分布均匀）并摇匀，然后使用一次性吸管吸取稀释后的水样，逐滴滴加在清洗干净的圆形盖玻片上，直至水样覆盖整个盖玻片而不溢出，将滴加水样的盖玻片在室温环境下进行干燥处理（高温容易导致硅藻壳面在盖玻片上分布不均），干燥时可以将盖玻片用罩子罩住以免样品被污染。

（6）将干燥后的盖玻片放在载玻片上，在显微镜 40 倍物镜下观察，以每个视野中平均出现 30～50 个硅藻壳面为宜，若单个视野中出现的硅藻壳面过多或过少则要重新调整消化后样品的稀释度，重复上述步骤重新干燥处理样品。

（7）在载玻片上滴一滴硅藻封片胶（Naphrax，折射率 1.7），将检验合格的盖玻片有硅藻壳面的一面朝下放到封片胶上，将载玻片放到电热板上加热，待封片胶熔化后继续加热直至气泡消失，然后迅速将载玻片取下，用镊子或玻璃棒轻轻按压盖玻片以除去玻片中残留的气泡，使硅藻壳面完全分散在同一个层面上。待玻片冷却后再进行质量检查，合格的玻片标本应尽可能少地含有矿物晶体、泥沙杂质和气泡，硅藻壳面内部应该完全充满封片胶，玻片中的硅藻壳面应该分布均匀不重叠。

（8）将制作合格的玻片放在显微镜载物台上，在盖玻片上滴一滴香柏油，使用 100 倍物镜进行观察，观察视野中的硅藻壳面中应尽可能分布均匀，可以通过呈"己"字形来移动载物台。每个视野内所有的硅藻壳面及破损面积不超过 1/4 的硅藻壳面都要鉴定和计数，至少计数 400 个硅藻壳面，计数结果可以用不同种的相对丰度和比例来表示。将计数结果输入硅藻分析软件计算各项硅藻指数，用于评价水质等级。

2.4.2　底栖动物

底栖无脊椎动物是指生活史的全部或大部分时间生活于水体底部的水生动物类群，主要包括水栖寡毛类、软体动物和水生昆虫幼虫等。为了研究方便，通常将不能通过 $500\mu m$ 孔径筛网的底栖动物称为大型底栖动物。

2.4.2.1　监测站位布设

1. 布设原则

站位布设取决于监测目的以及所用生物监测技术的特殊要求，需要遵从以下原则。

（1）尽可能沿用历史观测站位。

（2）在监测站位采集的样品，需对研究水域的单项或多项指标具有较好的代表性。

（3）生物监测站位应与水文测量、水质理化参数监测站位相同，尽可能地获取足够信息，用于解释观测到的生态效应。

（4）如果监测的目的是建立大范围、全面的流域生物数据网络，站位需要覆盖整个流域范围；如果监测目的是客观评估点源污染的影响，则需要在一定范围内进行加密监测。

（5）在保证达到必要的精度和样本量的前提下，监测站位应尽量少，要兼顾技术指标和费用投入。

2. 注意事项

选择站位时，应注意以下问题。

（1）局部经过人为改变的区域（如小型水坝及桥梁区），除非需要评估其影响，应避免在区域内设置站位。

（2）进入大型河流的支流河口附近，较大水体的生境特征更为典型，应避免在此处设置站位。

（3）对于河流或流域范围的监测，即使站位的生境有所退化或者已有相似物理特征的其他站位，也不应将其舍弃。

（4）事故性污染物的监测站位应当全面覆盖可能的污染混合带，比如，在排污口下游间隔布设监测站位。

2.4.2.2 监测频次和时间

充分考虑水域环境条件、生物类群的时间变化特点、调查目的及人力、费用投入，确定监测频次和监测时间。

1. 监测频次

大范围的河流或流域环境基线调查以及长期的水质监测，第一年每季调查一次，之后可以每年调查一次；常规监测雨季前后各调查一次。事故性污染物的监测频率必须考虑污染物效力的严重程度及持续时间。各类监测类群的生命周期及经过采样后的恢复能力也必须予以考虑。

2. 监测时间

一年一次的调查，一般选在夏末或秋初进行；季节性调查，一般选择春季、秋季和冬季三季。需要注意的是，如果进行逐季或逐月的调查，那么各季或各月调查的时间间隔应基本相同。

2.4.2.3 采样方法

1. 可涉水溪流和河流采样

在生境复杂的溪流及浅水型河流中进行采样时，不需要在所有河段内进行全面调查。但是采样区域应能代表问题河流的典型生境。另外，在采样过程中，应将整个河段的样本混合，设置重复样本，进行方法的精确度评价。在采样时，将 D 形网紧贴河底，逆流拖行，双脚在网前搅动，使底栖动物随水流进入网内。选择采样区域（一般为河宽的 5～20 倍，总长度 50～100m 的河段）不同的小生境，多次重复后达到一定的采集距离，建议总采集距离为 5m。

2. 不可涉水河流采样

不可涉水河流选择深度小于 1.5m 的沿岸区进行采集，在岸边或水中选择采集区域（一般为河宽的 1～10 倍，总长度为 50～200m 的河段），将 D 形网紧贴河底，向前推动，对各类可能出现的小生境进行采集，多次重复达到一定的采集距离，建议总采集距离为 10m。

2.4.2.4 样品处理与分析

1. 样品固定与保存

(1) 固定：样品过 60 目钢筛后，加入 75％乙醇或 5％甲醛溶液进行固定。

(2) 保存：将样品带回实验室，常温保存。确认样品按正确方法装载，使样品不致泄漏。在保存时，每隔几周检查固定液，必要时进行添加，直至样品完成分析。

2. 样品标识与记录

(1) 标识：将永久性标签放于样品瓶内，附上以下信息：采样地点、站位编号、日期、采集人姓名、固定液类型。同时，在样品瓶外侧标注采样地点、站位编号、日期与样品类型。

(2) 记录：在野外记录本或大型底栖动物现场采样记录表中记录河流名称、采样位置、站位编码、采样日期、采集人姓名、采样方法及相关的生态信息。

3. 实验室分析程序

(1) 标本整理：对样品进行重新分类、装瓶，更换固定液。摇蚊的幼虫、蛹以及寡毛类个体，应当用合适的介质（如加拿大树胶）封在玻片内，再进行观察和鉴定。

（2）种类鉴定：在解剖镜下，对采集到的样品进行种类鉴定，分类完后按种分别装瓶。

（3）计数：以种为单位，对样品进行计数。易断的环节动物等按头部计数；软体动物的死壳不计数；数量较多、无法全部计数时，可以使用标准网格托盘，随机抽取其中的一部分计数、换算。

（4）栖息密度换算：实测个体总数量除以采样总面积，即可得该种类的栖息密度（ind. /m²）。

（5）记录：在大型底栖动物计数记录表上方部分填写样品相关信息，记录各个种类的种名、相应的个体数量及栖息密度。

2.5 环境数据采集

2.5.1 水质参数采集

水样采集、保存以及测定方法参照《水和废水监测分析方法（第四版）》：现场测定 pH 值、电导率两项参数。实验室测得溶解氧、总氮、亚硝氮、硝氮、氨氮、总磷、磷酸盐、高锰酸盐指数、五日生化需氧量、硅酸盐和氯化物（以 Cl⁻ 计）等参数。共检测 13 项理化参数。水质理化参数测试方法见表 2 - 6。

表 2 - 6　　　　　　　　　　　　　　　水质理化参数测试方法

理化参数	测 试 方 法
pH 值	便携式多参数水质分析仪（YSI）测定
电导率	便携式多参数水质分析仪（YSI）测定
溶解氧	GB 7489—1987 水质　溶解氧的测定　碘量法
总氮	GB 11894—1989 水质　总氮的测定　碱性过硫酸钾消解紫外分光光度法
亚硝氮	GB 7493—87 水质　亚硝酸盐氮的测定　分光光度法
硝氮	GB 7480—1987 水质　硝酸氮盐的测定　酚二磺酸分光光度法
氨氮	GB 7479—87 水质　铵的测定　纳氏试剂比色法
总磷	GB 11893—1989 水质　总磷的测定　钼酸铵分光光度法
磷酸盐	GB/T 5750.5—2006 生活饮用水标准检验方法　无机非金属指标
高锰酸盐指数	GB 11892—1989 水质　高锰酸盐指数的测定
五日生化需氧量	GB 7488—1987 水质　五日生化需氧量（BOD₅）的测定　稀释与接种法
硅酸盐	SL 91.1—1994 二氧化硅可溶性的测定（硅钼黄分光光度法）
氯化物	GB 11896—1989 水质　氯化物的测定　硝酸银滴定法

2.5.2　地理信息采集

地理环境变量包括子流域面积、海拔、坡度、降雨和温度等参数，均来源于地理信息系统的分析。

2.5.3　土地利用方式信息采集

土地利用方式信息采集包括植被覆盖面积、湿地面积、农田面积和城市面积 4 项参数。

第二部分
硅藻

第 3 章

着生硅藻群落特征及影响因素研究

由于着生硅藻对河流富营养化、酸碱度、氮、含氯度、重金属污染等环境参数有灵敏反映，综合体现各种水环境因素所产生的生态效应，从而被认为是河流水环境可靠的生物指示种。目前，我国河流水质监测仍然限于理化监测，发展河流硅藻生物监测与评价技术对于我国水资源管理、水生态保护与恢复具有重要的借鉴意义。但是无论是硅藻指数，还是硅藻群落变异，在时间和空间上都与海拔、地质、人类干扰等环境条件密切相关，使用着生硅藻评价河流生态质量也就具有一定的局限性，需要澄清人类干扰和自然因素对河流着生硅藻群落特征影响的特点。

群落分类和排序是研究着生硅藻群落与环境生态关系的常用手段。通过多元统计方法量化硅藻群落对环境参数的响应，可以探讨硅藻群落在一定环境梯度上的间断性和连续性特征，揭示硅藻群落结构的主要影响因素，区分人类干扰和自然因素对硅藻群落影响的大小。目前国内外对硅藻群落分类和排序常用的方法包括主成分分析（Principal component analysis，简称 PCA）、双向指示种分析（Two way indicator species analysis，简称 TWINSPAN）、对应分析（Correspondence analysis，简称 CA）、除趋势对应分析（Detrended correspondence analysis，简称 DCA）、典范对应分析（Canonical correspondence analysis，简称 CCA）和偏典范对应分析（Partial canonical correspondence analysis，简称 PCCA）。

3.1 数据分析

3.1.1 相对丰度计算

着生硅藻相对丰度表示某种类壳体个数占断面中所有检定壳体总数的百分比，通过式（3-1）计算：

$$相对丰度（\%）= \frac{某种硅藻的壳体个数}{该断面硅藻的壳体总数} \times 100\% \tag{3-1}$$

3.1.2 数据处理与转化

由于环境参数存在不一致的量纲和数量级，为了减小分析误差，对所有环境参数数据进行均值为 0、方差为 1 的标准化处理。为了使种群数据集中，减小杂乱信息干扰，得到更明显的变化趋势，剔除相对丰度小于 5% 的种类，物种数据进行 $\lg(x+1)$ 的对数转化。

3.1.3　分类和排序

（1）主成分分析样方-环境变量矩阵，检测环境变量间的主要梯度研究珠江水系环境特征。

（2）除趋势对应分析检验样方-硅藻相对丰度矩阵，获得硅藻物种的单峰响应值，即除趋势对应分析前两轴的梯度长度（SD），若 SD 最大值大于 2，即认为单峰响应模型是研究着生硅藻群落特征的合适模型，同时单峰响应模型是研究硅藻群落与环境变量变化关系的合适模型。

（3）应用对应分析和双向指示种分析对硅藻群落进行分析。输入样方-硅藻相对丰度矩阵，进行对应分析，即可做出断面和硅藻属种的对应分析排序图。在双向指示种分析中，假种划分水平（Pseudospecies cut levels）设定为（0，2，5，10，20），以原始结果中数字 "0" 和 "1" 划分硅藻种群类别，划分类别以树状图表示。

（4）利用典范对应分析研究硅藻群落与环境参数的对应关系。为了去除共线性的多余环境变量，首先输入样方-环境变量矩阵和样方-硅藻相对丰度矩阵，运行一次典范对应分析，将方差膨胀因子（Variance inflation factor，简称 VIF）大于 20 的环境变量去除掉。剩下的环境参数再进行一次典范对应分析，得各个环境参数对于前两排序轴梯度变化的贡献度，做出物种与环境参数的双序图。

（5）采用偏典范对应分析，分别以水质因素和地理因素为协变量，确定地理因素和水质因素对于硅藻群落变异方差的贡献率。

（6）以上分析过程在生态统计软件 Canoco 4.5 和 PC－ORD 5.0 中完成。

3.2　东江硅藻结果分析

3.2.1　着生硅藻群落结构组成及分布特征

3.2.1.1　着生硅藻群落结构组成

从种类数目、相对丰度和频度分析东江流域着生硅藻群落结构组成。

东江全流域共鉴定出硅藻 98 种，含亚种和变种，分属 2 纲 6 目 8 科 30 属。羽纹纲在东江着生硅藻群落中占优势。在全部硅藻种类中，中心纲种类只占 8 种，主要为 *Aulaco-seira* 和 *Cyclotella*；而羽纹纲有 90 种，占全部种类的 92%。羽纹纲中所有目均有发现，单壳缝目、双壳缝目和管壳缝目的种类优势明显，其中双壳缝目种类超过总数一半。

在属水平上，*Navicula* 种类为优势种群，共有 15 种，占硅藻种类总数的 15.3%；依次为 *Nitzschia* 14 种，占 14.3%；*Achnanthes* 12 种，占 12.2%；*Gomphonema* 6 种，占 6.1%；*Fragilaria*、*Cymbella* 和 *Pinnularia* 各 4 种，各占 4.1%；*Aulacoseira*、*Lu-ticola* 和 *Cyclotella* 各 3 种，各占 3.1%；所占比例小于 3% 的属包括 *Amphora*、*Craticula*、*Diadesmis*、*Encyonema*、*Eolimna*、*Frustulia*、*Gyrosigma*、*Reimeria*、*Sellaphora*、*Surirella*、

Melosira、*Thalassiosira*、*Achnanthidium*、*Cocconei*、*Planothidium*、*Eunotia*、*Diploneis*、*Mayamaea*、*Stauroneis*、*Bacillaria*，以上属共占硅藻种类总数的 30.6%。其中*Melosira*、*Thalassiosira*、*Achnanthidium*、*Cocconeis*、*Planothidium*、*Eunotia*、*Diploneis*、*Mayamaea*、*Stauroneis*、*Bacillaria* 等属只检出 1 个种。硅藻属组成及比例见图 3-1。

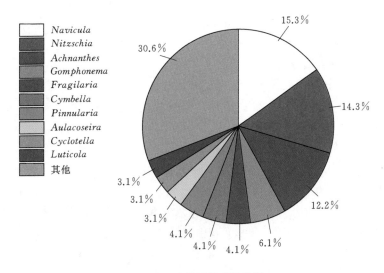

图 3-1　硅藻属组成及比例

硅藻群落中，*Achnanthes*、*Gomphonema*、*Nitzschia*、*Navicula* 和 *Eolimna* 为优势硅藻属，其在 27 个采样断面的相对丰度大部分都高于 50%，只有个别采样断面（断面 5、11、15）优势度不明显，各采样断面硅藻属相对丰度分布图见图 3-2。30 个硅藻种相对丰度大于 1%，其中大于 5% 的有：*Nitzschia palea*，9.2%；*Gomphonema minutum*，7.6%；*G. parvulum*，6.8%；*Achnanthes catenata*，6.4%；*Eolimna minima*，6.2%。

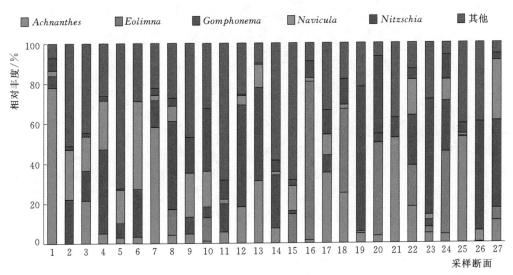

图 3-2　各采样断面硅藻属相对丰度分布图

硅藻群落中出现频率高于 50% 的属有：*Nitzschia*，100%；*Gomphonema*，92.6%；*Achnanthes*，88.9%；*Navicula*，85.2%；*Cyclotella*，70.4%；*Sellaphora*，59.3%；*Pinnularia*，55.6%；*Eunotia*，51.9%；*Luticola*，51.9%。出现频率高于 50% 的种有：*Nitzschia palea*，88.9%；*Gomphonema parvulum*，81.5%；*Navicula cryptotenella*，66.7%；*Achnanthidium minutissimum*，63.0%；*Navicula cryptocephala*，63.0%；*N. viridula* var. *rostellata*，59.3%；*Achnanthes catenata*，55.6%；*Pinnularia subcapitata*，55.6%；*Sellaphora pupula*，55.6%；*Eunotia minor*，51.9%；*Luticola mutica*，51.9%。

3.2.1.2　着生硅藻种类数变化

东江水系 27 个采样断面检出的着生硅藻种数范围为 11～33。其中，断面 17 硅藻种类数最高，达 33 种；断面 5、9、14、22 硅藻物种也较丰富；而断面 19、18、16 硅藻种数较少，最低数目出现在断面 16，只有 11 种。

空间分布上，采样断面着生硅藻种数存在差异（图 3-3）：浰江（断面 5）、秋香江（断面 8、9）、新丰江（断面 14）、增江中上游（断面 11、12、13）、西枝江（断面 17）等支流河段的硅藻物种较丰富。而在受人类活动干扰比较大的区域，如公庄河（断面 16）、淡水河（断面 18）、石马河（断面 19）、潼湖（断面 20）和沙河（断面 21）等河流中着生硅藻种群结构单一，种类数量较少。各采样断面着生硅藻种类数量见图 3-3。

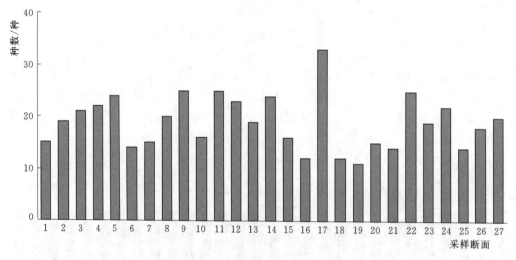

图 3-3　各采样断面着生硅藻种类数量

3.2.1.3　着生硅藻优势类群变化

优势种是指在群落中具有最大密度和生物量的物种。亚优势种指在是群落中次于优势种但是优势度较高的物种。优势种和亚优势种构成群落的优势类群，对整个群落结构的形成起主要作用。

由表 3-1 可知，不同的采样断面，着生硅藻优势类群存在差异。采样断面 1、3、7、17、21，其优势类群主要为 *Achnanthes* 和 *Eunotia* 的种类，包括 *Achnanthes catenata*、*A. imperfecta*、*A. helvetica*、*Eunotia minor* 等；采样断面 2、4、5、6、8、11、12、13、14、22、27，其优势类群主要由 *Gomphonema* 和 *Navicula* 属的种类组成，包括 *Navicula cryptotenella*、*Gomphonema parvulum*、*G. clevei*、*G. minutum*、*G. productum* 等；采样断面 9、10、15、16、18、19、20、23、24、25、26，其优势类群主要以 *Nitzschia*、*Eolimna* 和 *Pinnularia* 属为主，有 *Nitzschia palea*、*N. inconspicua*、*Eolimna minima*、*E. subminuscula*、*Pinnularia subcapitata* 等种类。东江流域各采样断面硅藻优势种和亚优势种见表 3−1。

表 3−1　　　　　　　　　东江流域各采样断面硅藻优势种和亚优势种

断面	优 势 种	亚 优 势 种
1	*Achnanthes catenata*	*A. imperfecta*
2	*Gomphonema parvulum*	*Frustulia saxonica*
3	*Achnanthes catenata*	*Eunotia minor*
4	*Gomphonema parvulum*	*G. clevei*，*Cocconeis placentula* var. *euglypta*，*Navicula cryptotenella*
5	*Cymbella turgidula*	*Navicula cryptotenella*
6	*Navicula cryptotenella*	*Gomphonema parvulum*
7	*Achnanthes helvetica*	*Eunotia minor*
8	*Gomphonema minutum*	*G. parvulum*
9	*Nitzschia palea*	*Navicula capitatoradiata*
10	*Nitzschia palea*	*Sellaphora pupula*，*Navicula viridula* var. *rostellata*
11	*Luticola mutica*	*Gomphonema minutum*
12	*Gomphonema minutum*	*Achnanthidium minutissimum*
13	*Gomphonema minutum*	*G. parvulum*
14	*Diadesmis confervacea*	*Gomphonema minutum*
15	*Cocconeis placentula* var. *euglypta*	*Eolimna subminuscula*
16	*Eolimna minima*	*Nitzschia palea*
17	*Achnanthes catenata*	*Diadesmis contenta*
18	*Eolimna subminuscula*	*Achnanthes exilis*，*E. minima*，*Pinnularia subcapitata*
19	*Nitzschia palea*	*Pinnularia subcapitata*
20	*Eolimna subminuscula*	*Nitzschia palea*
21	*Achnanthes catenata*	*Aulacoseira granulata*
22	*Gomphonema minutum*	*Eolimna minima*
23	*Nitzschia palea*	*Amphora montana*
24	*Eolimna minima*	*Gomphonema minutum*
25	*Achnanthes amoena*	*Pinnularia subcapitata*
26	*Nitzschia inconspicua*	*Amphora montana*
27	*Gomphonema productum*	*Navicula cryptotenella*

3.2.2　采样断面环境特征

本章引入两类环境参数作为影响因素分析硅藻群落结构，水质因素包括溶解氧、五日生化需氧量、高锰酸盐指数、电导率、氨氮、pH 值、亚硝氮、硅酸盐、氯化物、硝氮、磷酸盐、总氮、总磷等 13 项参数。地理因素包括子流域面积、海拔、坡度、降雨、温度等 5 项参数。东江流域采样断面环境特征（$n=27$）见表 3-2。

表 3-2　　　　　　　　　　东江流域采样断面环境特征（$n=27$）

参　数		最大值	最小值	平均值	标准偏差
水质因素	溶解氧/(mg/L)	8.90	0.40	7.14	2.31
	五日生化需氧量/(mg/L)	30.40	0.16	3.71	6.14
	高锰酸盐指数/(mg/L)	8.10	0.80	2.18	1.72
	电导率/(μS/cm)	1051.00	32.20	196.36	229.50
	氨氮/(mg/L)	13.90	0.09	1.86	3.48
	pH 值	8.60	6.60	7.36	0.40
	亚硝氮/(mg/L)	0.42	0.001	0.07	0.11
	硅酸盐/(mg/L)	20.30	9.50	15.38	3.28
	氯化物/(mg/L)	261.00	0.90	20.51	51.56
	硝氮/(mg/L)	3.26	0.45	1.39	0.73
	磷酸盐/(mg/L)	0.50	0.01	0.065	0.10
	总氮/(mg/L)	17.80	0.86	3.75	4.36
	总磷/(mg/L)	0.75	0.02	0.086	0.14
地理因素	子流域面积/(亿 m²)	84.70	0.81	34.25	32.82
	海拔/m	684.00	20.00	116.49	120.04
	坡度/(°)	20.12	0.04	9.34	6.47
	降雨/cm	160.00	129.00	146.96	7.91
	温度/(℃)	21.00	20.00	20.73	0.45

对 18 项环境参数进行主成分分析，前两种主成分解释了 84.5% 的方差。主成分第 1 轴，特征值为 0.462，解释了 46.2% 的环境变异，主要反映氯化物、亚硝氮、总磷、高锰酸盐指数、磷酸盐、五日生化需氧量、溶解氧等参数的影响；主成分第 2 轴，特征值为 0.383，解释了 38.3% 的变异，体现流域面积、坡度、海拔、温度等因子的变化情况。因此，主成分分析确定两个主要的环境梯度，第 1 轴体现水质理化因素的变化梯度，第 2 轴体现地理因素的变化梯度。第 1 轴对于环境变异的贡献大于第 2 轴。环境参数的主成分分析排序图见图 3-4。

3.2.3　双向指示种分析和对应分析

对硅藻群落进行除趋势对应分析，前两轴中梯度长度最大值为 2.478，大于 2，确认对应分析是研究着生硅藻群落特征的合适模型。采用双向指示种分析对硅藻群落进行数量分析。双向指示种分析分类树状图见图 3-5。采用对应分析对东江水系硅藻群落进行排序分析，根据双向指示种分析结果在对应分析排序图上确定分类界线。对应分析排序图见图 3-6。研究结果表明东江着生硅藻可分为下列 4 种硅藻群落类型。

Ⅰ：组团位于双轴系第二象限，包括采样断面 1、2、3、6、7、9、12、14、17。组

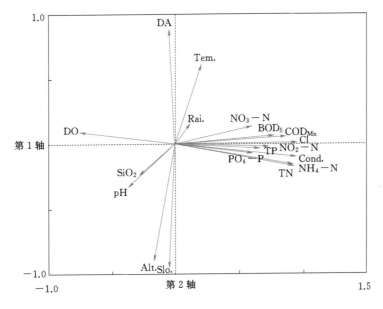

图 3-4　环境参数的主成分分析排序图

DO—溶解氧；BOD_5—五日生化需氧量；COD_{Mn}—高锰酸盐指数；Cond.—电导率；NH_4-N—氨氮；pH—pH 值；NO_2-N—亚硝氮；SiO_2—硅酸盐；Cl—氯化物；NO_3-N—硝氮；PO_4-P—磷酸盐；TN—总氮；TP—总磷；DA—子流域面积；Alt.—海拔；Slo.—坡度；Rai.—降雨；Tem.—温度

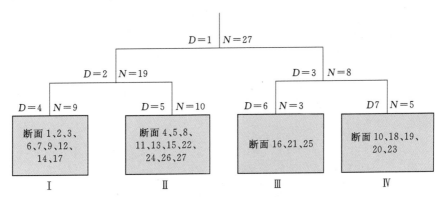

图 3-5　双向指示种分析分类树状图

D—分类次序；N—样方数量；Ⅰ～Ⅳ—类别代号

团内优势种包括 *Frustulia saxonica*、*Achnanthes helvetica*、*Surirella brebissonii*、*Eunotia minor*、*Encyonema minutum*、*A. catenata*、*Navicula cryptocephala*、*A. conspicua*、*Fragilaria capucina*、*Achnanthidium minutissimum*、*F. bidens*、*Cyclotella stelligera*、*Diadesmis contenta* 等种类。

Ⅱ：组团主要位于双轴系第三象限，由采样断面 4、5、8、11、13、15、22、24、26、27 组成。组团内优势种类有 *Cocconeis placentula* var. *euglypta*、*Cymbella turgidula*、*Sellaphora bacillum*、*Gomphonema clevei*、*Melosira varians*、*Navicula reichardtiana*、*N. viridula* var. *rostellata*、*N. cryptotenella*、*N. schroeteri*、*Nitzschia inconspicua*、

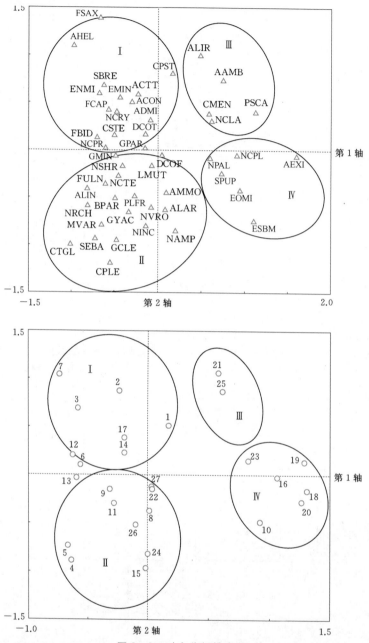

图 3-6　对应分析排序图

Ⅰ～Ⅳ—双向指示种分析类别代号；○—采样断面；△—硅藻种类；AAMB—*Aulacoseira ambigua*；ALIR— *A. lirata*；ACON—*Achnanthes conspicua*；ACTT—*A. catenata*；AEXI—*A. exilis*；AHEL—*A. helvetica*；ALAR— *A. lanceolata* ssp. *rostrata*；ALIN—*A. linearis*；ADMI—*Achnanthidium minutissimum*；AMMO—*Amphora montana*；BPAR—*Bacillaria paradoxa*；CMEN—*Cyclotella meneghiniana*；CPST—*C. pseudostelligera*；CSTE— *C. stelligera*；CPLE—*Cocconeis placentula* var. *euglypta*；CTGL—*Cymbella turgidula*；DCOF，*Diadesmis confervacea*；DCOT—*D. contenta*；EMIN—*Eunotia minor*；ENMI—*Encyonema minutum*；EOMI—*Eolimna minima*； ESBM—*E. subminuscula*；FBID—*Fragilaria bidens*；FCAP—*F. capucina*；FULN—*F. ulna*；FSAX—*Frustulia saxonica*；GCLE—*Gomphonema clevei*；GMIN—*G. minutum*；GPAR—*G. parvulum*；GYAC—*Gyrosigma acuminatum*； LMUT—*Luticola mutica*；MVAR—*Melosira varians*；NAMP—*Nitzschia amphibia*；NCLA—*N. clausii*；NCPL— *N. capitellata*；NINC—*N. inconspicua*；NPAL—*N. palea*；NCPR—*Navicula capitatoradiata*；NCRY— *N. cryptocephala*；NCTE—*N. cryptotenella*；NRCH—*N. reichardtiana*；NSHR—*N. schroeteri*；NVRO— *N. viridula* var. *rostellata*；PLFR—*Planothidium frequentissimum*；PSCA—*Pinnularia subcapitata*；SBRE— *Surirella brebissonii*；SEBA—*Sellaphora bacillum*；SPUP—*S. pupula*

N. amphibia Bacillaria paradoxa，*Planothidium frequentissimum*，*Fragilaria ulna*，*Gyrosigma acuminatum*，*Achnanthes lanceolata ssp. rostrata*，*A. linearis*，*Amphora montana*，*Luticola mutica* 等。

Ⅲ：组团位于双轴系第一象限，包括采样断面 16、21、25。组团内的优势类群包括 *Aulacoseira ambigua*，*A. lirata*，*Cyclotella meneghiniana*，*Nitzschia clausii*，*Pinnularia subcapitata*。

Ⅳ：组团位于双轴系第四象限，有采样断面 10、18、19、20、23。组团内大量出现的硅藻种有 *Eolimna minima*，*E. subminuscula*，*Achnanthes exilis*，*Sellaphora pupula*，*Nitzschia capitellata*，*N. palea*。

对应分析双轴系第 1 轴、第 2 轴共解释了硅藻种类累积变化的 22.4%。

3.2.4 典范对应分析

由于除趋势对应分析前两轴中梯度长度最大值为 2.478，大于 2，表明东江流域着生硅藻群落与生态梯度具有非线性的单峰响应关系，因此应选用加权平均的非线性模型典范对应分析来研究环境参数对硅藻群落的影响。

运行第一次典范对应分析，将 18 项环境参数中方差膨胀因子（VIF）大于 20 的 10 项参数删去。剩下的 8 项环境变量（溶解氧、pH 值、亚硝氮、硅酸盐、硝氮、坡度、海拔、降雨），再一次典范对应分析，得典范对应分析排序双轴系。东江硅藻典范对应分析排序图见图 3-7。

典范对应分析排序轴特征值、物种与环境参数排序轴的相关系数见表 3-3。典范对应分析结果显示，第 1 轴、第 2 轴的特征值分别为 0.316 和 0.178，物种与环境参数排序轴的相关系数分别为 0.956 和 0.866，说明排序图很好地反映了硅藻与环境参数之间的关系。典范对应分析排序的前两轴共解释了硅藻群落变异程度的 45.2%。研究 8 个环境参数与硅藻群落变异的相关性发现，第 1 轴与水质参数中溶解氧和硅酸盐呈负相关关系，与亚硝氮和硝氮两个因子呈正相关关系。因此第 1 轴主要反映营养盐和硅酸盐梯度变化，第 2 轴跟 pH 值和降雨量为显著相关关系。各环境参数与两排序轴的相关性见表 3-4。

表 3-3　　　典范对应分析排序轴特征值、物种与环境参数排序轴的相关系数

特　征　值	排　序　轴			
	1	2	3	4
	0.316	0.178	0.148	0.137
物种与环境相关性	0.956	0.866	0.913	0.904
物种数据累积变化百分率/%	10.6	16.6	21.6	26.2
物种-环境关系累积变化百分率/%	28.9	45.2	58.7	71.2

表 3-4　　　　　　　　各环境参数与两排序轴的相关性

参数	排　序　轴		参数	排　序　轴	
	1	2		1	2
溶解氧	−0.7074 *	0.1188	硝氮	0.8704 *	0.0238
pH 值	−0.2685	0.5513 *	坡度	−0.0756	0.0547
亚硝氮	0.8094 *	0.0457	海拔	−0.1355	−0.1795
硅酸盐	−0.4226 *	−0.1175	降雨量	0.2139	0.4582 *

注　* 表示相关性达显著水平 $p < 0.05$，自由度为 27。

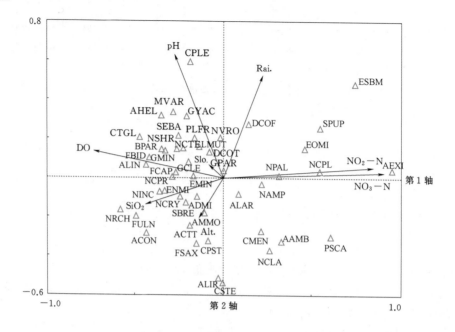

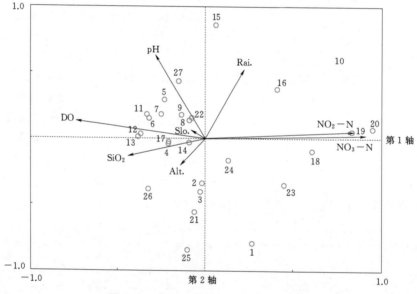

图 3-7 东江硅藻典范对应分析排序图

○—采样断面；△—硅藻种类；AAMB—*Aulacoseira ambigua*；ALIR—*A. lirata*；ACON—*Achnanthes conspicua*；ACTT—*A. catenata*；AEXI—*A. exilis*；AHEL—*A. helvetica*；ALAR—*A. lanceolata ssp. rostrata*；ALIN—*A. linearis*；ADMI—*Achnanthidium minutissimum*；AMMO—*Amphora montana*；BPAR—*Bacillaria paradoxa*；CMEN—*Cyclotella meneghiniana*；CPST—*C. pseudostelligera*；CSTE—*C. stelligera*；CPLE—*Cocconeis placentula var. euglypta*；CTGL—*Cymbella turgidula*；DCOF—*Diadesmis confervacea*；DCOT—*D. contenta*；EMIN—*Eunotia minor*；ENMI—*Encyonema minutum*；EOMI—*Eolimna minima*；ESBM—*E. subminuscula*；FBID—*Fragilaria bidens*；FCAP—*F. capucina*；FULN—*F. ulna*；FSAX—*Frustulia saxonica*；GCLE—*Gomphonema clevei*；GMIN—*G. minutum*；GPAR—*G. parvulum*；GYAC—*Gyrosigma acuminatum*；LMUT—*Luticola mutica*；MVAR—*Melosira varians*；NAMP—*Nitzschia amphibia*；NCLA—*N. clausii*；NCPL—*N. capitellata*；NINC—*N. inconspicua*；NPAL—*N. palea*；NCPR—*Navicula capitatoradiata*；NCRY—*N. cryptocephala*；NCTE—*N. cryptotenella*；NRCH—*N. reichardtiana*；NSHR—*N. schroeteri*；NVRO—*N. viridula var. rostellata*；PLFR—*Planothidium frequentissimum*；PSCA—*Pinnularia subcapitata*；SBRE—*Surirella brebissonii*；SEBA—*Sellaphora bacillum*；SPUP—*S. pupula*；→—环境变量；DO—溶解氧；BOD_5—五日生化需氧量；COD_{Mn}—高锰酸盐指数；Cond.—电导率；NH_4-N—氨氮；pH—pH 值；NO_2-N—亚硝氮；SiO_2—硅酸盐；Cl—氯化物；NO_3-N—硝氮；PO_4-P—磷酸盐；TN—总氮；TP—总磷；DA—子流域面积；Alt.—海拔；Slo.—坡度；Rai.—降雨；Tem.—温度

3.2.5 偏典范对应分析

分别以水质参数和地理因素这两类因子作为协变量进行偏典范对应分析，结果表明，总特征值为 2.974，18 个参数共同解释的方差为 71.0%（2.111/2.974），而地理因素单独解释了 25.7%（0.764/2.974），水质参数单独解释了 52.5%（1.561/2.974）。说明水质参数与地理因素相比对东江着生硅藻群落结构的影响更大。

3.2.6 讨论

东江河流 27 个采样断面共鉴定出硅藻 30 属 98 种。其中 *Navicula*、*Gophonema*、*Nitzschia*、*Achnanthes* 包含种类多，丰度高，出现频率也高，为东江着生硅藻群落的优势属。主要的优势种包括 *Nitzschia palea*、*Gomphonema minutum*、*Gomphonema parvulum*、*Achnanthes catenata*、*Eolimna minima*、*Navicula cryptotenella*、*Achnanthidium minutissimum* 等。

根据 Van Dam 和 Hoffmann 的硅藻生态指示值名录：双向指示种分析分类组团 Ⅰ 中的 *Frustulia saxonica*、*Achnanthes helvetica*、*A. catenata*、*Eunotia minor*、*Encyonema minutum*、*Fragilaria capucina* 等均为指示清洁水体的种类。Ⅱ 中的 *Cocconeis placentula* var. *euglypta*、*Cymbella turgidula*、*Navicula reichardtiana*、*N. viridula* var. *rostellata*、*Achnanthes lanceolata* ssp. *rostrata*、*A. linearis*、*Gyrosigma acuminatum* 等种类经常出现在中度污染的水体。Ⅲ 中的优势类群 *Aulacoseira ambigua*、*Cyclotella meneghiniana*、*Nitzschia clausii*、*Pinnularia subcapitata* 为污染水体的指示种类。Ⅳ 中的优势种有 *Eolimna minima*、*E. subminuscula*、*Sellaphora pupula*、*Nitzschia capitellata*、*N. palea*、*N. clausii*，当这些种类大量出现，表示其所处水体水质下降，污染严重。因此，对应分析排序中第 1 轴明显反映了着生硅藻群落在水质梯度上的变化。而第 2 轴特征值较低，解释群落变异信息不足，尚无法判断其体现的生态梯度。双向指示种分析是基于对应分析排序原理发展起来的一种分类方法。本书中，双向指示种分析与对应分析、除趋势对应分析排序结果非常吻合，这些在杨东（2011）、张会儒等（2009）的研究中已经得到验证。双向指示种分析和对应分析排序方法是在缺乏环境数据时研究生物群落间断性和连续性特征、揭示潜在生态因子梯度合适的生态联立分析方法。

双向指示种分析原理是通过设定指示种，划分假种（假定不同多度情况下指示种具有不同的指示意义，将指示种分成不同的"种"做分析）而进行类别划分。藻类学家普遍认为，双向指示种分析是较先进完善的多元分析方法，能够合理地揭示浮游植物与周围环境的关系，归类水质相近和生境相同的采样断面。Soininen（2004）对芬兰 197 条河流的硅藻进行双向指示种分析，分为 13 个类群，类群间硅藻组成差异性显著，认为水中电导率、总磷和色度是样点和硅藻群落分类的主要影响因素。Pan 等（2006）对美国加利福尼亚州中央谷地河流底栖硅藻进行双向指示种分析，发现其比 UPGMA（Unweighted pair-group method with arithmetic means，非加权组平均聚类）分类效果好，双向指示种分析与子流域生态分区较为一致。Salomoni 等（2006）对巴西 Gravatai 河着生硅藻的研究表明，双向指示种分析能明显地区分污染耐受的硅藻类群与污染敏感的硅藻类群。

典范对应分析显示东江流域着生硅藻群落受到水质因素和地理因素的共同作用，

Soininen（2004）、Pan（2006）、Urrea 等（2009）、Leira 等（2005）的研究也报道了类似的结果。第 1 轴（图 3-4）主要反映营养盐和硅酸盐梯度变化。表明营养盐和硅酸盐是东江流域着生硅藻群落结构的主要影响因素，这与许多研究结果具有一致性。Leira 等（2005）在研究西班牙加泰罗尼亚地区河流硅藻结构影响因素时，确定水体营养成分是明显突出的影响因素。Potapova 等（2003）在大量数据分析的基础上认为硅藻群落的变化是水体电导率和营养盐综合效应的结果。硅是硅藻的必要生长元素，林碧琴等（1998）认为硅藻细胞利用和吸收硅元素的高峰集中在细胞壁形成的过程中。硅藻细胞新陈代谢快速，Eppley（1977）发现有些硅藻种类的细胞每天可以分裂两次以上，需要大量硅元素补充，以形成子细胞的硅质细胞壁。因此，水体中硅的含量对硅藻群落具有重要的影响。第 2 轴（图 3-4）为水环境酸碱梯度轴。许多研究证明硅藻对水体的酸碱度变化相当敏感。在古湖沼学研究中，通过沉积硅藻定量重建湖泊酸碱度历史变化的研究应用广泛。Van Dam 等（1995）、Coring（1996）的研究表明硅藻可以很好地指示流动水体 pH 值的变化趋势。Telford 等（2006）以大型硅藻数据库为依托，利用无效模型的方法，证明大多数硅藻种类与水体 pH 值具有统计意义的显著相关关系，驳斥了 Pither 等（2005）研究中认为大部分硅藻种类对于水中酸碱度响应不灵敏的理论。李亚蒙等（2010）研究白洋淀硅藻分布及其与水环境的关系时发现 pH 值和总磷是影响白洋淀硅藻种群分布的重要因素，利用欧洲硅藻数据库，建立白洋淀总磷和 pH 值的硅藻转换函数。

在本书中，虽然海拔、坡度与子流域面积等地理因素对于典范对应分析前两排序轴的贡献较低，不存在显著相关关系。同时偏典范对应分析也显示河流水质因素相对于地理因素对东江流域着生硅藻群落的影响更大，得到了与 Urrea 等（2009），Leira 等（2005）的研究一致的结论。但是 Stevenson（1997）指出，在较大流域尺度上，不同地理因素会影响水质的差异，地理因素会通过水质对硅藻群落起作用。例如本书中硅藻群落的主要影响因素硅酸盐和 pH 值也会因地理条件的差异而发生变化。

本书结果表明水质因素、地理因素对硅藻群落均产生影响。因此，当应用硅藻评价一个水域的生物质量时需要基于相同的气候、水文、地质因素的水生态区域内才能使用相同的评价标准。欧盟在使用硅藻指数或者硅藻群落结构的变异来评价水体生物质量时都以水生态区域划分为基础，水生态分区对于开展我国水生态监测与评价具有重要意义。孟伟等也强调了我国水生态分区对于开展水生态监测的重要性。

3.3　北江硅藻结果分析

3.3.1　硅藻种类组成

在 31 个断面中，剔除 5 个采样结果不理想的断面，对剩下 26 个断面的硅藻结果进行分析。

26 个断面共发现硅藻 103 个种和亚种，分属 9 科 31 属，以 *Navicula*，*Nitzschia*，*Achnanthes*，*Fragilaria* 的种类数最多，分别为 14 种、13 种、13 种和 8 种。其中 54 种丰富度大于 5%。断面 B20（龙归镇）和 B30（六一桥）硅藻种类数最多，达 29 种；断面

B12（新兴坝加油站旁危桥），B14（泗公坑村）和 B24（横石水大桥）硅藻种类数量较少，低于 10 种，硅藻种群结构较单一。

利用皮尔逊相关系数的组内联接聚类方法将 26 个断面的硅藻种群数据进行分类（图 3-8），得 3 个硅藻群落（Ⅰ、Ⅱ、Ⅲ），样点与硅藻种类的对应分析见图 3-9。从对应分析图可以看出，Ⅰ、Ⅱ 群落位于第 1 轴的右侧，大多数采样点位于河流上游区域，承受来自城市或农业生产的污染都相对比较少，这些样点中包括的硅藻优势种有种 *Achnanthes catenata*、*Achnanthes minutissima* var. *saprophila*、*Achnanthes tropica*、*Cymbella affinis*、*Fragilaria bidens*。位于对应分析图第 1 轴左侧的Ⅲ群落中的的采样点主要为人口密集，工业或农业分布广泛的地区，这些地区的河流中有机污染物浓度较高，其中的硅藻优势种有种 *Achnanthes lanceolata* ssp. *rostrata*、*Cyclotella meneghiniana*、*Diadesmis contenta*、*Navicula cryptotenella*、*Navicula veneta*、*Sellaphora pupula*。对应分析图中第 1 轴、第 2 轴共解释了硅藻种类累积变化率的 19.2%。

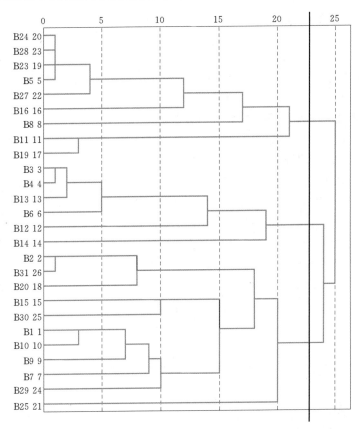

图 3-8　硅藻种群聚类图

3.3.2　硅藻种群与环境因子的关系

3.3.2.1　硅藻种群组成的除趋势对应分析

对各采样点硅藻群落进行除趋势对应分析发现，其梯度长度为 3.130＞2，表明北江

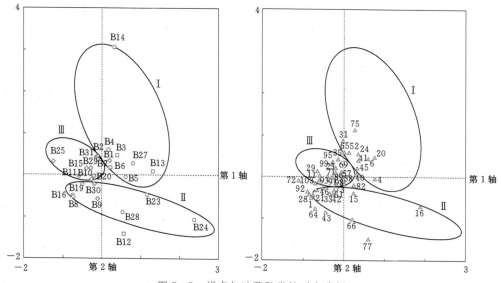

图 3-9　样点与硅藻种类的对应分析

△—硅藻种类；□—Ⅰ类样点；○—Ⅱ类样点；◇—Ⅲ类样点

流域硅藻群落对生态梯度的响应是非线性的，因此利用非线性响应模型（典范对应分析）来分析环境因子对硅藻群落的影响是比较适宜的。

3.3.2.2　硅藻种类与环境因子对应关系的典范对应分析

典范对应分析的前两轴特征值分别为 0.273 和 0.253，物种与环境因子排序轴的相关性达到 0.954 和 0.975，说明排序图很好地反映了硅藻与环境因子之间的关系。排序轴特征值、物种与环境参数排序轴的相关系数见表 3-5。典范对应排序的前两轴解释了硅藻群落变异程度的 30.6%，典范对应第 1 轴与电导率和 pH 值两项环境参数显著正相关，表明第 1 轴反映河中物理性质梯度；而第 2 轴与五日生化需氧量、高锰酸盐指数、氯化物、亚硝氮和硝氮显著正相关，因此第 2 轴为营养盐和有机浓度梯度轴，沿着第 2 轴从上往下，水质变差。在典范对应分析图的第 2 象限，样点 B30 和 B8 营养盐和有机物浓度高，水质较差，污染指示种 *Navicula trivialis*、*Navicula veneta* 在这些点的丰度较大。而在第四象限样点 B13、B27位于河流水质清洁的上游区域，指示硅藻种包括种 *Achnanthes minutissima* var. *saprophila*、*Achnanthes tropica*。样点与硅藻种类的典型对应分析见图 3-10。

表 3-5　　　　　　　排序轴特征值、物种与环境参数排序轴的相关系数

排 序 轴	1	2	3	4
特征值	0.273	0.253	0.210	0.181
物种-环境相关性	0.954	0.975	0.950	0.930
物种数据累积变化百分率/%	8.2	15.8	22.1	27.6
物种-环境关系累积变化百分率/%	15.9	30.6	42.9	53.4

3.3.3　硅藻指数评价

利用 IPS 和 IBD 指数进行水质评价。为了验证 IPS 和 IBD 指数对于北江河流水质的可行性，进行数据统计分析。

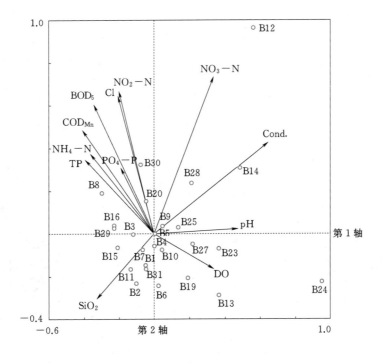

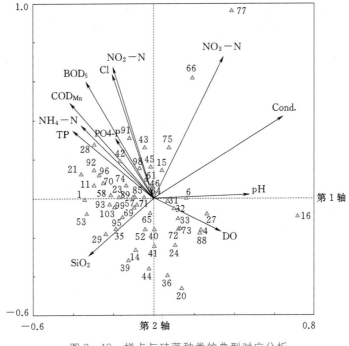

图 3-10 样点与硅藻种类的典型对应分析

○—样点；△—硅藻种类

3.3.3.1 IPS 和 IBD 指数与理化指标的相关性分析

在理化参数中，总氮缺失值数量大于 10%，整个变量栏目选择剔除。各环境参数与两排序轴的相关性见表 3-6。

表 3-6　　　　　　　　　　　各环境参数与两排序轴的相关性

参　数	排　序　轴		参　数	排　序　轴	
	1	2		1	2
溶解氧	0.3207	−0.1649	亚硝氮	−0.1926	0.6514 *
五日生化需氧量	−0.3268	0.5862 *	硅酸盐	−0.3149	−0.2912
高锰酸盐指数	−0.3953	0.4777 *	氯化物	−0.1979	0.6303 *
电导率	0.6107 *	0.4114	硝氮	0.3244	0.7150 *
氨氮	−0.3500	0.3666	磷酸盐	−0.1821	0.2973
pH 值	0.4505 *	0.0205	总氮	−0.3869	0.3390

注　* 表示相关性达显著水平 $p < 0.05$，自由度为 26。

理化数据经标准化后，进行皮尔逊相关系数分析。硅藻指数与各项理化参数的相关系数见表 3-7。评价指数 IPS 和 IBD 与理化参数的相关性较不显著，IPS 指数只与氯化物有一定的相关性，IBD 指数只与高锰酸盐指数有一定的相关性。由相关性分析可知，IPS 和 IBD 指数对于单项理化参数响应度较低，需要对水质参数进行因子分析，以进一步分析验证两个评价指数对于总体水质特性的响应度。

表 3-7　　　　　　　　　　硅藻指数与各项理化参数的相关系数

理化参数	指　数		理化参数	指　数	
	IPS	IBD		IPS	IBD
溶解氧	0.092	0.091	亚硝氮	−0.300	−0.239
五日生化需氧量	−0.305	−0.262	硅酸盐	−0.079	−0.148
高锰酸盐指数	−0.289	−0.402 *	氯化物	−0.427 *	−0.340
电导率	0.023	0.179	硝氮	−0.299	−0.092
氨氮	−0.267	−0.287	磷酸盐	−0.225	−0.218
pH 值	0.317	0.292	总磷	−0.208	−0.226

注　* 表示 $p < 0.05$。

3.3.3.2　理化参数的水质分类

在因子分析前，通过相关性分析，发现其中一些理化变量极显著相关。密切相关的理化参数见表 3-8。为了确保理化参数的独立代表性，剔除氨氮、亚硝氮、电导率 3 个理化指标。剩下的 9 项理化指标 pH 值、溶解氧、五日生化需氧量、高锰酸盐指数、硝氮、磷酸盐、总磷、硅酸盐、氯化物进入因子分析。9 项理化指标经检验：KMO 值为 0.575，Bartlett 球形检验的显著水平 $p < 0.05$，说明进行因子分析有意义。KMO 和 Bartlett 的检验见表 3-9。采用主成分分析和方差极大正交旋转方法提取因子和旋转因子后，保留特征根大于 1 的前 2 个主成分因子。因子旋转后，第一个主成分解释了总方差的 35.381%，其特征根为 3.184；第二个主成分解释了总方差的 29.476%，特征根为 2.653。前 2 个成分累积解释总方差的 64.857% 大于 50%。因子分析的方差贡献表见表 3-10。因此前 2 个成分已经反映原始数据所提供的大部分信息。对主成分因子负荷贡献大于 50% 的理化变量保留作为主要水质参数。主要水质变量对两个主成分因子的负荷矩阵见表 3-11。因子

负荷矩阵（负荷贡献大于 0.5）见表 3-11。

表 3-8   密切相关的理化参数

变量 1	变量 2	相关系数
亚硝氮	氨氮	0.820**
氯化物	亚硝氮	0.756**
硝氮	电导率	0.750**

注   ** 表示 $p < 0.01$。

表 3-9   KMO 和 Bartlett 的检验

Kaiser-Meyer-Olkin 度量		0.575
Bartlett 的球形度检验	近似卡方	125.702
	自由度	36
	显著性	0.000

表 3-10   因子分析的方差贡献表

成分	旋转平方和载入		
	合计	方差贡献率/%	累积贡献率/%
1	3.184	35.381	35.381
2	2.653	29.476	64.857

表 3-11   因子负荷矩阵（负荷贡献大于 0.5）

理化参数	成分		理化参数	成分	
	1	2		1	2
氯化物	0.848		总磷	0.509	0.688
五日生化需氧量	0.813		硅酸盐		0.825
硝氮	0.696		pH 值		−0.797
高锰酸盐指数	0.637		溶解氧		−0.715
磷酸盐	0.538				

采用组内联接法，以相关系数作为类间距离，将 9 项主要水质参数的数据矩阵进行层次聚类，得水质类别，为了研究方便，称为类别 A。类别 A 中分 4 组（A1、A2、A3、A4），水质污染程度随着 A1 到 A4 递加。

3.3.3.3 硅藻指数评价对比分析

硅藻指数在类别 A 中分布的箱型图见图 3-11。在箱型图中显示 IPS 和 IBD 指数总体表现出了随着水质分类等级的增加而下降的趋势。但是 IPS 指数在 A3 组和 A4 组之间出现了波动的不合理趋势，说明 IPS 和 IBD 指数对于总体河流水质梯度具有较好的响应，而 IBD 指数的响应度高于 IPS 指数。

3.3.3.4 硅藻指数分类评价

利用 IPS 和 IBD 两项指数的数值进行水质分类，得类别 B（B1、B2、B3、B4）。对应

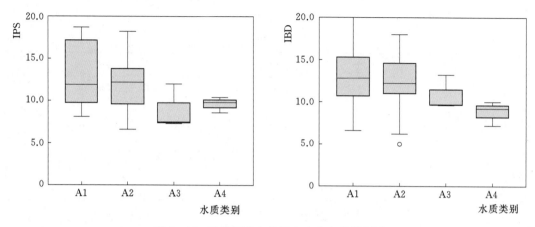

图 3－11　硅藻指数在类别 A 中分布的箱型图

河流硅藻评价指数的生态质量等级评定，类别 B 中分组标准见表 3－12 硅藻指数的生态质量等级评定。

表 3－12　　　　　　　　　　　硅藻指数的生态质量等级评定

指数数值	类别 B 分组	水质生态等级	指数数值	类别 B 分组	水质生态等级
IPS－IBD≥17	B1	很好	9＞IPS－IBD≥5	B4	差
17＞IPS－IBD≥13	B2	好	IPS－IBD＜5	B5	很差
13＞IPS－IBD≥9	B3	中等			

　　所有 26 个样点的 IPS 和 IBD 指数数值均高于 5，因此 B5 组（水质很差）为空组。样点分组后，即进行逐步判别分析。对于 IPS 指数，设定引入变量的显著性水平为 0.05，剔除变量的显著性水平为 0.10 时，即选出了硅酸盐和氯化物两项指标。IPS 逐步判别分析引入变量在类别 B 中分布的箱型图见图 3－12。氯化物在类别 B 中总体呈上升趋势，硅酸盐则没表现出合理的分布趋势。对于 IBD，在设定引入的显著性水平为 0.25，剔除的显著性水平为 0.30，逐步判别才选出了溶解氧和高锰酸盐指数两项指标，说明理化指标对于类别 B 的判别能力很低，因此在箱型图中，溶解氧分布没有明显规律，而高锰酸盐

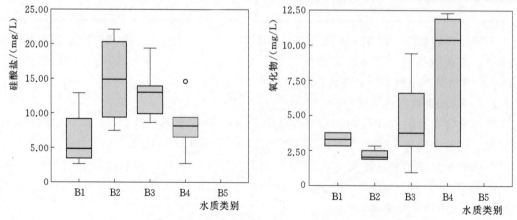

图 3－12　IPS 逐步判别分析引入变量在类别 B 中分布的箱型图

指数则显示出持续增长的趋势。IBD 逐步判别分析引入变量在类别 B 中分布的箱型图见图 3-13。

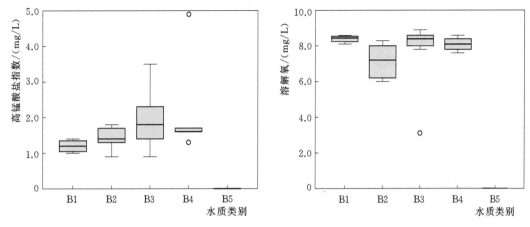

图 3-13　IBD 逐步判别分析引入变量在类别 B 中分布的箱型图

两个指数逐步判别分析选出的变量和判别正确率结果见表 3-13。表中两个指数的回归性判别的分组正确率和交叉检验的分组正确率（从总体数据中重复去除一个样方数据得出的分组正确率）均不高，但是对于复杂生态系统的判别分析来说仍然可以接受。

表 3-13　　　　　　　　　　　逐步判别分析结果

指数	引入的显著性水平	删除的显著性水平	引入的变量	要删除变量的 F 值	回归性判别的分组正确率/%	交叉检验的分组正确率/%
IPS	0.05	0.10	硅酸盐	0.034	69.2	65.4
			氨化物	0.049		
IBD	0.25	0.30	高锰酸盐指数	0.066	61.5	53.8
			溶解氧	0.133		

3.3.3.5　硅藻种群结构分类评价

沿用前面内容对于硅藻种类组成的聚类方法，对 26 个样点的硅藻种群数据进行水质分类，得出类别 C 对应 3 个硅藻群落，即 C1 对应于 Ⅰ，C2 对应于 Ⅱ，C3 对应于 Ⅲ。各组优势种的指示作用参照 Van Dam 和 Hoffmann 的硅藻生态指示值名录可知，水质污染程度随着 C1 到 C3 递加。

IBD 和 IPS 指数在类别 C 中分布的箱型图见图 3-14。IBD 和 IPS 指数均呈随着 C1 到 C3（水质污染程度递加）逐渐下降的趋势，说明通过硅藻种群结构分类后，IBD 和 IPS 指数也能很好地评价北江河流的水质状况。

3.3.3.6　IPS 和 IBD 指数评价

通过以上的统计分析，认为 IPS 和 IBD 指数可以很好地反映北江河流水质和生态质量。IPS 和 IBD 指数的相关性分析见图 3-15。通过图 3-15 可以看出 IPS 指数评价结果和 IBD 指数评价结果相当一致（$R^2 = 0.761$）。两项指数结果的一致性增加对实际评价结果的准确性。

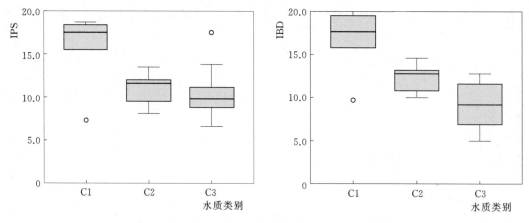

图 3 - 14 IBD 和 IPS 指数在类别 C 中分布的箱型图

IPS 指数显示，全流域 26 个采样点有 15％的样点达到水质标准"很好"，15％达到水质标准"好"，50％达到水质标准"中等"，20％水质标准为"差"。其中断面 B3（古水桥）、B13（田头大桥）和 B14（泗公坑村）数值较高，达到 18 以上；断面 B9（扶赖渡口）数值最低，只有为 6.6，水质标准为"差"。

IBD 显示，全流域 26 个采样断面有 15％的断面达到水质标准"很好"，20％达到水质标准"好"，46％达到水质标准"中等"，19％水质标准为"差"。其中断面 B14（泗公坑村）最高达 20，水质标准为"很好"；断面 B9（扶赖渡口）、B10（春水采沙场）和 B15（周田镇上坪）数值均低于 7。

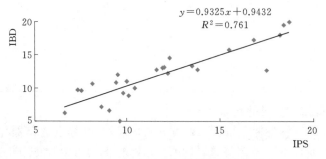

图 3 - 15 IPS 和 IBD 指数的相关性分析

3.4 桂江硅藻结果分析

3.4.1 水质特征

桂江流域各采样断面电导率由下游至源头依次降低，空间变化趋势显著（$p = 0.05$），采样断面电导率变化趋势见图 3 - 16。其他水质参数变化趋势不明显，变化范围广泛。桂江流域采样断面环境参数特征（平均值±标准差，$n = 24$）见表 3 - 14。对水质理化数据进行主成分分析，前两种主成分解释了 56.2％的方差。根据各变量的因子载荷，第 1

轴（PC1，31.89%变量因子载荷）反映了氮营养盐（氨氮、硝氮、总氮）的变化梯度，第2轴（PC2，24.32%变量因子载荷）反映了水温、pH值、电导率、溶解氧这几个因子的变化情况。

表 3-14　　　　　桂江流域采样断面环境参数特征（平均值±标准差，$n=24$）

参　　数		平均值	标准差	最大值	最小值
水质	$Cd/10^{-4}mg/L$	0.7	0.2	1.4	0.6
	$Pb/10^{-4}mg/L$	4.0	4.8	20.0	0.7
	$As/10^{-4}mg/L$	10.5	5.4	25.7	3.7
	$Cr/10^{-4}mg/L$	12.4	4.5	20.3	3.8
	$Cu/10^{-4}mg/L$	13.5	15.8	70.0	0.7
	$Zn/10^{-4}mg/L$	136.6	76.6	397.5	14.4
	$NO_2-N/(mg/L)$	0.0	0.0	0.2	0.0
	总磷/(mg/L)	0.0	0.0	0.1	0.0
	氨氮/(mg/L)	0.1	0.1	0.4	0.0
	硝氮/(mg/L)	1.2	0.5	2.9	0.4
	总氮/(mg/L)	1.4	0.6	3.2	0.6
	叶绿素 $a/(mg/m^3)$	1.9	1.1	4.9	0.6
	浊度 NTU	5.0	4.4	15.1	1.2
	pH 值	7.9	0.4	8.7	6.8
	溶解氧/(mg/L)	8.2	0.4	9.2	7.4
	电导率/(μS/cm)	141.2	70.9	258.0	22.0
土地利用方式	植被覆盖面积/10^7m^2	2.40	3.34	1530.00	4.30
	湿地面积/10^7m^2	3.30	0.09	278.00	6.85
	农田面积/10^7m^2	39.6	0.08	241.00	71.36
	城市面积/10^7m^2	3.85	0.07	18.90	6.23
地理因素	子流域面积/10^7m^2	2.87	3.38	1820.00	513.00
	纬度/(°)	24.81	0.68	25.86	23.53
	经度/(°)	110.66	0.34	111.24	110.19
	海波/m	243.46	50.00	497.00	133.13
	坡度/(°)	4.7083	1.56	23.00	7.50
	降雨/mm	1370	81	1540	1260
	温度/℃	18.90	0.65	20.11	17.77

3.4.2　硅藻种类

24个采样断面共发现112种硅藻，丰度大于5%的有37种。其中，*Achnanthidium minutissimum* 丰度最高，其次为 *A. pusilla*、*A. tropica*、*Cymbella laevis*。下游至源头硅藻指数IPS、IBD呈线性增加的趋势，变化趋势不显著（$p=0.05$），IBD线性相关系数

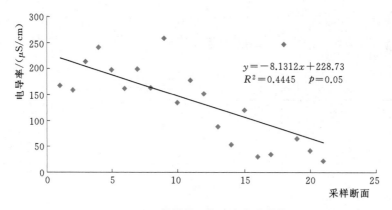

图 3-16 采样断面电导率变化趋势

大于 IPS，二者变化趋势线几乎重合。各采样断面硅藻指数变化趋势见图 3-17。硅藻指数 IPS、IBD 与多项水质、人类干扰以及地理因素呈线性显著相关。硅藻指数与各参数的 Pearson 相关系数（$n=24$）见表 3-15。

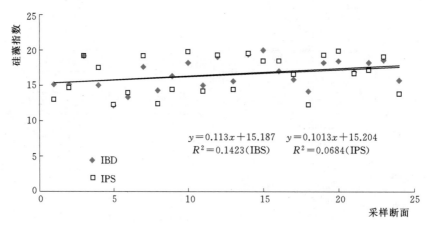

图 3-17 各采样断面硅藻指数变化趋势

表 3-15   硅藻指数与各参数的 Pearson 相关系数（$n=24$）

参　　数	指　　数		参　　数	指　　数	
	IPS	IBD		IPS	IBD
叶绿素	-0.432^*	-0.440^*	植被覆盖面积	-0.611^{**}	-0.666^{**}
氨氮	-0.441^*	-0.480^*	湿地面积	-0.555^{**}	-0.617^{**}
海拔	-0.635^{**}	-0.628^{**}	农田面积	-0.610^{**}	-0.652^{**}
子流域面积	-0.615^{**}	-0.621^{**}	城市面积	-0.667^{**}	-0.732^{**}

注 *表示相关性达显著水平 $p=0.05$；**表示相关性达极显著水平 $p=0.01$。

对应分析显示出 3 个差异较大的硅藻群落。硅藻种类与断面环境因素的对应分析见图 3-18。*Nitzschia recta* 在采样断面 1（望村）中相对丰度较高，该断面位于桂江流域的最下游。*Achnanthes lanceolata*、*Amphora montana*、*Planothidium frequentissimum* 在中下游的断面 2（龙江）、断面 5（下福电站）、断面 8（昭平电站）中相对丰度较高。分布在原点附近的几个样地，它们大多位于上游区域，承受来自城市或农业生产的污染相对比较少，硅藻群落的物种丰度比较高。对应分析第 1 轴、第 2 轴共解释了硅藻种类累积变化率的 24.8%。

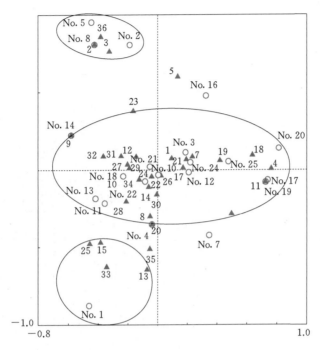

图 3-18　硅藻种类与断面环境因素的对应分析
○—采样断面；△—硅藻种类

3.4.3　典范对应分析

对各采样断面硅藻群落进行除趋势对应分析发现，其梯度长度为 2.287，大于 2，表明桂江流域硅藻群落对生态梯度的响应是非线性的，因此利用非线性响应模型来分析环境参数对硅藻群落的影响是比较适宜的。典范对应分析的前两轴特征值分别为 0.37 和 0.32，物种与环境参数排序轴的相关系数达到 0.99 和 0.984，说明排序图很好地反映了硅藻与环境参数之间的关系。排序轴特征值、物种与环境参数排序轴的相关系数见表 3-16。典范对应分析排序的前两轴解释了硅藻群落变异程度的 28.6%，第 1 排序轴与水质（电导率、水温、氨氮、硝氮、总氮）和人类干扰（城市面积、农田面积、植被面积）呈显著负相关关系，与地理因素（子流域面积、海拔、坡度）呈显著正相关关系，而第 2 轴只与浊度（NTU）呈显著正相关关系。各环境参数与两排序轴的相关性见表 3-17，桂江硅藻典范对应分析排序图见图 3-19。

3.4.4　偏典范对应分析

分别以水质、人类干扰和地理因素作为协变量进行偏典范对应分析。结果表明，17 个

表 3 - 16　　　　　　　　排序轴特征值、物种与环境参数排序轴的相关系数

排 序 轴	1	2	3	4
特征值	0.37	0.32	0.25	0.24
物种-环境相关性	0.990	0.984	0.990	0.974
物种数据累积变化百分率/%	12.6	23.3	31.9	40.0
物种-环境关系累积变化百分率/%	15.4	28.6	39.1	49.0

表 3 - 17　　　　　　　　各环境参数与两排序轴的相关性

环境参数	排 序 轴		环 境 参 数	排 序 轴	
	1	2		1	2
水温	−0.457*	0.0156	子流域面积	−0.6056*	0.2876
电导率	−0.6501*	0.0648	植被面积	−0.6047*	0.2895
浑浊度	−0.2888	0.5557*	农田面积	−0.6075*	0.2589
氨氮	−0.4815*	0.1151	城市面积	−0.6697*	0.3435
硝氮	−0.4618*	0.1813	海拔	0.7508*	0.0386
总氮	−0.5193*	0.1886	坡度	0.5757*	0.2173

注　*表示相关性达显著水平 $p < 0.05$，自由度为 24。

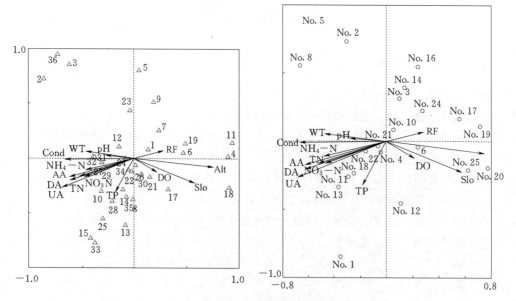

图 3 - 19　桂江硅藻典范对应分析排序图

○—采样断面；△—硅藻种类

变量的总特征值为 2.596，共同解释的方差为 93.0%，而人为干扰单独解释了 7.2%，地理因素占 17.5%，水质因素占 48.5%。

3.5 三角洲硅藻结果分析

3.5.1 各采样断面硅藻评价指数的变化

图 3-20～图 3-22 分别是在 2009 年、2010 年和 2011 年对流溪河、绥江和广州水道各个断面采集的硅藻样品分析计算出的两种硅藻评价指数（IPS/IBD）变化图。流溪河硅藻指数 IPS/IBD 变化情况见图 3-20，绥江硅藻指数 IPS/IBD 变化情况见图 3-21，广州水道硅藻指数 IPS/IBD 变化情况见图 3-22。

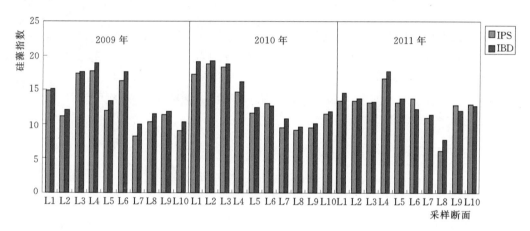

图 3-20　流溪河硅藻指数 IPS/IBD 变化情况

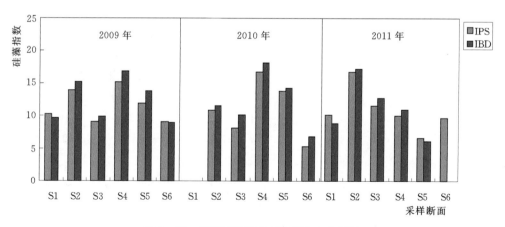

图 3-21　绥江硅藻指数 IPS/IBD 变化情况

由图 3-20 和图 3-21 可知，流溪河和绥江各个样品的硅藻指数 IBD 和 IPS 数值之间变化比较吻合，在一般情况下 IBD 指数的数值要高于 IPS 指数数值。相比之下，广州水道 IBD 和 IPS 数值之间变化的吻合性要差（2011 年的数据尤为显著），而且在大多数情况

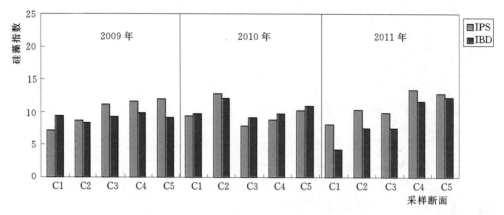

图 3-22　广州水道硅藻指数 IPS/IBD 变化情况

下，IBD 指数的数值低于 IPS 指数数值（见图 3-22）。由图 3-22 还可以看出，流溪河样品的硅藻指数在 8～20，绥江样品的硅藻指数在 6～17，而广州水道样品的硅藻指数在 4～14。根据对应的水质物化参数进行样品水质等级评价，硅藻指数的数值越小，水质污染的程度就越严重。由此可以判断，在这 3 条河流中，流溪河的平均水质最好、绥江其次，而广州水道的污染最严重。

3.5.2　两种硅藻评价指数的相关性

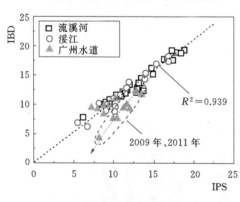

图 3-23　硅藻评价指数 IBD 与
IPS 之间的对应关系

为了更深入地研究硅藻评价指数 IBD 和 IPS 之间的相关性，我们以 IBD 对 IPS 作图并进行线性拟合。硅藻评价指数 IBD 与 IPS 之间的对应关系见图 3-23。结果发现，如果去除广州水道 2009 年和 2011 年样品的数据点（即 IBD 指数数值低于相应的 IPS 指数数值的点），IBD 与 IPS 指数之间具有很好的直线关系，其相关系数的平方达到 0.939。从硅藻指数的数值可知，相对于流溪河和绥江，广州水道水质污染情况严重。尽管如此，对于 2010 年广州河道的样品，其 IBD 指数数值要大于相应的 IPS 指数数值，即与污染程度较轻的流溪河和绥江是类似的，而 IBD 指数数值与 IPS 指数数值之间的关系是落在直线上的。由上述分析可以推断，对于污染小的河流水体，无论用硅藻评价指数 IBD 指数，还是用 IPS 指数，得到的结果都是一致的；而对于污染大的河流水体，需要确定这些硅藻评价指数使用的合理性，选出更为合适的评价指数。

3.5.3　主要环境参数间的关系

由于硅藻评价指数的大小与水体的污染直接有关，而反映水体污染程度的物化参数有很多，如高锰酸盐指数、总氮、总磷、氨氮、五日生化需氧量等。其中，高锰酸盐指数与水体中所含的有机污染物直接相关，总氮与水体中含氮污染物（包括无机污染）直接相关。由于以上这些参数只是部分反映水体污染程度，因此很难用其中的某一个参数来评价水体的污染。参数的多变性和复杂性也造成了很难找到参数之间很好的相关性。

高锰酸盐指数与总氮含量之间的关系见图 3-24。图 3-24 是以评价污染的两个主要参数（高锰酸盐指数和总氮）作图所呈现的规律。总体而言，高锰酸盐指数随样品中总氮含量的增加而增加，但是对于水质为劣Ⅴ类的广州水道来说，高锰酸盐指数随样品中总氮含量落在 2009 年和 2010—2011 年的两个区域。根据高锰酸盐指数的定义，是以高锰酸钾溶液为氧化剂测得的化学耗氧量，监测方法首先是在酸性条件下，用高锰酸钾将水样中的还原性物质（有机物和无机物）氧化。广州水道是受潮汐影响的河口区，含氯度平均值为 56.6（而流溪河相对应的含氯度为 8.43，绥江为 4.09），由于氯离子具有还原性且其含量远远高于其他还原性无机离子的含量，它对高锰酸盐指数的检测具有显著的影响。高锰酸盐指数与氯化物含量之间的关系见图 3-25。因此，采用高锰酸盐指数判断是不合适的。

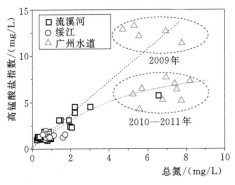

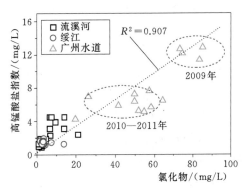

图 3-24　高锰酸盐指数与总氮含量之间的关系　　图 3-25　高锰酸盐指数与氯化物含量之间的关系

总氮与氯化物含量以及电导率之间的关系见图 3-26。图 3-26 是以总氮含量分别对氯化物含量和对电导率作图所得到的关系。由图 3-26 可知，总氮含量与水体氯离子含量的相关性较差，说明氯离子对总氮含量的检测影响不显著。然而我们发现总氮与电导率之

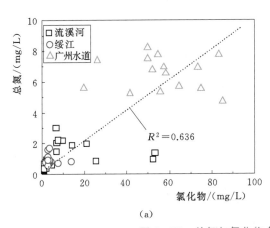

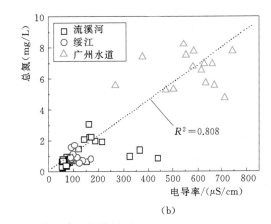

(a)　　　　　　　　　　　　　　　　　(b)

图 3-26　总氮与氯化物含量以及电导率之间的关系

间的相关性显著提高。很显然，电导率主要是无机离子的贡献。因此，电导率是高盐度水体污染评价的一个不可忽视的影响因素。

3.5.4 硅藻评价指数与总氮含量的关系

在所采集的流溪河 30 个水样中，达到Ⅲ类水的有 26 个。而广州水道的 15 个水样均为劣Ⅴ类水，超标因子为总氮、氨氮和五日生化需氧量。因此，这两个河段的水质区别主要表现在流溪河水质较好，广州水道水质污染较严重，其次是广州水道受潮汐影响，水样的含氯度及电导率很高。硅藻指数与总氮之间的关系见图 3 - 27。在图 3 - 27 中，以 2009—2011 年在 3 条河流取样的硅藻评价指数（IPS 和 IBD）对它们相应总氮含量做出关系图。由图 3 - 27 可知，尽管它们与总氮含量之间的相关性很差，但是总体而言，对于给定河段的硅藻指数 IPS 和 IBD 随总氮含量增加呈降低趋势。相比流溪河和绥江，广州水道的硅藻指数随总氮含量的增加下降趋势并不明显。很显然，除广州水道受污染的程度大之外，它们的主要差别在于水体的含氯度及电导率。由于电导率更全面地反映了水体的盐度，因此可以结合总氮含量和电导率与硅藻指数 IPS 和 IBD 建立对应关系。

通过以电导率与 IPS 和 IBD 两种硅藻指数的比值对总氮含量做图。电导率与硅藻指数的比值与样品中总氮含量之间的关系见图 3 - 28。样本数 n 各为 62 个。发现两者之间具有较好的相关性，其拟合得到的直线方程分别见式（3 - 2）和式（3 - 3）：

$$\text{Cond.}/\text{IPS} = 4.66 + 7.65 \times \text{TN} \quad (n = 62, r = 0.844) \tag{3 - 2}$$

和

$$\text{Cond.}/\text{IBD} = 2.05 + 9.35 \times \text{TN} \quad (n = 62, r = 0.892) \tag{3 - 3}$$

由这两个方程式比较可知，式（3 - 3）中的斜率比式（3 - 2）中的斜率大，其主要差异是由于对盐度较高的广州水道样品检测得到的 IPS 和 IBD 指数数值上的差异较大造成的。可以看出，对于广州水道，IBD 指数对总氮含量变化要比 IPS 指数敏感，据此推断，认为对盐度较大的广州水道水体的评价应采用 IBD 指数。

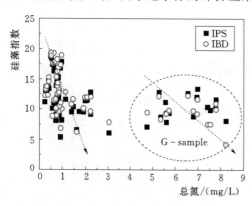

图 3 - 27　硅藻指数与总氮之间的关系

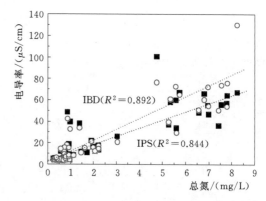

图 3 - 28　电导率与硅藻指数的比值
与样品中总氮含量之间的关系

3.5.5 引起 IPS 和 IBD 指数显著差异的因素分析

从上面数据以及分析可知，对于盐度较低的水体，采用硅藻指数 IPS 和 IBD 的评价均可以适用。对于盐度较大的广州河道的样品，其 IPS 和 IBD 指数出现了显著的差异，但是也有例外：通过对 2009 年、2010 年、2011 年广州水道的样品所有水质物化参数（即 pH 值、电导率、溶解氧、水温、浊度、五日生化需氧量、高锰酸盐指数、亚硝氮、氨氮、硝氮、磷酸盐、氯化物）进行分析，发现只有 2010 年样品的五日生化需氧量和磷酸盐的数据与对照组呈现很大的差异，其均值分别明显高于或低于其他两组的均值，广州水道水体五日生化需氧量以及磷酸盐含量的变化见图 3-29。

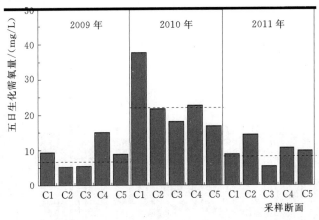

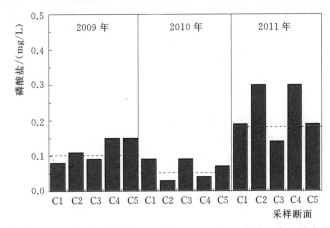

图 3-29　广州水道水体五日生化需氧量以及磷酸盐含量的变化

　　由于五日生化需氧量直接与水体中污染源的可生物降价的有机物的含量呈正比例关系，而磷酸盐也是生物体的营养源。在污染物中可生物降价的有机物含量高也有利于水体的去磷化，这可以解释五日生化需氧量均值高的 2010 年广州河道水体中的磷酸盐含量的均值要比对照组低的原因。因此，上面所说的 IPS 指数对盐度较大的广州河道水体的评价不如 IBD 指数敏感，有很大可能是由水体中的生物难降解污染物含量比例较大所造成的。由此我们可以推断，这两种硅藻指数的比值（即 IPS/IBD）可以用来作为评价水体中难降解物所占比例的一个参考性指标。

　　各河流样品 IPS 和 IBD 指数的比值的变化情况见图 3-30。由图 3-30 可知，在所有的样品中只有广州水道在 2009 年和 2011 年比值的均值高于 2010 年的数据（而 2010 年

的比值均值与其他河流的数据是一致的），说明它们样品中难以生物降解的有机物比例较
高。这种情况也导致了广州水道在 2009 年和 2011 年样品评价中出现了 IPS 和 IBD 指数的
显著差异。

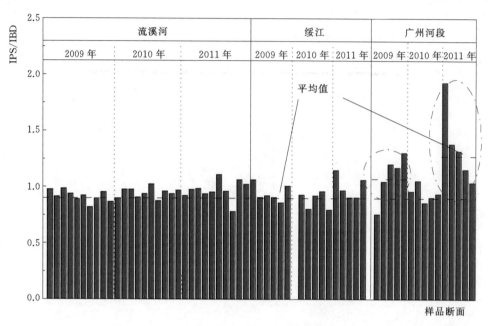

图 3-30　各河流 IPS 和 IBD 指数的比值的变化情况

3.5.6　小结

流溪河和绥江各个样品的硅藻指数 IBD 和 IPS 数值之间变化比较吻合，在一般情况
下 IBD 指数的数值要高于 IPS 指数数值。相比之下，广州水道 IBD 和 IPS 指数数值之间
变化的吻合性要差（2011 年的数据尤为显著），而且在大多数情况下，IBD 的数值低于
IPS 数值。

对于污染小的河流水体，用硅藻评价指数 IBD 或 IPS 得到的结果是一致的；而对于
污染大的河流水体（广州水道），IBD 指数对总氮含量变化要比 IPS 指数敏感，对盐度较
大的广州水道水体的评价应采用 IBD。

两种硅藻指数的比值（即 IPS/IBD）可以用来作为评价水体中难降解物所占比例的一
个参考性指标。

第 4 章

硅 藻 指 示 种 筛 选

本章以东江流域为例，利用相关性分析、典范对应分析、加权平均回归分析等多种分析方法研究了电导率、pH 值、溶解氧、五日生化需氧量、高锰酸盐指数、总氮、氨氮、硝氮、亚硝氮、总磷、磷酸盐、硅酸盐和氯化物这 13 项理化参数与河流着生硅藻群落间的关系，筛选出评价不同水质状况的硅藻指示种，以期为我国用硅藻建立河流水质监测体系提供理论基础，为进一步利用硅藻来评价东江河流水质污染提供科学依据。

4.1 理化参数间的相关性分析

13 个理化参数的相关性分析见表 4-1。相关性分析结果显示 pH 值与其他 10 项理化参数相关性较弱，仅与硝氮、总氮显著负相关（$p < 0.05$），硅酸盐与所有水质参数无显著相关性，硝氮只与 pH 值、总氮存在显著相关性，总氮、总磷均与高锰酸盐指数存在显著相关性，总磷还与磷酸盐、亚硝氮显著相关，高锰酸盐指数与溶解氧、pH 值、硅酸盐、氯化物、硝氮不具有显著相关性，其余水质参数间均存在显著相关，少数部分参数存在极显著相关（$p < 0.01$）。

表 4-1　　　　　　　　　　　13 个理化参数的相关性分析

理化参数	溶解氧	五日生化需氧量	高锰酸盐指数	电导率	氨氮	pH 值	亚硝氮	硅酸盐	氯化物	硝氮	磷酸盐	总氮	总磷
溶解氧	1												
五日生化需氧量	-0.863**	1											
高锰酸盐指数	-0.410	0.540**	1										
电导率	-0.717**	0.692**	0.471*	1									
氨氮	-0.885**	0.800**	0.433*	0.832**	1								
pH 值	0.137	-0.144	-0.320	0.077	0.101	1							

续表

理化参数	溶解氧	五日生化需氧量	高锰酸盐指数	电导率	氨氮	pH 值	亚硝氮	硅酸盐	氯化物	硝氮	磷酸盐	总氮	总磷
亚硝氮	−0.863**	0.757**	0.428*	0.791**	0.980**	0.052	1						
硅酸盐	0.115	−0.136	0.100	−0.023	−0.056	0.143	0.042	1					
氯化物	−0.772**	0.694**	0.365	0.884**	0.803**	0.062	0.732**	−0.356	1				
硝氮	0.232	−0.140	−0.011	−0.109	−0.168	−0.429*	−0.115	−0.173	−0.164	1			
磷酸盐	−0.546**	0.576**	0.489*	0.522*	0.606**	−0.275	0.698**	0.120	0.425*	0.144	1		
总氮	−0.285	0.395	0.609**	0.333	0.287	−0.430*	0.290	0.005	0.194	0.650**	0.381	1	
总磷	−0.291	0.319	0.526*	0.188	0.332	−0.388	0.483*	0.373	−0.005	0.246	0.798**	0.421	1

注　**表示 $p<0.01$；*表示 $p<0.05$。

4.2　着生硅藻与环境参数间的典范对应分析

在对硅藻数据的除趋势对应分析中发现，其第 1 轴和第 2 轴的梯度长度是 3.3 和 2.8，均大于 2，表明东江流域硅藻群落对生态梯度的响应是非线性的。因此，利用单峰模型分析硅藻群落和水质参数的关系是最适合的。

为了确保水质参数的独立代表性，除去 6 个水质显著相关的环境参数（溶解氧、氨氮、亚硝氮、氯化物、五日生化需氧量、磷酸盐），其余的 7 个环境参数进行典范对应分析。7 个环境参数与硅藻群落间典范对应分析前两轴的结果见表 4-2。前两轴的特征值分别是 0.331 和 0.204，前两个轴的物种与环境参数的相关系数是 0.932 和 0.847，前两轴共解释了硅藻群落数据累积方差值的 47.3%。且第 1 轴与第 2 轴的相关性较小，仅为 0.0375，说明其排序图能很好地反映物种与环境参数之间的相关关系。典型对应分析中前两排序轴与 7 个环境参数的相关性见表 4-3。

表 4-2　　　　　　7 个环境参数与硅藻群落间典范对应分析前两轴的结果

特　征　值	排序轴	
	1	2
	0.331	0.204
物种-环境相关关系	0.932	0.847
物种数据方差累计百分比	10.3	16.7
物种-环境关系方差累计百分比/%	29.3	47.3

表 4-3　　　　　　典范对应分析中前两排序轴与 7 个环境参数的相关性

项　　目	1	2
排序轴 2	0.0375	—
高锰酸盐指数	0.5030**	−0.2443
电导率	0.8455**	−0.0788

项　目	1	2
pH 值	0.1524	−0.2272
硅酸盐	−0.0084	−0.1724
硝氮	−0.1362	0.5382**
总氮	0.3224	0.3574*
总磷	0.3613*	0.2172

注　**表示 $p<0.05$；*表示 $p<0.1$。

　　硅藻群落分布与环境参数的典范对应分析图见图 4-1，从图上箭头的连线长度看

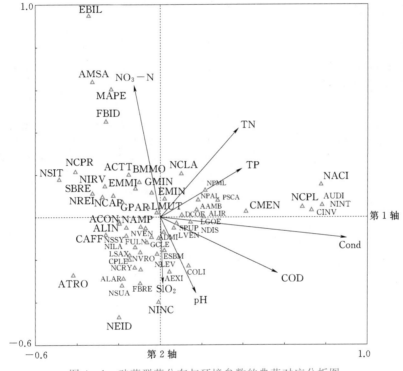

图 4-1　硅藻群落分布与环境参数的典范对应分析图

△—硅藻种类；AAMB—*Aulacoseira ambigua*；ACON—*Achnanthes conspicua*；ACTT—*A. catenata*；AEXI—*A. exilis*；ALAR—*A. lanceolata ssp. Rostrata*；ALIN—*A. linearis*；AMSA—*A. minutissima* var. *saprophila*；ATRO—*A. tropica*；ADMI—*Achnanthidium minutissimum*；AUDI—*Aulacoseira distans*；ALIR—*A. lirata*；AMMO—*Amphora montana*；CAFF—*Cymbella affinis*；CINV—*Cyclostephanos invisitatus*；CMEN—*Cyclotella meneghiniana*；CPLE—*Cocconeis placentula* var. *euglypta*；DCOF—*Diadesmis confervacea*；EBIL—*Eunotia bilunaris*；EMIN—*E. minor*；ENMI—*Encyonema minutum*；EOMI—*Eolimna minima*；ESBM—*E. subminuscula*；FBID—*Fragilaria bidens*；FBRE—*F. brevistriata*；FULN—*F. ulna*；GCLE—*Gomphonema clevei*；GMIN—*G. minutum*；GOLI—*G. olivaceum*；GPAR—*G. parvulum*；LGOE—*Luticola goeppertiana*；LMUT—*L. mutica*；LSAX—*L. saxophila*；LVEN—*L. ventricosa*；MAPE—*Mayamaea atomus* var. *permitis*；MVAR—*Melosira varians*；NCAP—*Navicula capitata*；NCPR—*N. capitatoradiata*；NCRY—*N. cryptotenella*；NDEC—*N. decussis*；NEID—*N. eidrigiana*；NREI—*N. reichardtiana*；NSSY—*N. schroeteri* var. *symmetrica*；NTRV—*N. trivialis*；NVEN—*N. veneta*；NVRO—*N. viridula* var. *rostellata*；NACI—*Nitzschia acicularis*；NAMP—*N. amphibia*；NCLA—*N. clausii*；NCPL—*N. capitellata*；NDIS—*N. dissipata*；NILA—*N. lacuum*；NINC—*N. inconspicua*；NINT—*N. intermedia*；NLEV—*N. levidensis*；NPAL—*N. palea*；NPML—*N. pumila*；NSIT—*N. sinuata* var. *tabellaria*；NSUA—*N. subacicularis*；PLFR—*Planothidium frequentissimum*；PSCA—*Pinnularia subcapitata*；SBRE—*Surirella brebissonii*；SPUP—*Sellaphora pupula*

出，环境参数与第 1 轴的相关性大小为：电导率＞高锰酸盐指数＞总氮＞总磷＞pH 值，与第 2 轴相关性为：硝氮＞总氮＞总磷。从箭头与第 1 排序轴的夹角可以看出，环境参数与第 1 轴的相关性大小为：电导率＞总磷＞高锰酸盐指数＞总氮＞pH 值，这些环境参数与第 1 轴呈正相关；与第 2 轴相关性为：硅酸盐＞硝氮＞pH 值＞总氮＞总磷。因此，结合图 4-1，从第 1 轴、第 2 轴的相关性分析可以得出，水质参数对硅藻群落的分布的影响程度为：电导率＞ 硝氮＞ 高锰酸盐指数 ＞总磷＞总氮。结果表明，影响东江流域着生硅藻群落分布的主要环境参数是电导率、硝氮、高锰酸盐指数、总磷和总氮。

4.3   着生硅藻群落对主要环境参数的最适值及耐受值幅度

通过加权平均回归分析方法（WA）得到附生硅藻群落在主要环境因子（电导率、总磷、总氮、硝氮、高锰酸盐指数）中的最适值。62 个硅藻种对电导率、高锰酸盐指数、总氮、总磷、硝氮的最适值及耐受值见表 4-4。

表 4-4   62 个硅藻种对电导率、高锰酸盐指数、总氮、总磷、硝氮的最适值及耐受值

物 种 名 称	电导率 /(μS/cm)		总磷/(mg/L)		总氮/(mg/L)		硝氮/(mg/L)		高锰酸盐指数 /(mg/L)	
	最适值	耐受值	最适值	耐受值	最适值	耐受值	最适值	耐受值	最适值	耐受值
Aulacoseira ambigua	200.72	0.84	0.17	0.24	2.34	0.15	1.16	0.32	2.88	0.15
Achnanthes conspicua	119.09	1.12	0.06	0.03	1.74	0.42	1.13	0.30	1.93	0.40
Achnanthes catenata	116.75	0.93	0.09	0.07	1.87	0.46	1.24	0.44	1.74	0.37
Achnanthidium minutissimum	119.58	0.68	0.12	0.11	2.01	0.45	1.23	0.47	1.78	0.37
Achnanthes exilis	232.16	1.03	0.05	0.05	1.52	0.38	0.92	0.23	2.18	0.36
Achnanthes lanceolata ssp. rostrata	116.70	0.75	0.10	0.09	1.14	0.47	0.72	0.19	1.83	0.51
Achnanthes linearis	95.28	1.03	0.14	0.09	1.29	0.30	0.76	0.11	1.76	0.32
Aulacoseira lirata	195.07	0.66	0.22	0.23	2.44	0.25	0.96	0.12	3.20	0.39
Amphora montana	132.19	1.46	0.14	0.13	2.00	0.44	1.22	0.41	2.13	0.50
Achnanthes minutissima var. *saprophila*	80.33	0.80	0.09	0.03	2.16	0.75	1.79	0.61	1.10	0.05
Achnanthes tropica	107.00	0.68	0.02	0.11	1.42	0.37	0.99	0.27	1.90	0.37
Aulacoseira distans	642.00	0.68	0.04	0.11	1.76	0.37	0.50	0.27	2.40	0.37
Cymbella affinis	96.76	1.51	0.08	0.03	0.88	0.28	0.65	0.09	1.21	0.19
Cyclostephanos invisitatus	464.14	0.58	0.31	0.33	2.56	0.34	0.77	0.15	3.85	0.48

续表

物 种 名 称	电导率 /(μS/cm)		总磷/(mg/L)		总氮/(mg/L)		硝氮/(mg/L)		高锰酸盐指数 /(mg/L)	
	最适值	耐受值	最适值	耐受值	最适值	耐受值	最适值	耐受值	最适值	耐受值
Cyclotella meneghiniana	279.91	1.09	0.18	0.20	2.37	0.24	0.93	0.25	3.02	0.36
Cocconeis placentulavar. euglypta	121.19	0.68	0.09	0.07	1.15	0.36	0.73	0.14	1.64	0.44
Diadesmis confervacea	178.11	0.43	0.16	0.16	2.25	0.17	1.10	0.23	2.82	0.15
Eunotia bilunaris	114.00	0.68	0.12	0.11	3.14	0.37	2.77	0.27	1.20	0.37
Eunotia minor	170.86	0.77	0.39	0.47	2.12	0.37	1.73	0.48	2.44	0.23
Encyonema minutum	108.82	0.54	0.11	0.16	1.54	0.52	1.17	0.44	1.55	0.32
Eolimna minima	172.86	0.85	0.18	0.15	1.92	0.36	1.22	0.29	2.58	0.33
Eolimna subminuscula	153.18	1.01	0.13	0.13	1.61	0.49	0.83	0.18	2.37	0.54
Fragilaria bidens	119.59	0.16	0.09	0.05	2.11	0.62	1.64	0.63	1.48	0.32
Fragilaria brevistriata	242.00	0.68	0.09	0.11	1.39	0.37	0.80	0.27	1.50	0.37
Fragilaria ulna	127.30	0.31	0.08	0.08	1.17	0.44	0.71	0.15	1.71	0.42
Gomphonema clevei	151.52	0.57	0.11	0.07	1.91	0.41	0.86	0.18	2.56	0.56
Gomphonema minutum	123.78	0.11	0.11	0.05	2.77	0.15	1.35	0.42	2.57	0.58
Gomphonema olivaceum	307.00	0.68	0.04	0.11	2.38	0.37	1.25	0.27	3.50	0.37
Gomphonema parvulum	149.99	0.79	0.09	0.10	1.73	0.37	1.10	0.32	1.80	0.36
Luticola goeppertiana	196.00	0.68	0.11	0.11	2.71	0.37	1.21	0.27	3.20	0.37
Luticola mutica	144.11	0.32	0.16	0.18	2.09	0.21	1.14	0.31	2.59	0.24
Luticola saxophila	146.62	0.53	0.07	0.06	2.02	0.35	1.10	0.08	2.52	0.30
Luticola ventricosa	164.64	0.09	0.08	0.01	2.16	0.18	0.99	0.09	2.89	0.18
Mayamaea atomus var. *permitis*	115.01	0.02	0.15	0.11	2.22	0.63	1.73	0.75	1.50	0.37
Melosira varians	159.79	0.60	0.08	0.02	1.42	0.40	0.84	0.15	1.68	0.39
Nitzschia acicularis	381.00	0.68	0.64	0.11	3.43	0.37	0.72	0.27	5.50	0.37
Nitzschia amphibia	117.90	0.68	0.12	0.04	2.09	0.36	0.99	0.14	2.63	0.41
Navicula capitata	129.70	4.15	0.07	0.03	1.17	0.50	0.73	0.21	1.73	0.55
Nitzschia clausii	180.22	0.67	0.33	0.28	2.35	0.22	1.51	0.42	2.48	0.31
Nitzschia capitellata	518.22	0.91	0.17	0.26	2.04	0.29	0.66	0.15	2.79	0.49

物　种　名　称	电导率/(μS/cm)		总磷/(mg/L)		总氮/(mg/L)		硝氮/(mg/L)		高锰酸盐指数/(mg/L)	
	最适值	耐受值	最适值	耐受值	最适值	耐受值	最适值	耐受值	最适值	耐受值
Navicula capitatoradiata	67.18	0.85	0.10	0.06	1.39	0.65	1.10	0.52	1.49	0.54
Navicula cryptotenella	129.84	0.26	0.06	0.04	1.43	0.41	0.85	0.17	1.97	0.29
Navicula decussis	141.03	0.65	0.11	0.19	1.35	0.51	0.81	0.21	2.00	0.48
Nitzschia dissipata	196.00	0.68	0.11	0.11	2.71	0.37	1.21	0.27	3.20	0.37
Navicula eidrigiana	118.00	0.68	0.02	0.11	0.48	0.37	0.46	0.27	1.10	0.37
Nitzschia lacuum	116.00	0.68	0.09	0.11	1.78	0.37	0.97	0.27	2.10	0.37
Nitzschia inconspicua	177.55	1.23	0.10	0.10	1.78	0.56	0.93	0.25	3.00	0.64
Nitzschia intermedia	642.00	0.68	0.04	0.11	1.76	0.37	0.50	0.27	2.40	0.37
Nitzschia levidensis	194.55	0.37	0.09	0.11	1.56	0.11	0.82	0.02	1.90	0.24
Nitzschia palea	234.81	1.27	0.16	0.21	1.91	0.40	0.95	0.35	2.28	0.48
Nitzschia pumila	234.99	0.45	0.08	0.06	2.41	0.01	0.93	0.23	2.96	0.19
Navicula reichardtiana	65.36	1.05	0.14	0.09	1.17	0.55	0.73	0.17	1.69	0.53
Nitzschia sinuata var. *tabellaria*	39.20	0.68	0.10	0.11	0.62	0.37	0.58	0.27	1.00	0.37
Navicula schroeteri var. *symmetrica*	129.86	0.43	0.11	0.06	1.66	0.51	1.07	0.41	1.90	0.60
Nitzschia subacicularis	117.16	0.01	0.05	0.05	0.93	0.56	0.65	0.24	1.47	0.32
Navicula trivialis	125.41	0.29	0.06	0.05	2.16	0.33	1.45	0.42	1.99	0.38
Navicula veneta	132.59	1.14	0.08	0.02	1.79	0.38	0.96	0.15	2.43	0.41
Navicula viridula var. *rostellata*	128.65	0.49	0.09	0.08	1.40	0.38	0.82	0.16	2.00	0.43
Planothidium frequentissimum	162.15	0.64	0.07	0.06	1.71	0.38	0.96	0.17	2.44	0.45
Pinnularia subcapitata	265.82	1.14	0.20	0.26	2.12	0.24	1.19	0.36	2.45	0.36
Surirella brebissonii	107.99	0.01	0.02	0.01	1.75	0.31	1.39	0.28	1.34	0.22
Sellaphora pupula	181.13	0.96	0.15	0.18	1.86	0.36	1.03	0.29	2.35	0.35

　　电导率的变化影响硅藻群落的分布，24 个样点硅藻电导率的最适值范围是 39.20～642.00μS/cm。*Aulacoseira distans*、*Cyclotella meneghiniana*、*Cyclostephanos invisitatus*、*Nitzschia acicularis*、*N. capitellata*、*N. intermedia*、*Gomphonema olivaceum*、*Pinnularia subcapitata* 等 8 个种类的电导率最适值都大于 250μS/cm。其中，*Aulacoseira distans*、*Nitzschia intermedia* 的电导率最适值最高，达到 642.00μS/cm，

说明它们能对高电导率有很好的响应，可以认为它们能够指示一定的高电导率环境水体。同时，也有一部分硅藻能在低电导率的环境水体中生存，如 *Achnanthes minutissima* var. *saprophila*、*Navicula capitatoradiata*、*N. reichardtiana*、*Nitzschia sinuata* var. *tabellaria*，但是其电导率耐受值幅度较大。

表 4 - 4 显示，总磷的最适值范围为 0.02～0.64mg/L，总磷的耐受值幅度主要集中在 0.11mg/L。*Cyclostephanos invisitatus*、*Eunotia minor*、*Nitzschia clausii* 这 3 个种类的总磷最适值都大于 0.3mg/L，其中 *Nitzschia acicularis* 达到最高（0.64mg/L），且其耐受值幅度是 0.11mg/L，说明该种能指示较高的总磷营养水平。*Cyclostephanos invisitatus*、*Eunotia minor* 也可以指示较高的总磷，但是它们的生态幅度值大于 0.28mg/L，有可能在中-高营养水体中也有一定的分布。*Aulacoseira lirata*、*Achnanthes lanceolata* ssp. *rostrata*、*Navicula schroeteri* var. *symmetrica*、*Nitzschia amphibia*、*N. inconspicua*、*N. sinuata* 等 38 种硅藻的总磷最适值为 0.09～0.28mg/L。在总磷大于 0.09mg/L 的硅藻种类中，*Nitzschia* 属有 10 种，其次为 Navicula 属，有 5 种。满足总磷的耐受值幅度小于 0.11mg/L 的硅藻种大约占 80%。*Achnanthidium minutissimum*、*Achnanthes linearis*、*Eunotia bilunaris*、*Mayamaea atomus* var. *permitis*、*Nitzschia acicularis*、*Navicula reichardtiana* 其总磷的最适值大于 0.12mg/L 且耐受值幅度小于 0.12mg/L，说明它们可以指示较高的总磷营养水平。*Achnanthes tropica*、*Navicula eidrigiana*、*Surirella brebissonii* 的总磷最适值比较低，范围是 0.02～0.08mg/L。其中，*Achnanthes conspicua*、*A. exilis*、*Cymbella affinis*、*Luticola ventricosa*、*Melosira varians*、*Navicula capitata*、*N. cryptotenella*、*N. subacicularis*、*N. veneta*、*Surirella brebissonii* 等低总磷最适值的硅藻种其耐受值幅度小于 0.05mg/L，说明它们是低总磷营养水平的指示种。

同样，总氮的最适值范围是 0.48～3.43mg/L，总氮的耐受值幅度范围是 0.01～0.75mg/L，有 60% 的硅藻种类总氮的耐受值幅度处于 0.30～0.50mg/L。*Eunotia bilunaris*、*Nitzschia acicularis* 这 2 个种类的总氮最适值大于 3mg/L，且耐受值幅度均为 0.37mg/L。*Achnanthes lanceolata* ssp. *rostrata*、*Achnanthidium minutissimum*、*Cocconeis placentula* var. *euglypta*、*Cyclotella meneghiniana*、*Cymbella affinis*、*Gomphonema olivaceum*、*Navicula schroeteri*、*Nitzschia inconspicua*、*N. sinuata* 等 56 种硅藻的总氮最适值为 1.14～2.77mg/L。其中，*Nitzschia* 属有 10 种，*Navicula* 属有 8 种，*Achnanthes* 属有 6 种。满足总氮耐受值幅度小于 0.37mg/L 的硅藻种类大约占 50%。*Aulacoseira ambigua*、*A. lirata*、*Cyclotella meneghiniana*、*Diadesmis confervacea*、*Gomphonema minutum*、*Luticola mutica*、*L. ventricosa*、*Nitzschia clausii*、*N. pumila*、*Pinnularia subcapitata* 其总氮的最适值大于 2mg/L 且耐受值幅度小于 0.25mg/L，说明它们在指示较高的营养水平的同时对总氮有很好的响应。可见，所研究断面的 62 种硅藻属种大部分都可以作为水质总氮高的指示种。也有少部分的硅藻在比较低的总氮最适值中生存，如 *Cymbella affinis*、*Navicula eidrigiana*、*Nitzschia sinuata* var. *tabellaria*、*N. subacicularis*。除 *N. subacicularis* 的耐受值大于 0.37mg/L，其余在最适低总氮中生长的耐受幅度值均小于 0.37mg/L。*Navicula eidrigiana* 的总氮最适值是最低的（0.48mg/L）。因此，可以

认为它们是低浓度总氮水平的指示种。

硝氮的最适值范围是 0.46～2.77mg/L，硝氮的耐受值幅度范围是 0.02～0.75mg/L，有 65％的硝氮的耐受值幅度处于 0.11～0.31mg/L。*Eunotia bilunaris* 的硝氮最适值达到最高（2.77mg/L），其耐受值幅度为 0.27mg/L。*Achnanthidium minutissimum*、*Amphora montana*、*Cyclotella meneghiniana*、*Gomphonema parvulum*、*Luticola goeppertiana*、*Nitzschia amphibia*、*N. clausii*、*N. inconspicua*、*N. palea*、*Pinnularia subcapitata* 等 38 种硅藻的硝氮最适值在 0.92～1.79mg/L，然而仅有少数几个硅藻种类的耐受值小于 0.27mg/L，其余的耐受值均大于 0.27mg/L，集中在 0.41mg/L 左右。可见在东江流域指示高浓度硝氮的硅藻种类较少。由表 4-4 发现，适应比较低浓度的总氮最适值的硅藻种（*Aulacoseira distans*、*Cymbella affinis*、*Navicula eidrigiana*、*Nitzschia sinuata* var. *tabellaria*、*N. subacicularis*）同样也能在较低浓度的硝氮最适值中生活。总氮最适值最低的硅藻是 *Navicula eidrigiana*，其硝氮的最适值也是最低的（0.46mg/L），耐受值与硝氮浓度最高的 *Eunotia bilunaris* 一样，均为 0.27mg/L。

高锰酸盐指数的最适值范围是 1.0～5.5mg/L，高锰酸盐指数的耐受值幅度范围是 0.05～0.64mg/L，*Nitzschia acicularis* 的高锰酸盐指数最适值最高，达到为 5.5mg/L，其耐受值幅度为 0.37mg/L。*Aulacoseira lirata*、*Cyclotella meneghiniana*、*Cyclostephanos invisitatus*、*Gomphonema olivaceum*、*Luticola goeppertiana*、*Nitzschia dissipata*、*N. inconspicua* 等 7 个硅藻种的高锰酸盐指数最适值大于 3mg/L。除 *Cyclostephanos invisitatus*、*N. inconspicua* 外，其余的硅藻种耐受值均在 0.37mg/L。*Achnanthes conspicua*、*A. tropica*、*Gomphonema minutum*、*Eunotia minor*、*Nitzschia palea* 等 44 个硅藻种具有相对适中的高锰酸盐指数最适值。其中个别硅藻 *Aulacoseira ambigua*、*Diadesmis confervacea*、*Luticola ventricosa*、*Nitzschia pumila* 的耐受值幅度比较低，为 0.15mg/L，可以指示较高浓度的有机污染。同时，也有一部分硅藻具有相对较低的高锰酸盐指数最适值，如 *Navicula eidrigiana*、*Nitzschia sinuata* var. *tabellaria*，其耐受值为 0.37mg/L。

4.4　讨论

4.4.1　影响着生硅藻群落主要环境参数

本书研究了 13 项环境参数与河流着生硅藻群落分布的关系，典范对应分析显示电导率、高锰酸盐指数、硝氮、总磷和总氮是影响东江流域着生硅藻群落分布的主要环境参数。澳大利亚的研究中也报道了电导率、总氮和总磷是影响澳大利亚东南部河流着生硅藻群落结构的主要环境因素。

电导率是影响东江流域硅藻群落结构的重要因素之一。这与许多国外的研究结果一致。例如美国众多河流中硅藻群落组合分布的差异性，可以从水体中电导率和营养盐的组成及含量变化反映出来。在本研究中，典范对应分析中的第 1 排序轴与电导率显著相关，也反映了东江流域的硅藻群落结构变化受水体电导率的影响。

本研究典范对应分析排序图显示，高锰酸盐指数对东江流域着生硅藻群落影响也很大，高锰酸盐指数是影响着生硅藻的主要因素的原因可能与水体中大量有机物氧化分解有关，东江两岸的城市经济发达、人类活动密集，有机物质来源充足，进入水体的有机物经氧化分解，最终变成藻类可以直接利用的营养盐。硅藻作为藻类的一种，其生长也需要大量的营养盐。

众多研究表明，氮、磷营养盐是造成河流、湖泊富营养化的限制性因子。本研究显示，总磷与典范对应分析的第1排序轴有较强的相关性，硝氮、总氮与典范对应分析的第2排序轴也有很强的相关性，在一定程度上反映了东江流域硅藻群落也受氮、磷营养元素的影响。研究发现，硝氮对着生硅藻群落的影响超过总氮、总磷对硅藻群落的影响，这不同于欧洲的许多河流中总磷是影响硅藻群落分布的主要因素。这可能是由于东江流域中含氮的营养物质在水体中主要以硝氮的形式大量存在，硝氮是水溶性阴离子，使硅藻可以满足氮元素的需求。同时，大量含氮、磷等有机营养物质排入水体，容易导致河流富营养化。

4.4.2 着生硅藻指示性种的筛选

根据加权平均回归方法计算结果得出：当东江流域水体电导率高时，*Aulacoseira distans*、*Cyclostephanos invisitatus*、*Gomphonema olivaceum*、*Nitzschia acicularis*、*N. capitellata*、*N. intermedia* 硅藻种有一定的指示作用。有研究发现能在低电导率环境下生活的硅藻物种被归为嫌盐类的，喜盐或中度嗜盐类的硅藻种具有相对较高的电导率值。根据 Van Dam 对硅藻种群生态类群划分，*Cyclotella meneghiniana*、*Cyclostephanos invisitatus*、*Gomphonema olivaceum*、*Nitzschia acicularis*、*N. capitellata*、*N. intermedia*、*Pinnularia subcapitata* 这几个优势种喜好在盐淡水和盐水的水体中，说明这些硅藻的电导率值相对较高。因此，可以认为 *Cyclostephanos invisitatus*、*Gomphonema olivaceum*、*Nitzschia acicularis*、*N. capitellata*、*N. intermedia* 可以指示东江流域水体电导率较高时的状况。另外 *Achnanthes exilis*、*Fragilaria brevistriata*、*N. pumila*、*N. palea* 也具有较高电导率的最适值。而另一些硅藻（*Achnanthes lanceolata* ssp. *rostrata*、*Gomphonema parvulum*、*Nitzschia amphibia*、*N. dissipata*、*N. inconspicua*、*Sellaphora pupula*）适合中等电导率的环境，与美国河流中的硅藻相比，其最适值偏低，而耐受值幅度范围偏大。但是它们都有一个比较大范围的电导率最适值区间，能在中-高电导率水体中仍然有一定的含量。与东江流域河流相比，这些硅藻在美国的河流中所处的环境是典型的喀斯特地形，其水体离子的组成和含量较多，导致水体电导率较大，从而导致这些硅藻的电导率最适值也较大。

由表4-4可知，有42个硅藻种的硅藻物种其总磷最适值大于等于 $0.09mg/L$。*Cyclotella meneghiniana*、*Gomphonema parvulum*、*Nitzschia acicularis*、*N. amphibia*、*N. clausii*、*N. inconspicua* 是普遍性种类，这些种类属于 α-中污染性与强污染性种类，能够忍耐较高的有机污染物，是中营养和富营养状况的指示性种。这些种类中富营养状况指示作用也在本研究中得到证实。而且 *Eolimna subminuscula*、*Nitzschia amphibia*、*N. inconspicua* 和 *N. palea* 这些物种在许多文献中都作为高总磷的"污染"的指示种。

Luticola goeppertiana 也是高总磷的最适值。在本研究中，*Achnanthes conspicua*、*A. exilis*、*Cymbella affinis*、*Luticola ventricosa*、*Melosira varians*、*Navicula capitata*、*N. cryptotenella*、*N. subacicularis*、*N. veneta*、*Surirella brebissonii* 的总磷最适值小于 0.08mg/L 且耐受值幅度小于 0.05mg/L，说明它们可以作为指示东江流域低总磷营养水平。

在本书中发现，水体中能适应较高总氮的硅藻物种（*Eunotia bilunaris*、*Nitzschia acicularis*）的最适值大于 3mg/L。同时，*Aulacoseira ambigua*、*A. lirata*、*Cyclotella meneghiniana*、*Diadesmis confervacea*、*Nitzschia acicularis*、*N. clausii*、*N. pumila*、*Pinnularia subcapitata* 其总氮的最适值大于 2mg/L 且耐受值幅度小于 0.25mg/L，也同样能适应较高的总氮环境。说明它们在指示东江流域较高的营养水平同时对总氮有很好的响应。根据 Van Dam 对生态类群的划分，这些优势种喜好在溶解氧低、营养水平较高的环境中生存，可以作为能指示富营养状况的指示种。因此，可以认为，当这些硅藻在水体中大量存在时，所处的水质其污染比较严重。除 *N. subacicularis* 外，*Cymbella affinis*、*Navicula eidrigiana*、*Nitzschia sinuata* var. *tabellaria* 对于较低总氮的耐受幅度值均小于 0.37mg/L，可以认为它们对东江流域较低总氮的水体指示有一定的意义。

值得注意的是，在本书中，*Nitzschia acicularis* 对总氮、总磷的最适值在所有硅藻中最高，分别为 3.43mg/L 和 0.64mg/L；同时，*Navicula eidrigiana* 对总氮、总磷的最适值在所有硅藻种中最低，分别为 0.48mg/L 和 0.02mg/L，且这两种硅藻均能耐受较小范围的浓度，分别为 0.37mg/L 和 0.11mg/L。这表明 *Nitzschia acicularis* 这种硅藻可以作为有机物污染水体严重的指示性种，而 *Navicula eidrigiana* 可以作为水质清洁的指示性种。不同着生硅藻群落的分布差异能指示不同的环境变化，因此，通过定量推断电导率以及总氮、总磷的浓度，建立河流着生硅藻群落与水体环境变化的关系，筛选硅藻指示种对于东江流域的水质监测具有重要意义。

本书初步建立了东江流域水体环境变量的转换函数模型，使用硅藻种指示评价东江流域的水质状况，但是仍有些不确定因素影响。这些不确定因素均对河流硅藻水质监测技术造成了一定的影响，这需要加强对河流着生硅藻种群生态学、个体生态学的基础研究。

4.5　珠江流域硅藻指示种筛选结果

4.5.1　常规水质参数指示种筛选结果

本书运用加权平均回归模型模拟了珠江流域常见硅藻物种生长所需的不同水质参数的最适值和耐受范围，据此筛选了不同水质参数所对应的硅藻指示种，解决了以往指示生物仅能定性笼统指示水质状况的难题，该方法较多元线性回归方法更能反映生物的响应特征，避免了生态信息的损失。

加权平均回归模型计算公式见式（4-1）和式（4-2）：

$$u_k = \sum_{i=1}^{m} y_{ki} x_i \Big/ \sum_{i=1}^{m} y_{ki} \qquad\qquad (4-1)$$

$$t_k = \sqrt{\dfrac{\displaystyle\sum_{i=1}^{m} y_{ik}(x_i - u_k)^2}{\displaystyle\sum_{i=1}^{m} y_{ik}}} \qquad\qquad (4-2)$$

式中　x_i——采样断面环境变量值；

　　　y_{ki}——属种 k 在 i 号样品中的百分含量；

　　　u_k——属种 k 的最适值；

　　　t_k——属种的耐受值；

　　　$k=1,\cdots,m$；$i=1,\cdots,n$。

　　根据上述模型，计算出珠江流域常见硅藻关于溶解氧、五日生化需氧量、高锰酸盐指数、电导率、氨氮、亚硝氮、硅酸盐、硝氮、磷酸盐、总氮、总磷等水质因子的最适值和耐受范围。详细结果见图4-2~图4-12，图中物种编号对应的硅藻种名见表4-5。

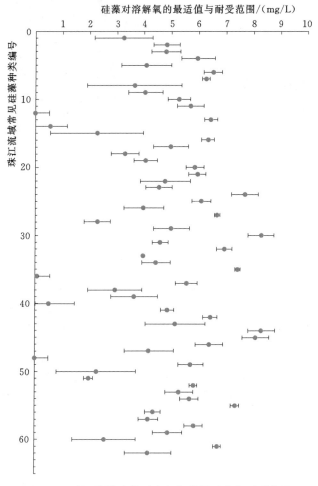

图4-2　珠江流域硅藻对溶解氧的最适值与耐受范围

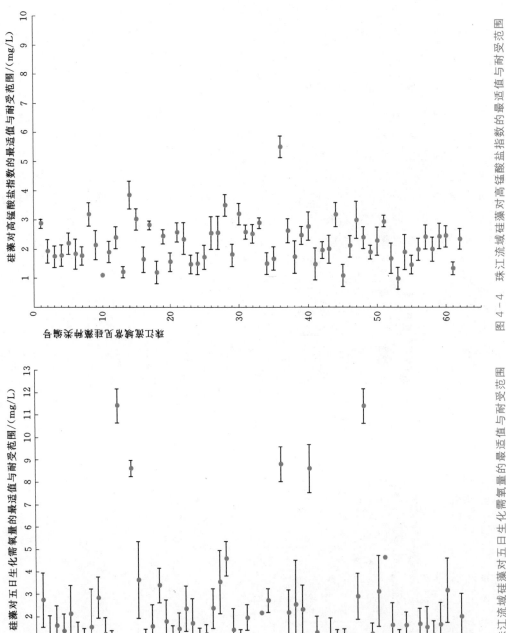

图 4－4 珠江流域硅藻对高锰酸盐指数的最适值与耐受范围

图 4－3 珠江流域硅藻对五日生化需氧量的最适值与耐受范围

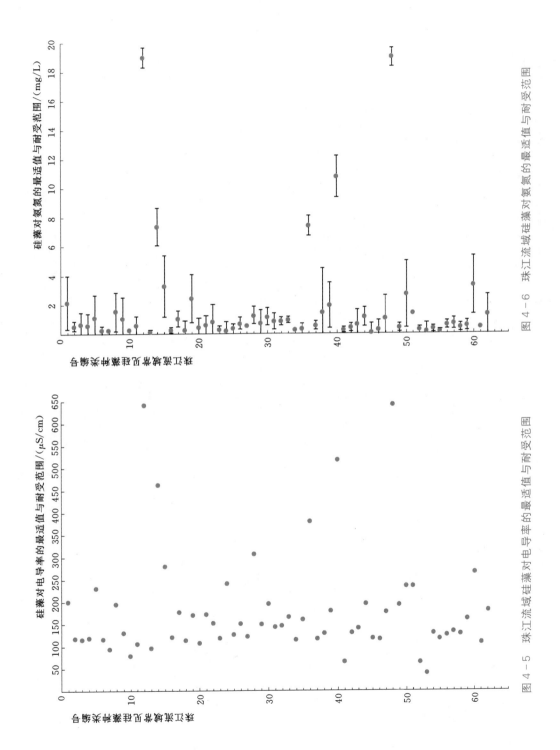

图 4－6　珠江流域硅藻对氨氮的最适值与耐受范围

图 4－5　珠江流域硅藻对电导率的最适值与耐受范围

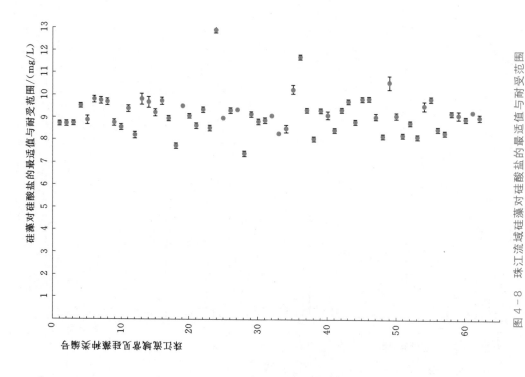

图 4-8 珠江流域硅藻对硅酸盐的最适值与耐受范围

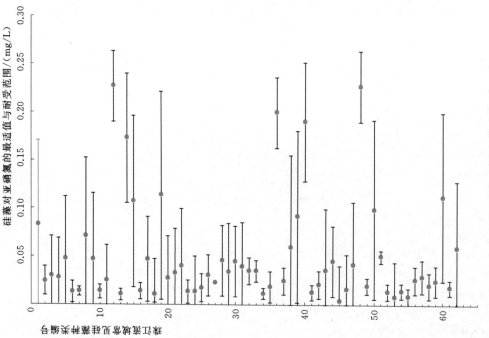

图 4-7 珠江流域硅藻对亚硝氮的最适值与耐受范围

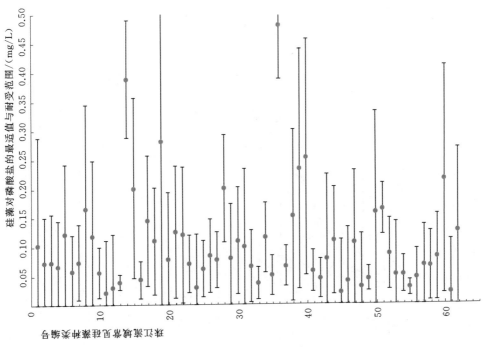

图 4 - 10 珠江流域硅藻对磷酸盐的最适值与耐受范围

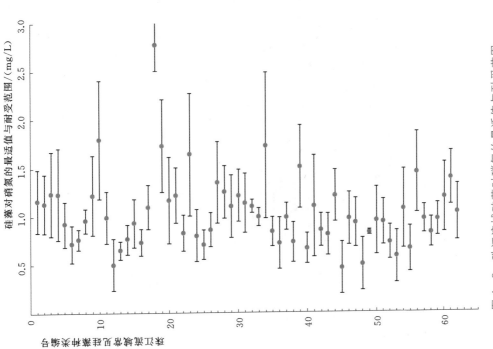

图 4 - 9 珠江流域硅藻对硝氮的最适值与耐受范围

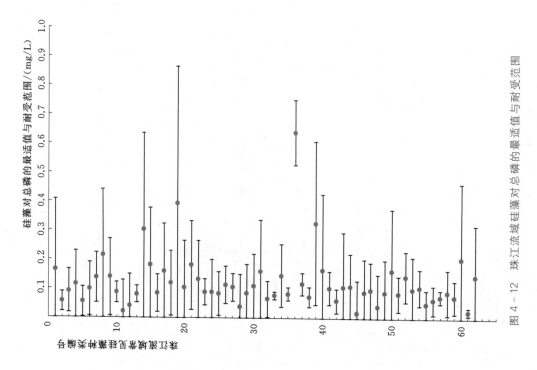

图 4-12　珠江流域硅藻对总磷的最适值与耐受范围

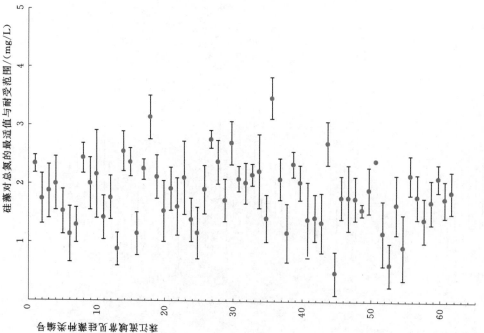

图 4-11　珠江流域硅藻对总氮的最适值与耐受范围

表 4-5　　　　　　　　　　　　　物种编号对应的硅藻种名

编号	种　名	编号	种　名
1	*Aulacoseira ambigua*	32	*Luticola mutica*
2	*Achnanthes conspicua*	33	*Luticola saxophila*
3	*Achnanthes catenata*	34	*Luticola ventricosa*
4	*Achnanthidium minutissimum*	35	*Mayamaea atomus* var. *permitis*
5	*Achnanthes exilis*	36	*Melosira varians*
6	*Achnanthes lanceolata* ssp. *rostrata*	37	*Nitzschia acicularis*
7	*Achnanthes linearis*	38	*Nitzschia amphibia*
8	*Aulacoseira lirata*	39	*Navicula capitata*
9	*Amphora montana*	40	*Nitzschia clausii*
10	*Achnanthes minutissima* var. *saprophila*	41	*Nitzschia capitellata*
11	*Achnanthes tropica*	42	*Navicula capitatoradiata*
12	*Aulacoseira distans*	43	*Navicula cryptotenella*
13	*Cymbella affinis*	44	*Navicula decussis*
14	*Cyclostephanos invisitatus*	45	*Nitzschia dissipata*
15	*Cyclotella meneghiniana*	46	*Navicula eidrigiana*
16	*Cocconeis placentula* var. *euglypta*	47	*Nitzschia lacuum*
17	*Diadesmis confervacea*	48	*Nitzschia inconspicua*
18	*Eunotia bilunaris*	49	*Nitzschia intermedia*
19	*Eunotia minor*	50	*Nitzschia levidensis*
20	*Encyonema minutum*	51	*Nitzschia palea*
21	*Eolimna minima*	52	*Nitzschia pumila*
22	*Eolimna subminuscula*	53	*Navicula reichardtiana*
23	*Fragilaria bidens*	54	*Nitzschia sinuata* var. *tabellaria*
24	*Fragilaria brevistriata*	55	*Navicula schroeteri* var. *symmetrica*
25	*Fragilaria ulna*	56	*Nitzschia subacicularis*
26	*Gomphonema clevei*	57	*Navicula trivialis*
27	*Gomphonema minutum*	58	*Navicula veneta*
28	*Gomphonema olivaceum*	59	*Navicula viridula* var. *rostellata*
29	*Gomphonema parvulum*	60	*Planothidium frequentissimum*
30	*Luticola goeppertiana*	61	*Pinnularia subcapitata*
31	*Aulacoseira ambigua*	62	*Surirella brebissonii*

　　根据以上计算结果，珠江流域常见硅藻物种对不同水质参数最适值和耐受范围分析如下。

　　1. 溶解氧

　　珠江流域 *Fragilaria brevistriata*、*Luticola goeppertiana*、*Nitzschia dissipata*、

Navicula eidrigiana 的溶解氧最适值较高（≥7.5mg/L）且耐受范围较窄，适合用来作为高溶解氧指示种；*Achnanthes lanceolata* ssp. *rostrata*、*Achnanthes linearis*、*Achnanthes minutissima* var. *saprophila*、*Achnanthes tropica*、*Cymbella affinis*、*Cocconeis placentula* var. *euglypta*、*Encyonema minutum*、*Eolimna minima*、*Fragilaria ulna*、*Gomphonema minutum*、*Luticola saxophila*、*Nitzschia amphibia*、*Navicula cryptotenella*、*Nitzschia lacuum*、*Nitzschia levidensis*、*Navicula reichardtiana*、*Nitzschia sinuata* var. *tabellaria*、*Navicula schroeteri* var. *symmetrica*、*Navicula viridula* var. *rostellata*、*Surirella brebissoniii* 的溶解氧最适值中等且耐受范围较窄，适合用来作为中等溶解氧指示种；*Aulacoseira distans*、*Gomphonema olivaceum*、*Nitzschia acicularis*、*Nitzschia intermedia*、*Nitzschia pumila* 溶解氧最适值低且耐受范围窄，适合用来作为低溶解氧指示种。

2. 五日生化需氧量

珠江流域 *Cymbella affinis*、*Cocconeis placentula* var. *euglypta*、*Encyonema minutum*、*Fragilaria ulna*、*Luticola saxophila*、*Luticola ventricosa*、*Mayamaea atomus* var. *permitis*、*Melosira varians*、*Navicula cryptotenella*、*Nitzschia levidensis*、*Nitzschia subacicularis*、*Surirella brebissonii* 的五日生化需氧量最适值低且耐受范围窄，适合用来作为低五日生化需氧量指示种；*Nitzschia pumila* 的五日生化需氧量最适值中等且耐受范围窄，适合用来作为中等五日生化需氧量指示种；*Cyclostephanos invisitatus* 的五日生化需氧量最适值高且耐受范围窄，适合用来作为高五日生化需氧量指示种。

3. 高锰酸盐指数

珠江流域大多数硅藻都喜好低、中高锰酸盐指数状态，其中 *Achnanthes conspicua*、*Achnanthes catenata*、*Achnanthidium minutissimum*、*Achnanthes lanceolata* ssp. *rostrata*、*Achnanthes linearis*、*Achnanthes minutissima* var. *saprophila*、*Achnanthes tropica*、*Cymbella affinis*、*Cocconeis placentula* var. *euglypta*、*Eunotia bilunaris*、*Encyonema minutum*、*Fragilaria bidens*、*Fragilaria brevistriata*、*Fragilaria ulna*、*Gomphonema parvulum*、*Mayamaea atomus* var. *permitis*、*Melosira varians*、*Navicula capitatoradiata*、*Navicula cryptotenella*、*Navicula decussis*、*Navicula eidrigiana*、*Nitzschia levidensis*、*Navicula reichardtiana*、*Nitzschia sinuata* var. *tabellaria*、*Nitzschia subacicularis*、*Navicula trivialis*、*Surirella brebissonii* 的高锰酸盐指数最适值低且耐受范围窄，适合作为低高锰酸盐指数指示种；*Nitzschia acicularis* 的高锰酸盐指数最适值中等且耐受范围窄，适合作为中等高锰酸盐指数指示种。

4. 电导率

珠江流域硅藻对电导率的耐受范围均较窄，均适合作为电导率的指示生物。其中 *Aulacoseira distans*、*Cyclostephanos invisitatus*、*Nitzschia capitellata*、*Nitzschia intermedia* 适合作为高电导率指示种；其余 58 种硅藻可作为中等、低电导率指示种。

5. 氨氮

珠江流域 *Aulacoseira distans*、*Nitzschia intermedia* 的氨氮最适值高且耐受范围窄，适合作为高氨氮指示种；*Achnanthes lanceolata* ssp. *rostrata*、*Achnanthes linearis*、*Ach-*

nanthes minutissima var. *saprophila*、*Cymbella affinis*、*Cocconeis placentula* var. *euglypta*、*Fragilaria bidens*、*Fragilaria ulna*、*Mayamaea atomus* var. *permitis*、*Melosira varians*、*Navicula capitatoradiata*、*Navicula cryptotenella*、*Nitzschia levidensis*、*Navicula reichardtiana*、*Navicula schroeteri* var. *symmetrica*、*Nitzschia subacicularis*、*Navicula viridula* var. *rostellata*、*Surirella brebissonii* 的氨氮最适值低且耐受范围窄，适合作为低氨氮指示种。

6. 亚硝氮

珠江流域硅藻对亚硝氮的耐受范围较广，不适宜作为亚硝氮的指示生物。

7. 硅酸盐

珠江流域硅藻对硅酸盐的耐受范围窄，可作为可溶性硅酸盐的指示种，且大多喜中、高等硅酸盐，其中 *Fragilaria brevistriata*、*Melosira varians*、*Nitzschia acicularis*、*Nitzschia levidensis* 的硅酸盐最适值相对其他种类来说更高，适合作为高硅酸盐指示种；其余 58 种硅藻的硅酸盐最适值中等，适合作为中等硅酸盐指示种。

8. 硝氮

珠江流域硅藻对硝氮的耐受范围较广，不适宜作为硝氮的指示生物。

9. 磷酸盐

珠江流域硅藻对磷酸盐的耐受范围较广，不适宜作为磷酸盐的指示生物。

10. 总氮

珠江流域大多数硅藻都是喜中、高总氮水平，其中 *Aulacoseira ambigua*、*Diadesmis confervacea*、*Gomphonema minutum*、*Luticola ventricosa*、*Nitzschia pumila* 的总氮最适值高且耐受范围窄，适合作为高浓度总氮指示种。

11. 总磷

珠江流域大多数硅藻是喜中、低总磷水平，其中 *Achnanthes conspicua*、*Achnanthes catenata*、*Achnanthes exilis*、*Achnanthes lanceolata* ssp. *rostrata*、*Achnanthes minutissima* var. *saprophila*、*Cymbella affinis*、*Cocconeis placentula* var. *euglypta*、*Fragilaria bidens*、*Fragilaria ulna*、*Luticola saxophila*、*Luticola ventricosa*、*Melosira varians*、*Navicula capitata*、*Navicula cryptotenella*、*Nitzschia inconspicua*、*Nitzschia pumila*、*Nitzschia subacicularis*、*Navicula trivialis*、*Navicula veneta*、*Navicula viridula* var. *rostellata*、*Planothidium frequentissimum*、*Surirella brebissonii* 的总磷最适值低且耐受范围窄，适合作为低浓度总磷指示种；*Achnanthes linearis*、*Gomphonema clevei*、*Gomphonema minutum*、*Nitzschia amphibia*、*Navicula capitatoradiata*、*Navicula reichardtiana*、*Navicula schroeteri* var. *symmetrica* 的总磷最适值中等且耐受范围窄，适合作为中等浓度总磷指示种。

4.5.2 重金属污染指示种筛选结果

除常见的水体因子如溶解氧、五日生化需氧量、高锰酸盐指数、电导率、氨氮、亚硝氮、硝氮、磷酸盐、总氮、总磷等会对硅藻产生影响外，重金属运动硅藻的群落组成、种属结构、种属形态、生长速率、生物量等方面也会产生影响。目前研究证实，骨皮菱形藻（*Nitzschia palea*）、极小曲壳藻（*Achnanthes minutissima*）可以用作重金属污染的一种生物指示物。而梅尼小环藻（*Cyclotella meneghiniana*）、舟形藻（*Navicula gregaria*）、细端菱形藻（*Nitzschia disssipata*）则对水体重金属污染起到一定程度的生态修复作用（丁腾达，2012）。

为了更好地反映河流重金属污染与硅藻指示性关系，本书选择了珠江流域的北江、贺江、南盘江、都柳江、龙江等重金属发生风险较高的水域，运用加权平均回归模型模拟了着生硅藻生长所需的不同重金属的最适值和耐受范围，据此筛选了重金属参数所对应的指示种。

4.5.2.1 北江硅藻筛选结果

北江着生硅藻生长所需的不同重金属的最适值与耐受范围见图 4-13～图 4-35。

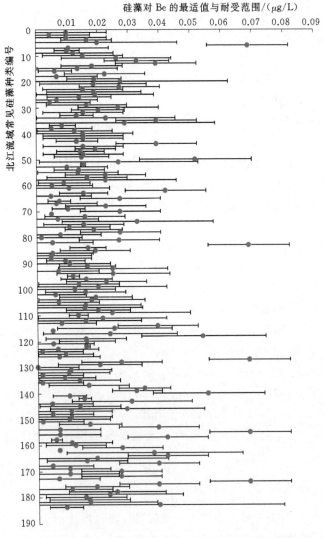

图 4-13 北江流域硅藻对 Be 的最适值与耐受范围

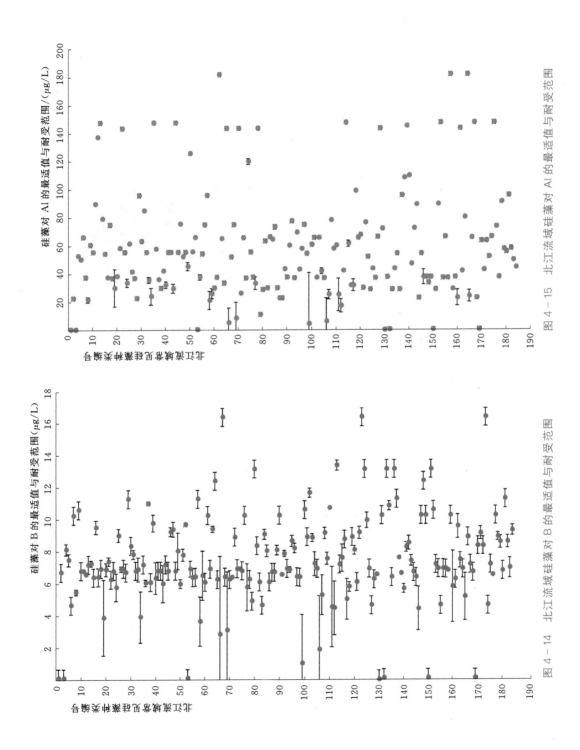

图 4 - 15　北江流域硅藻对 Al 的最适值与耐受范围

图 4 - 14　北江流域硅藻对 B 的最适值与耐受范围

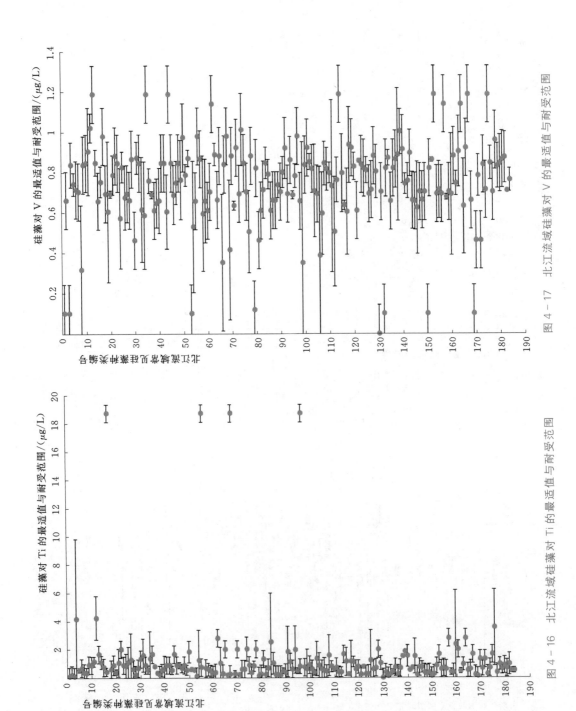

图 4－17　北江流域硅藻对 V 的最适值与耐受范围

图 4－16　北江流域硅藻对 Ti 的最适值与耐受范围

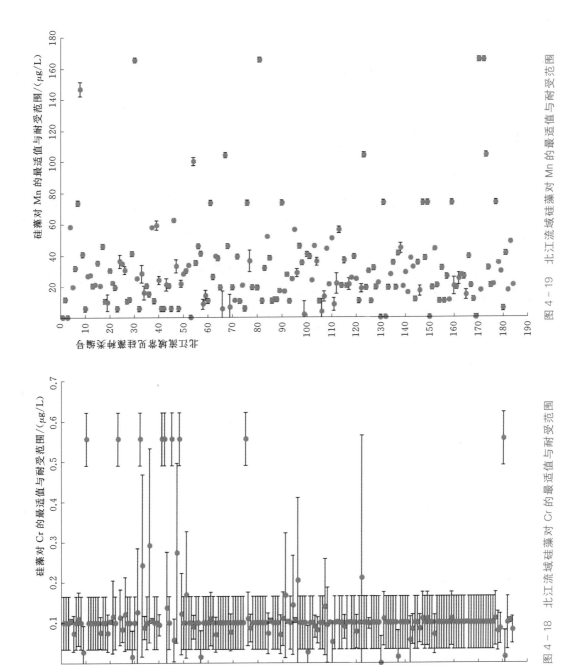

图 4 - 19 北江流域硅藻对 Mn 的最适值与耐受范围

图 4 - 18 北江流域硅藻对 Cr 的最适值与耐受范围

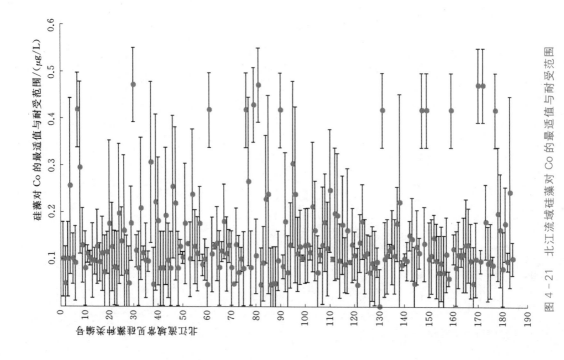

图 4 - 21　北江流域硅藻对 Co 的最适值与耐受范围

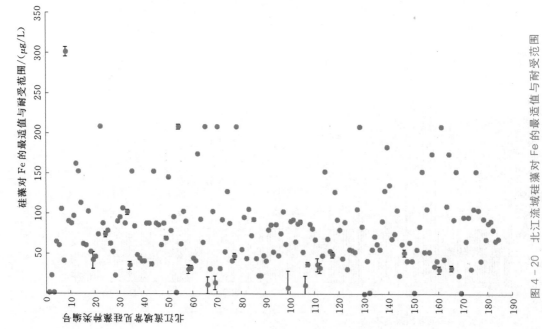

图 4 - 20　北江流域硅藻对 Fe 的最适值与耐受范围

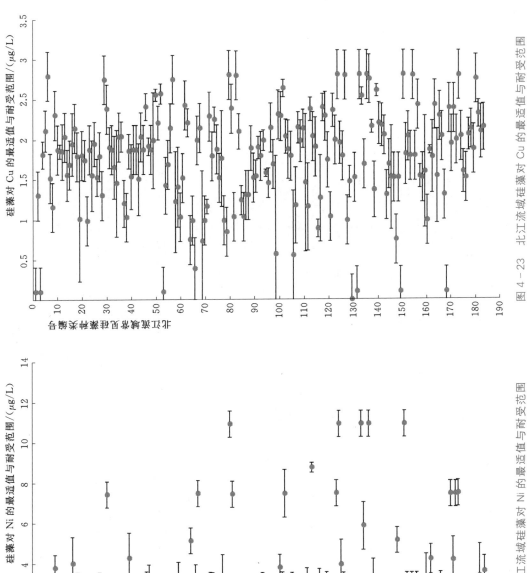

图 4-23　北江流域硅藻对 Cu 的最适值与耐受范围

图 4-22　北江流域硅藻对 Ni 的最适值与耐受范围

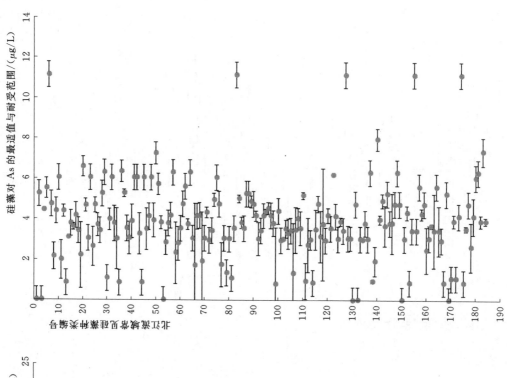

图 4-25 北江流域硅藻对 As 的最适值与耐受范围

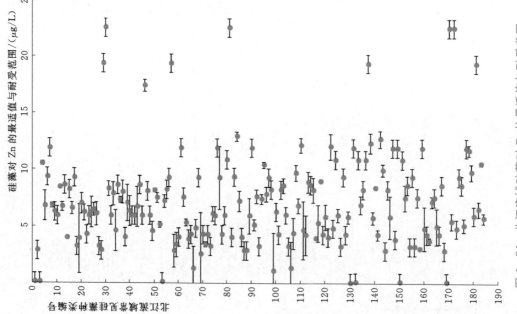

图 4-24 北江流域硅藻对 Zn 的最适值与耐受范围

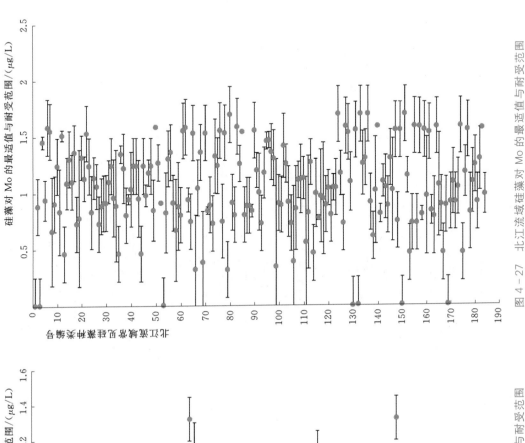

图 4-27　北江流域硅藻对 Mo 的最适值与耐受范围

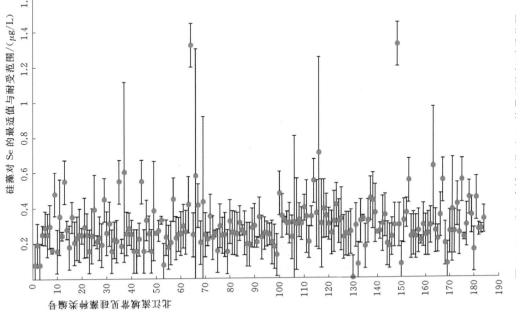

图 4-26　北江流域硅藻对 Se 的最适值与耐受范围

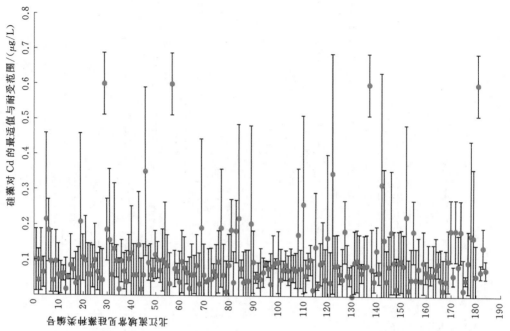

图 4 - 29 北江流域硅藻对 Cd 的最适值与耐受范围

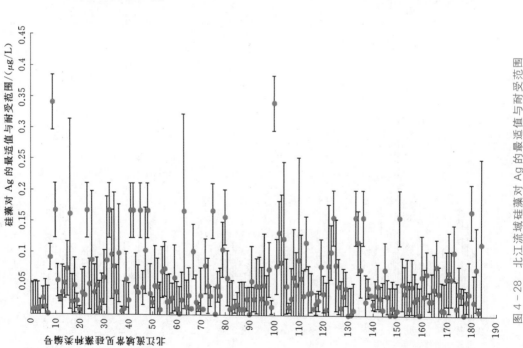

图 4 - 28 北江流域硅藻对 Ag 的最适值与耐受范围

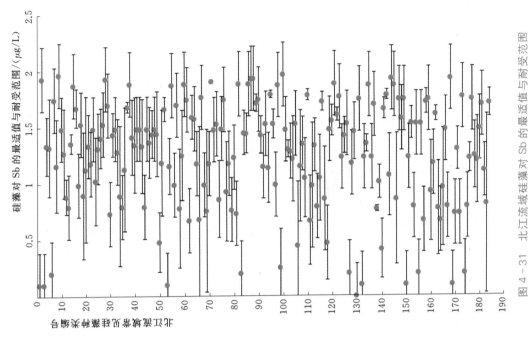

图 4-31 北江流域硅藻对 Sb 的最适值与耐受范围

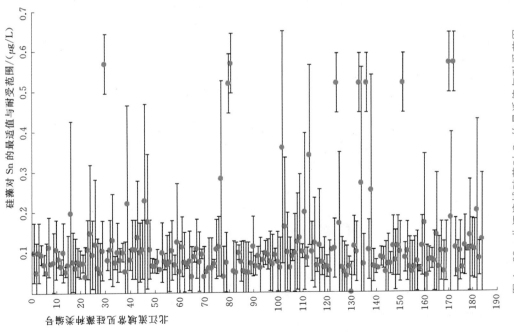

图 4-30 北江流域硅藻对 Sn 的最适值与耐受范围

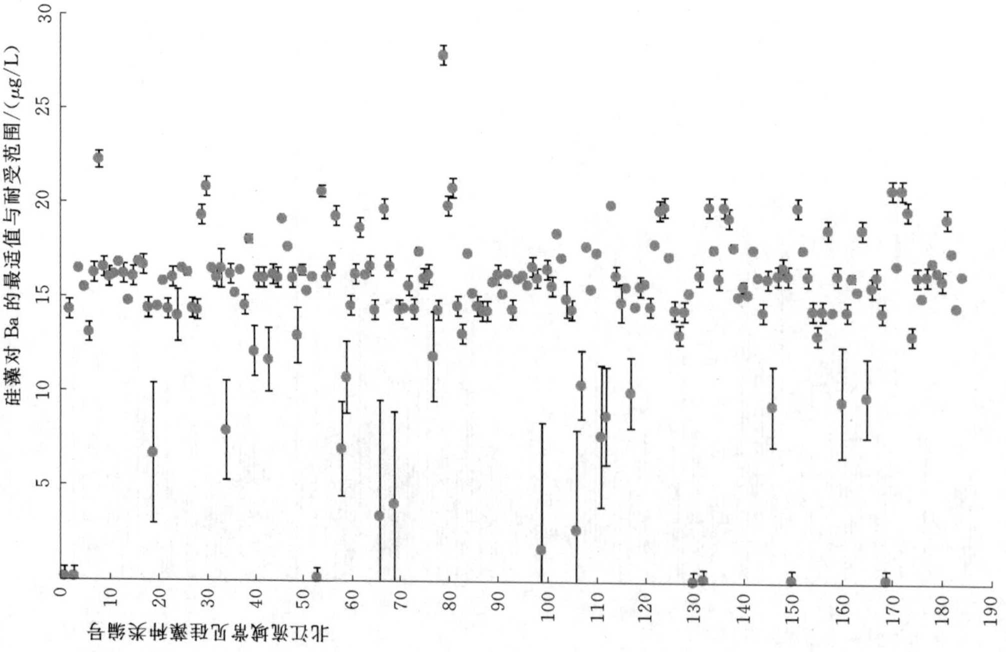

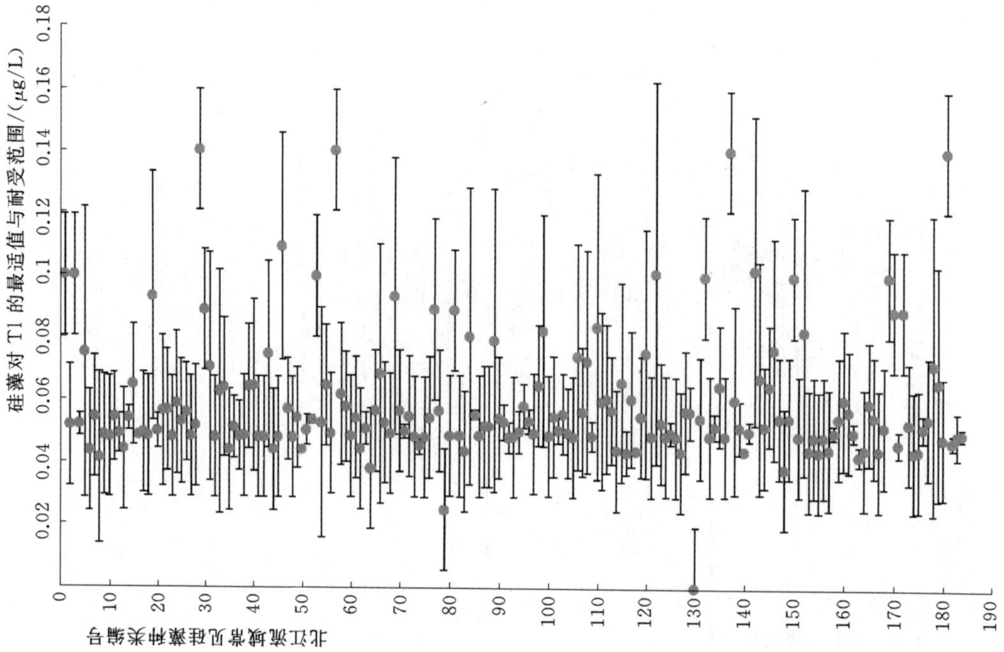

图 4 - 33　北江流域硅藻对 Tl 的最适值与耐受范围

图 4 - 32　北江流域硅藻对 Ba 的最适值与耐受范围

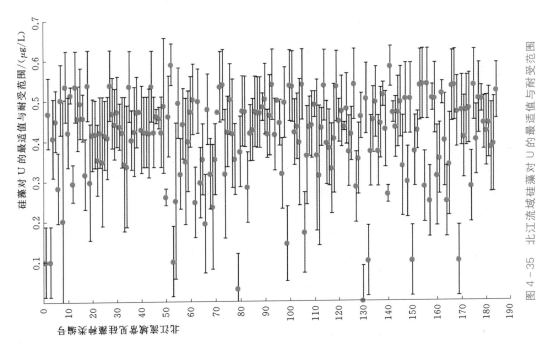

图 4 - 35　北江流域硅藻对 U 的最适值与耐受范围

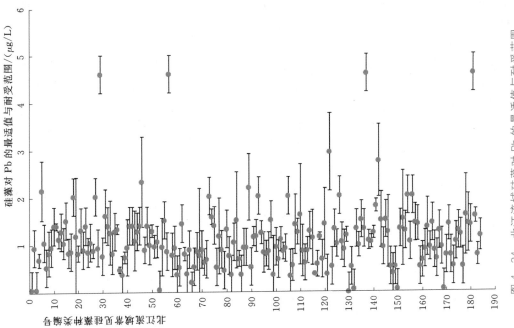

图 4 - 34　北江流域硅藻对 Pb 的最适值与耐受范围

根据以上计算结果，北江常见硅藻物种对不同重金属最适值和耐受范围分析如下。

1. Be（铍）

在北江流域的硅藻种类中，对 Be 耐受范围较窄的种类包括 *Navicula capitatoradiata*、*Navicula variostriata*、*Encyonopsis leei* var. *leei*、*Cocconeis placentula* var. *lineata*、*Navicula erifuga*、*Navicula slesvicensis*、*Gomphonema productum*、*Nitzschia paleacea*、*Navicula arvensis*、*Encyonema caespitosum* 等。其中，*Navicula capitatoradiata*、*Navicula variostriata*、*Encyonopsis leei* var. *leei*、*Navicula slesvicensis* 最适值显著低于其他种类，可以作为清洁指示种。

2. B（硼）

在北江流域的硅藻种类中，对 B 耐受范围较窄的种类包括 *Eolimna minima*、*Navicula slesvicensis*、*Gomphonema lingulatiformis*、*Reimeria sinuata*、*Navicula arvensis*、*Achnanthes helvetica*、*Nitzschia paleaeformis*、*Encyonopsis leei* var. *leei*、*Achnanthes exilis*、*Navicula molestiformis*、*Navicula minuscula* 等。其中，*Aulacoseira ambigua*、*Achnanthes brevipes* var. *intermedia*、*Cocconeis placentula* var. *pseudolineata*、*Navicula laevissima*、*Navicula recens*、*Placoneis gastrum* 最适值显著低于其他种类，可以作为清洁指示种。

3. Al（铝）

在北江流域的硅藻种类中，对 Al 耐受范围较窄的种类包括 *Cocconeis placentula* var. *lineata*、*Navicula molestiformis*、*Cymbella amphicephala*、*Navicula capitatoradiata* 等。其中，*Navicula molestiformis* 最适值显著高于其他种类，可以作为污染指示种。

4. Ti（钛）

在北江流域的硅藻种类中，对 Ti 耐受范围较窄的种类包括 *Encyonopsis leei* var. *leei*、*Nitzschia paleacea*、*Cymbella amphicephala*、*Navicula capitatoradiata*、*Cocconeis placentula* var. *lineata*、*Navicula novaesiberica* 等。其中，*Encyonopsis leei* var. *leei*、*Cymbella amphicephala*、*Navicula capitatoradiata* 最适值显著低于其他种类，可以作为清洁指示种。

5. V（钒）

在北江流域的硅藻种类中，对 V 耐受范围较窄的种类包括 *Surirella capronii*、*Navicula erifuga*、*Navicula subminuscula*、*Navicula slesvicensis*、*Achnanthes lanceolata* ssp. *rostrata*、*Cymbella amphicephala*、*Gomphonema productum* 等。但是其最适值分散，无明显指示性。

6. Mn（锰）

在北江流域的硅藻种类中，对 Mn 耐受范围较窄的种类包括 *Navicula minuscula*、*Encyonopsis leei* var. *leei*、*Nitzschia sinuata* var. *delognei* 等。其中，*Aulacoseira ambigua*、*Achnanthes brevipes* var. *intermedia* 可以作为清洁指示种；*Achnanthes conspicua*、*Anomoeoneis sphaerophora* var. *sculpta*、*Cyclotella wuethrichiana*、*Encyonema elginense* 最适值显著高于其他种类，可以作为污染指示种。

7. Fe（铁）

在北江流域的硅藻种类中，对 Fe 耐受范围较窄的种类包括 *Nitzschia dissipata* var. *dissipata*、*Cocconeis placentula* var. *lineata* 等。其中，*Navicula minuscula* 最适值显著高于其他种类，可以作为污染指示种。

8. Co（钴）

在北江流域的硅藻种类中，对 Co 耐受范围较窄的种类包括 *Encyonopsis leei* var. *leei*、*Cocconeis placentula* var. *lineata*、*Navicula cryptotenella*、*Navicula atomus* var. *atomus*、*Diadesmis contenta*、*Gyrosigma acuminatum* 等。但是其最适值分散，无明显指示性。

9. Ni（镍）

在北江流域的硅藻种类中，对 Ni 耐受范围较窄的种类包括 *Cocconeis placentula* var. *placentula*、*Nitzschia nana*、*Encyonopsis leei* var. *leei*、*Cocconeis placentula* var. *lineata* 等。其中，*Fallacia pygmaea* ssp. *pygmaea*、*Navicula ignota* var. *acceptata*、*Navicula lanceolata*、*Nitzschia levidensis* var. *victoriae*、*Navicula riparia* 最适值显著高于其他种类，可以作为污染指示种。

10. Cu（铜）

在北江流域的硅藻种类中，对 Cu 耐受范围较窄的种类包括 *Gomphonema productum*、*Navicula variostriata*、*Cocconeis placentula* var. *placentula*、*Nitzschia nana*、*Navicula minuscula*、*Achnanthes exilis*、*Encyonopsis leei* var. *leei* 等。其中，*Aulacoseira ambigua*、*Achnanthes brevipes* var. *intermedia*、*Cocconeis placentula* var. *pseudolineata*、*Navicula laevissima*、*Navicula recens*、*Placoneis gastrum* 最适值显著低于其他种类，可以作为清洁指示种。

11. Zn（锌）

在北江流域的硅藻种类中，对 Zn 耐受范围较窄的种类包括 *Navicula capitatoradiata*、*Achnanthes exilis*、*Navicula cryptotenella*、*Navicula slesvicensis* 等。其中，*Gomphonema acutiusculum*、*Cyclotella meneghiniana* 最适值显著高于其他种类，可以作为污染指示种。

12. As（砷）

在北江流域的硅藻种类中，对 As 耐受范围较窄的种类包括 *Luticola cohnii*、*Nitzschia liebetruthii* var. *liebetruthii*、*Navicula erifuga*、*Achnanthes inflata*、*Achnanthes brevipes* var. *brevipes*、*Navicula minuscula* 等。其中，*Amphora commutata*、*Fragilaria ulna* var. *ulna*、*Navicula ignota*、*Nitzschia scalaris*、*Placoneis placentula* 最适值显著高于其他种类，可以作为污染指示种。

13. Se（硒）

在北江流域的硅藻种类中，对 Se 耐受范围较窄的种类包括 *Cocconeis placentula* var. *placentula*、*Nitzschia nana* 等。其中，*Didymosphenia geminata morphotyp geminata*、*Navicula pusilla* 最适值显著高于其他种类，可以作为污染指示种。

14. Mo（钼）

在北江流域的硅藻种类中，对 Mo 耐受范围较窄的种类包括 *Cocconeis placentula* var. *placentula*、*Nitzschia nana*、*Gomphonema affine*、*Surirella capronii* 等。其中，*Aulacoseira ambigua*、*Achnanthes brevipes* var. *intermedia*、*Cocconeis placentula* var. *pseudolineata* 最适值显著低于其他种类，可以作为清洁指示种。

15. Cd（镉）

在北江流域的硅藻种类中，对 Cd 耐受范围较窄的种类包括 *Navicula slesvicensis*、*Encyonopsis leei* var. *leei*、*Achnanthes inflata*、*Gomphonema productum* 等。其中，*Achnanthes subatomoides*、*Caloneis silicula*、*Navicula microdigitoradiata*、*Stauroneis thermicola* 最适值显著高于其他种类，可以作为污染指示种。

16. Sn（锡）

在北江流域的硅藻种类中，对 Sn 耐受范围较窄的种类包括 *Navicula erifuga*、*Encyonopsis leei* var. *leei*、*Achnanthes catenata*、*Navicula novaesiberica*、*Cocconeis placentula* var. *lineata* 等。其中，*Anomoeoneis sphaerophora* var. *sculpta*、*Fallacia pygmaea* ssp. *pygmaea*、*Frustulia saxonica*、*Navicula ignota* var. *acceptata*、*Navicula lanceolata*、*Nitzschia levidensis* var. *victoriae* 最适值显著高于其他种类，可以作为污染指示种。

17. Sb（锑）

在北江流域的硅藻种类中，对 Sb 耐受范围较窄的种类包括 *Encyonopsis leei* var. *leei*、*Navicula minuscula*、*Gomphonema productum*、*Nitzschia paleacea*、*Cymbella amphicephala*、*Navicula arvensis* 等。其中，*Aulacoseira ambigua*、*Achnanthes brevipes* var. *intermedia*、*Amphora commutata*、*Cocconeis placentula* var. *pseudolineata* 最适值显著低于其他种类，可以作为清洁指示种。

18. Ba（钡）

在北江流域的硅藻种类中，对 Ba 耐受范围较窄的种类包括、*Navicula slesvicensis*、*Achnanthes exilis*、*Gomphonema productum* 等。其中，*Aulacoseira ambigua*、*Achnanthes brevipes* var. *intermedia*、*Cocconeis placentula* var. *pseudolineata* 最适值显著低于其他种类，可以作为清洁指示种；*Fragilaria leptostauron* var. *leptostauron* 最适值显著高于其他种类，可以作为污染指示种。

19. Tl（铊）

在北江流域的硅藻种类中，对 Tl 耐受范围较窄的种类包括 *Achnanthes krasskei*、*Navicula cryptotenella*、*Cocconeis placentula* var. *placentula*、*Nitzschia nana* 等。其中，*Achnanthes subatomoides*、*Caloneis silicula*、*Navicula microdigitoradiata* 最适值显著高于其他种类，可以作为污染指示种。

20. Pb（铅）

在北江流域的硅藻种类中，对 Pb 耐受范围较窄的种类包括 *Navicula capitatoradiata*、*Cymbella amphicephala*、*Achnanthes exilis*、*Navicula cryptotenella* 等。其中，*Achnanthes subatomoides*、*Caloneis silicula*、*Navicula microdigitoradiata*、*Stauroneis thermicola* 最适值显著高于其他种类，可以作为污染指示种。

北江种类编号对应的硅藻种名见表4-6。

表4-6　　　　　　　　　　北江种类编号对应的硅藻种名

编号	种　名	编号	种　名
1	*Aulacoseira ambigua*	36	*Cymbella affinis* var. *affinis*
2	*Achnanthes biasolettiana* var. *biasolettiana*	37	*Cymbella amphicephala*
3	*Achnanthes brevipes* var. *intermedia*	38	*Cymbella aspera*
4	*Achnanthes brevipes* var. *brevipes*	39	*Cyclotella atomus*
5	*Achnanthes biasolettiana* var. *subatomus*	40	*Caloneis bacillum*
6	*Amphora commutata*	41	*Cymbella caeIPStosa*
7	*Achnanthes conIPScua*	42	*Cyclotella cyclopuncta*
8	*Achnanthes catenata*	43	*Cymbella gracilis*
9	*Achnanthes daonensis*	44	*Craticula halophila*
10	*Achnanthes daui* var. *daui*	45	*Cymbella leptoceros*
11	*Achnanthes exilis*	46	*Cyclotella meneghiniana*
12	*Achnanthes helvetica*	47	*Cymbella minuta*
13	*Amphora inariensis*	48	*Cyclotella ocellata*
14	*Achnanthes inflata*	49	*Cocconeis pediculus*
15	*Achnanthes impexiformis*	50	*Cocconeis placentula* var. *placentula*
16	*Achnanthes krasskei*	51	*Cocconeis placentula* var. *euglypta*
17	*Achnanthes kryophila*	52	*Cocconeis placentula* var. *lineata*
18	*Achnanthes lanceolata* var. *elliptica*	53	*Cocconeis placentula* var. *pseudolineata*
19	*Achnanthes lanceolata* var. *lanceolata*	54	*Cyclotella pseudostelligera*
20	*Achnanthes lanceolata* ssp. *rostrata*	55	*Craticula accomoda*
21	*Achnanthes lanceolata* ssp. *frequentissima*	56	*Craticula submolesta*
22	*Amphora libyca*	57	*Caloneis silicula*
23	*Achnanthes minutissima* var. *affinis*	58	*Cymbella turgidula* var. *turgidula*
24	*Achnanthes minutissima* var. *minutissima*	59	*Cymbella tumida*
25	*Amphora montana*	60	*Cymbella vulgata* var. *vulgata*
26	*Achnanthes minutissima* var. *saprophila*	61	*Cyclotella wuethrichiana*
27	*Amphora pediculus*	62	*Diadesmis confervacea* var. *confervacea*
28	*Achnanthes pusilla*	63	*Diadesmis contenta*
29	*Achnanthes subatomoides*	64	*Didymosphenia geminata*
30	*Anomoeoneis sphaerophora* var. *sculpta*	65	*Eunotia bilunaris* var. *bilunaris*
31	*Aulacoseira distans*	66	*Encyonema caespitosum*
32	*Aulacoseira granulata* var. *angustissima*	67	*Encyonema elginense*
33	*Aulacoseira granulata*	68	*Epithemia hyndmanii*
34	*Bacillaria paradoxa*	69	*Eunotia minor*
35	*Bacillaria paxillifera* var. *paxillifera*	70	*Eunotia muscicola* var. *tridentula*

编号	种　名	编号	种　名
71	*Encyonopsis leei* var. *leei*	106	*Luticola ventricosa*
72	*Encyonema minutum*	107	*Melosiravarians*
73	*Encyonema neogracile*	108	*Nitzschia amphibia* f. *amphibia*
74	*Eolimna minima*	109	*Navicula atomus* var. *permitis*
75	*Epithemia sorex*	110	*Navicula arvensis*
76	*Fragilaria capucina* var. *capucina*	111	*Navicula atomus* var. *atomus*
77	*Fragilaria crotonensis*	112	*Navicula cincta*
78	*Fragilaria capucina* var. *vaucheriae*	113	*Nitzschia clausii*
79	*Fragilaria leptostauron* var. *leptostauron*	114	*Nitzschia clausii* var. *curvirostrata*
80	*Fallacia pygmaea* ssp. *pygmaea*	115	*Nitzschia capitellata*
81	*Frustulia saxonica*	116	*Navicula capitatoradiata*
82	*Fragilaria ulna* var. *acus*	117	*Navicula cryptocephala*
83	*Fragilaria ulna* var. *ulna*	118	*Navicula cryptotenella*
84	*Gomphonema acutiusculum*	119	*Navicula cryptotenelloides*
85	*Gomphonema affine*	120	*Navicula declivis*
86	*Gomphonema angustum*	121	*Nitzschia dissipata* var. *dissipata*
87	*Gomphonema abbreviatum* var. *sphenelloides*	122	*Navicula erifuga*
88	*Gomphonema bavaricum*	123	*Nitzschia filiformis* var. *filiformis*
89	*Gomphonema clavatum*	124	*Navicula ignota* var. *acceptata*
90	*Gomphonema gracile*	125	*Nitzschia frustulum* var. *frustulum*
91	*Gomphonema lingulatiformis*	126	*Nitzschia inconspicua*
92	*Gomphonema minutum* f. *minutum*	127	*Navicula ignota*
93	*Gomphonema minutum* f. *syriacum*	128	*Navicula insociabilis*
94	*Gomphonema parvulum* var. *parvulum* f. *parvulum*	129	*Nitzschia paleaeformis*
95	*Gomphonema productum*	130	*Navicula insulsa*
96	*Gomphonema parvulum* var. *exilissimum*	131	*Navicula joubaudii*
97	*Gyrosigma scalproides*	132	*Navicula laevissima*
98	*Gomphonema subclavatum*	133	*Navicula lanceolata*
99	*Gyrosigma acuminatum*	134	*Nitzschia liebetruthii* var. *liebetruthii*
100	*Gyrosigma eximium*	135	*Nitzschia linearis* var. *subtilis*
101	*Hippodonta costulata*	136	*Nitzschia levidensis* var. *victoriae*
102	*Luticola cohnii*	137	*Navicula microdigitoradiata*
103	*Luticola goeppertiana*	138	*Navicula minuscula*
104	*Luticola mutica*	139	*Navicula molestiformis*
105	*Luticola saxophila*	140	*Nitzschia nana*

编号	种　名	编号	种　名
141	*Navicula novaesiberica*	163	*Navicula veneta*
142	*Nitzschia paleacea*	164	*Navicula viridula* var. *germainii*
143	*Nitzschia palea*	165	*Navicula viridula* var. *rostellata*
144	*Nitzschia palea* var. *minuta*	166	*Pinnularia appendiculata* var. *appendiculata*
145	*Navicula phyllepta*	167	*Pinnularia braunii*
146	*Navicula protracta*	168	*Placoneis clementis*
147	*Navicula pseudosemilyrata*	169	*Placoneis gastrum*
148	*Navicula pusilla*	170	*Pinnularia gibba*
149	*Navicula reichardtiana* var. *reichardtiana*	171	*Planothidium frequentissimum*
150	*Navicula recens*	172	*Pinnularia microstauron* var. *microstauron*
151	*Navicula riparia*	173	*Pinnularia perincognita*
152	*Navicula subminuscula*	174	*Placoneis placentula*
153	*Navicula subalpina*	175	*Pinnularia subcapitata* var. *subcapitata*
154	*Navicula subrotundata*	176	*Reimeria sinuata*
155	*Nitzschia scalaris*	177	*Surirella angusta*
156	*Navicula schoenfeldii*	178	*Sellaphora nyassensis*
157	*Nitzschia sinuata* var. *delognei*	179	*Sellaphora pupula*
158	*Navicula slesvicensis*	180	*Stauroneis brasiliensis*
159	*Navicula splendicula*	181	*Stauroneis thermicola*
160	*Navicula schroeteri* var. *symmetrica*	182	*Stauroneis kriegeri*
161	*Navicula trivialis* var. *trivialis*	183	*Surirella capronii*
162	*Navicula* var. *iostriata*	184	*Thalassiosira bramaputrae*

21. U（铀）

在北江流域的硅藻种类中，对 U 耐受范围较窄的种类包括 *Encyonopsis leei* var. *leei*、*Cyclotella atomus*、*Gomphonema productum* 等。其中，*Fragilaria leptostauron* var. *leptostauron* 最适值显著低于其他种类，可以作为清洁指示种。

对上述着生硅藻进行筛选表明，*Achnanthes brevipes* var. *intermedia*、*Aulacoseira ambigua*、*Cocconeis placentula* var. *pseudolineata*、*Encyonopsis leei* var. *leei*、*Navicula capitatoradiata*、*Navicula laevissima*、*Navicula recens*、*Placoneis gastrum* 可以作为北江硅藻重金属清洁指示种，*Achnanthes subatomoides*、*Caloneis silicula*、*Navicula microdigitoradiata*、*Stauroneis thermicola* 可以作为北江硅藻重金属污染指示种。

4.5.2.2　贺江硅藻筛选结果

贺江着生硅藻生长所需的不同重金属的最适值与耐受范围见图 4-36～图 4-49。贺江种类编号对应的硅藻种名见表 4-7。

根据以上计算结果，贺江常见硅藻物种对不同重金属最适值和耐受范围分析如下。

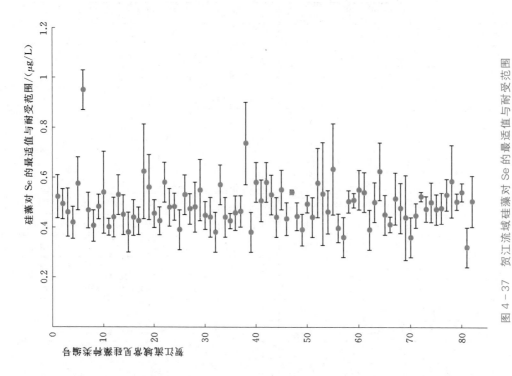

图 4 - 37　贺江流域硅藻对 Se 的最适值与耐受范围

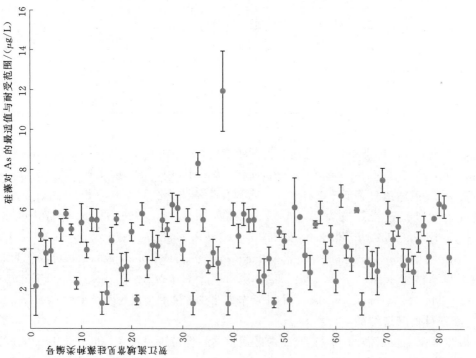

图 4 - 36　贺江流域硅藻对 As 的最适值与耐受范围

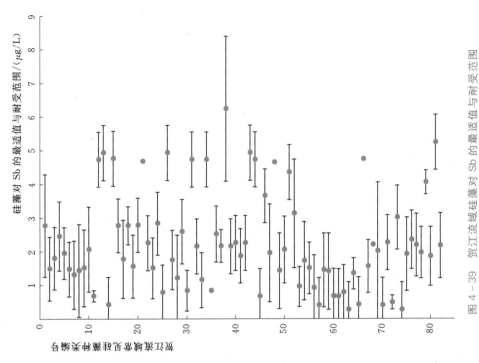

图4-39　贺江流域硅藻对 Sb 的最适值与耐受范围

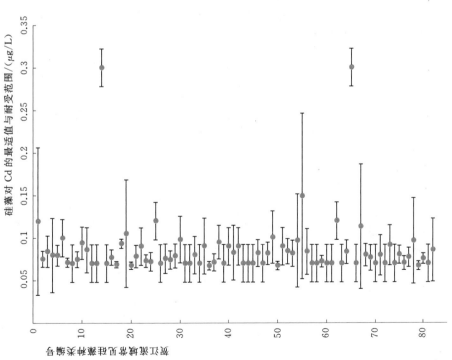

图4-38　贺江流域硅藻对 Cd 的最适值与耐受范围

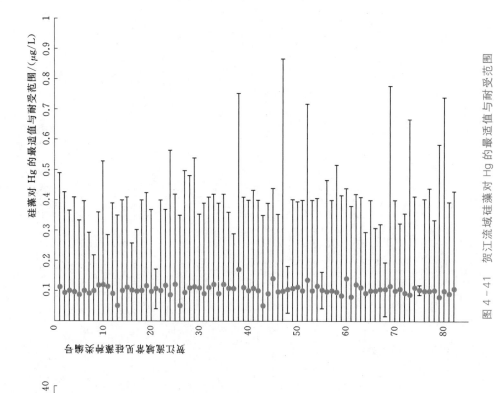

图 4 - 41 贺江流域硅藻对 Hg 的最适值与耐受范围

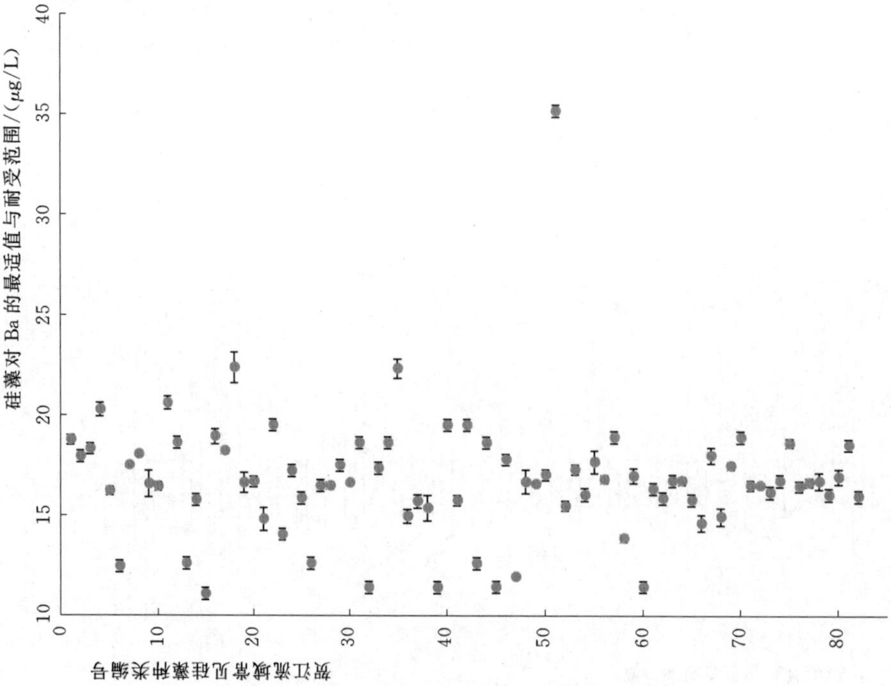

图 4 - 40 贺江流域硅藻对 Ba 的最适值与耐受范围

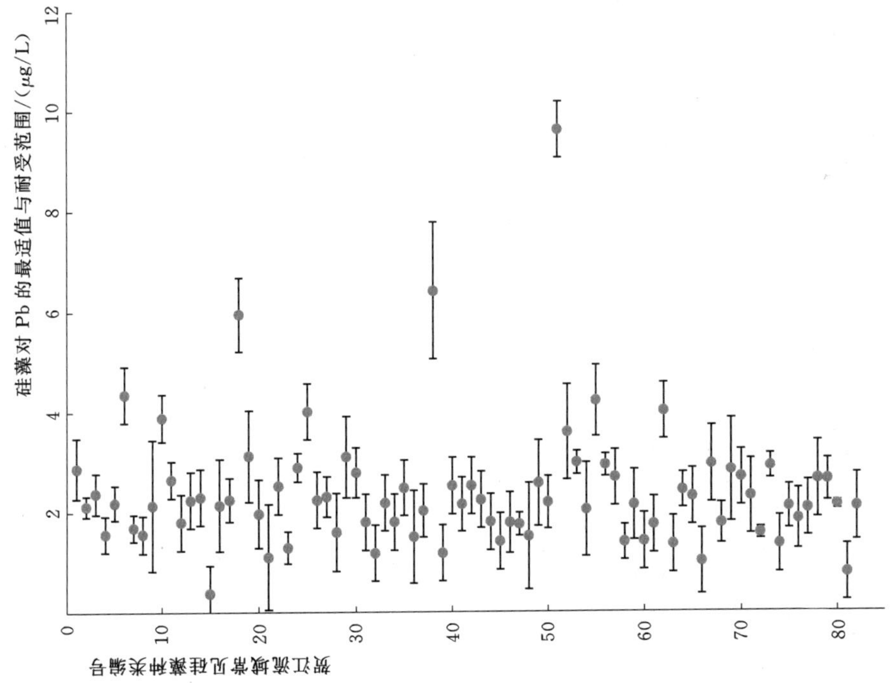

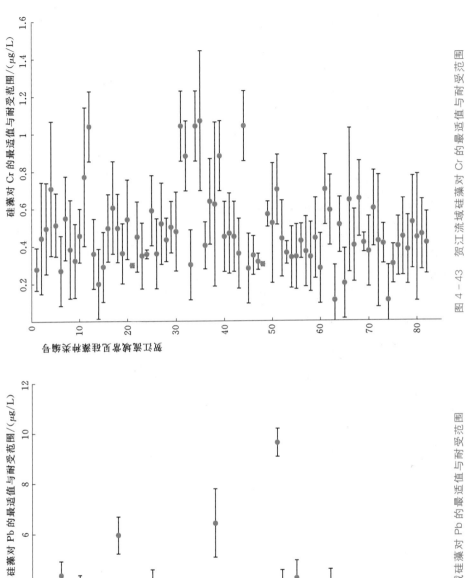

图 4-43 贺江流域硅藻对 Cr 的最适值与耐受范围

图 4-42 贺江流域硅藻对 Pb 的最适值与耐受范围

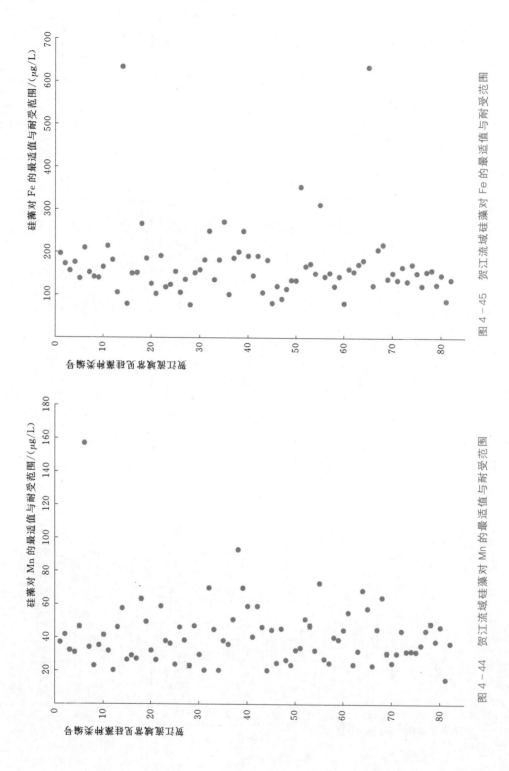

图 4-45　贺江流域硅藻对 Fe 的最适值与耐受范围

图 4-44　贺江流域硅藻对 Mn 的最适值与耐受范围

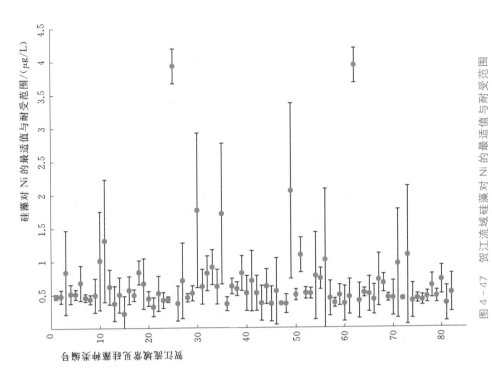

图 4 - 47　贺江流域硅藻对 Ni 的最适值与耐受范围

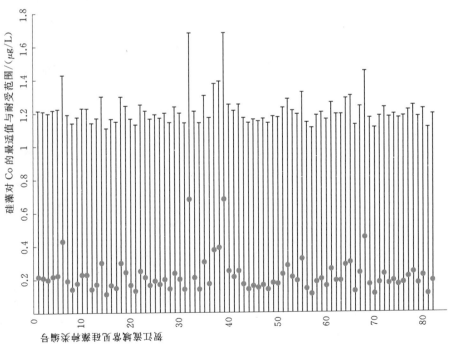

图 4 - 46　贺江流域硅藻对 Co 的最适值与耐受范围

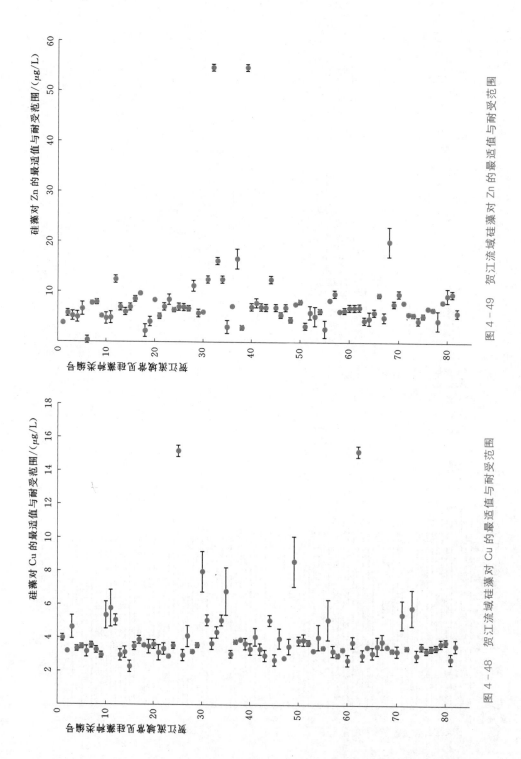

图 4 - 49 贺江流域硅藻对 Zn 的最适值与耐受范围

图 4 - 48 贺江流域硅藻对 Cu 的最适值与耐受范围

表 4 - 7　　　　　　　　　　　贺江种类编号对应的硅藻种名

编号	种　类	编号	种　类
1	*Aulacoseira ambigua*	36	*Fragilaria ulna*
2	*Achnanthes conspicua*	37	*Gomphonema clevei*
3	*Achnanthes catenata Bily*	38	*Gomphonema minutum*
4	*Achnanthidium minutissimum*	39	*Gyrosigma nodiferum*
5	*Achnanthes exilis*	40	*Gomphonema olivaceum*
6	*Achnanthes hungarica*	41	*Gomphonema parvulum*
7	*Achnanthes lanceolata* ssp. *rostrata*	42	*Gomphonema pumilum*
8	*Achnanthes linearis*	43	*Gyrosigma scalproides*
9	*Aulacoseira lirata*	44	*Gyrosigma scalproides* var. *eximium*
10	*Amphora montana*	45	*Luticola goeppertiana*
11	*Achnanthes minutissima*	46	*Luticola mutica*
12	*Amphora pediculus*	47	*Luticola saxophila*
13	*Achnanthes tropica*	48	*Luticola ventricosa*
14	*Aulacoseira distans*	49	*Mayamaea atomus* var. *permitis*
15	*Aulacoseira granulata*	50	*Melosira varians*
16	*Bacillaria paradoxa*	51	*Nitzschia acicularis*
17	*Cymbella affinis*	52	*Nitzschia amphibia*
18	*Cyclostephanos invisitatus*	53	*Navicula capitata*
19	*Cyclotella meneghiniana*	54	*Nitzschia clausii*
20	*Cocconeis placentula* var. *euglypta*	55	*Nitzschia capitellata*
21	*Cyclotella stelligera*	56	*Navicula capitatoradiata*
22	*Cymbella tumida*	57	*Navicula cryptocephala*
23	*Diadesmis confervacea*	58	*Navicula cryptotenella*
24	*Diadesmis contenta*	59	*Navicula decussis*
25	*Eunotia bilunaris*	60	*Nitzschia dissipata*
26	*Eunotia minor*	61	*Navicula eidrigiana*
27	*Encyonema minutum*	62	*Navicula gottlandica*
28	*Eolimna minima*	63	*Nitzschia lacuum*
29	*Eolimna subminuscula*	64	*Nitzschia inconspicua*
30	*Fragilaria bidens*	65	*Nitzschia intermedia*
31	*Fragilaria brevistriata*	66	*Nitzschia levidensis*
32	*Fragilaria crotonensis*	67	*Nitzschia palea*
33	*Fragilaria capucina* var. *vaucheriae*	68	*Nitzschia pumila*
34	*Fragilaria leptostauron*	69	*Navicula reichardtiana*
35	*Frustulia saxonica*	70	*Nitzschia sinuata*

编号	种　类	编号	种　类
71	*Navicula schroeteri* var. *symmetrica*	77	*Planothidium frequentissimum*
72	*Nitzschia subacicularis*	78	*Pinnularia subcapitata*
73	*Navicula trivialis*	79	*Reimeria sinuata*
74	*Nitzschia umbonata*	80	*Surirella brebissonii*
75	*Navicula veneta*	81	*Surirella linearis*
76	*Navicula viridula* var. *rostellata*	82	*Sellaphora pupula*

1. As（砷）

在贺江流域的硅藻种类中，对 As 耐受范围较窄的种类包括 *Reimeria sinuata*、*Navicula capitata*、*Achnanthes exilis* 等。其中，*Gomphonema minutum* 最适值显著高于其他种类，可以作为污染指示种。

2. Se（硒）

在贺江流域的硅藻种类中，对 Se 耐受范围较窄的种类包括 *Luticola saxophila*、*Nitzschia subacicularis*、*Navicula decussis*、*Frustulia saxonica*、*Nitzschia levidensis*、*Reimeria sinuata*、*Achnanthes minutissima*、*Melosira varians*、*Surirella brebissonii* 等。但是其最适值分散，无明显指示性。

3. Cd（镉）

在贺江流域的硅藻种类中，对 Cd 耐受范围较窄的种类包括 *Cymbella affinis*、*Cocconeis placentula* var. *euglypta*、*Fragilaria ulna*、*Melosira varians*、*Reimeria sinuata*、*Achnanthes lanceolata* ssp. *rostrata*、*Cyclostephanos invisitatus* 等。其中，*Aulacoseira distans*、*Nitzschia intermedia* 最适值显著高于其他种类，可以作为污染指示种。

4. Sb（锑）

在贺江流域的硅藻种类中，对 Sb 耐受范围较窄的种类包括 *Nitzschia levidensis*、*Nitzschia pumila*、*Cyclotella stelligera*、*Luticola ventricosa*、*Frustulia saxonica* 等。但是其最适值分散，无明显指示性。

5. Ba（钡）

在贺江流域的硅藻种类中，对 Ba 耐受范围较窄的种类包括 *Nitzschia subacicularis*、*Achnanthes linearis*、*Luticola saxophila*、*Achnanthes lanceolata* ssp. *rostrata*、*Mayamaea atomus* var. *permitis* 等。其中，*Nitzschia acicularis* 最适值显著高于其他种类，可以作为污染指示种。

6. Hg（汞）

在贺江流域的硅藻种类中，对 Hg 耐受范围较窄的种类包括 *Navicula veneta*、*Nitzschia capitellata*、*Cyclotella stelligera*、*Luticola ventricosa*、*Nitzschia pumila*、*Achnanthes linearis*、*Bacillaria paradoxa* 等。但是其最适值分散，无明显指示性。

7. Pb（铅）

在贺江流域的硅藻种类中，对 Pb 耐受范围较窄的种类包括 *Surirella brebissonii*、

Nitzschia subacicularis、*Achnanthes conspicua*、*Navicula capitatoradiata* 等。其中，*Nitzschia acicularis* 最适值显著高于其他种类，可以作为污染指示种。

8. Cr（铬）

在贺江流域的硅藻种类中，对 Cr 耐受范围较窄的种类包括 *Cyclotella stelligera*、*Luticola ventricosa*、*Diadesmis contenta* 等。但是其最适值分散，无明显指示性。

9. Mn（锰）

在贺江流域的硅藻种类中，对 Mn 耐受范围较窄的种类包括 *Cyclotella stelligera*、*Luticola ventricosa*、*Luticola saxophila*、*Surirella brebissonii* 等。其中，*Achnanthes hungarica* 最适值显著高于其他种类，可以作为污染指示种。

10. Fe（铁）

在贺江流域的硅藻种类中，对 Fe 耐受范围较窄的种类包括 *Nitzschia subacicularis*、*Fragilaria bidens* 等。其中，*Aulacoseira distans*、*Nitzschia intermedia* 最适值显著高于其他种类，可以作为污染指示种。

11. Co（钴）

在贺江流域的硅藻种类中，对 Co 耐受范围较窄的种类包括 *Luticola saxophila*、*Navicula trivialis*、*Nitzschia levidensis* 等。但是其最适值分散，无明显指示性。

12. Ni（镍）

在贺江流域的硅藻种类中，对 Ni 耐受范围较窄的种类包括 *Luticola saxophila*、*Nitzschia subacicularis*、*Aulacoseira ambigua* 等。其中，*Eunotia bilunaris*、*Navicula gottlandica* 最适值显著高于其他种类，可以作为污染指示种。

13. Cu（铜）

在贺江流域的硅藻种类中，对 Cu 耐受范围较窄的种类包括 *Navicula capitata*、*Gomphonema minutum*、*Luticola saxophila*、*Nitzschia pumila* 等。其中，*Eunotia bilunaris*、*Navicula gottlandica* 最适值显著高于其他种类，可以作为污染指示种。

14. Zn（锌）

在贺江流域的硅藻种类中，对 Zn 耐受范围较窄的种类包括 *Fragilaria ulna*、*Mayamaea atomus* var. *permitis*、*Navicula cryptotenella*、*Navicula capitatoradiata* 等。其中，*Fragilaria crotonensis*、*Gyrosigma nodiferum* 最适值显著高于其他种类，可以作为污染指示种。

对贺江着生硅藻筛选表明，*Aulacoseira distans*、*Eunotia bilunaris*、*Navicula gottlandica*、*Nitzschia acicularis*、*Nitzschia intermedia* 可以作为贺江硅藻重金属指示种。

4.5.2.3 南盘江硅藻筛选结果

南盘江着生硅藻生长所需的不同重金属的最适值与耐受范围见图 4-50～图 4-56。南盘江种类编号对应的硅藻种名见表 4-8。

根据以上计算结果，南盘江常见硅藻物种对不同重金属最适值和耐受范围分析如下。

1. As（砷）

在南盘江流域的硅藻种类中，对 As 耐受范围较窄的种类包括 *Cyclotella pseudostelligera*、*Placoneis elginensis*、*Luticola nivalis* 等。其中，*Navicula capitatoradiata*、*Achnanthidium*

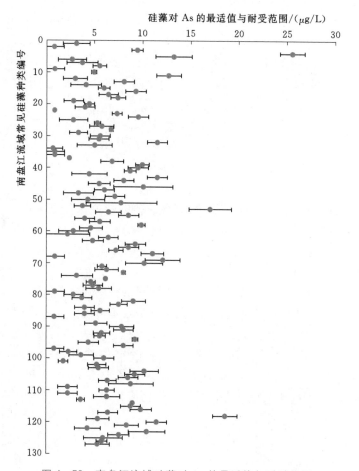

图 4-50　南盘江流域硅藻对 As 的最适值与耐受范围

subhudsonis 最适值显著高于其他种类，可以作为污染指示种。

2. Cd（镉）

在南盘江流域的硅藻种类中，对 Cd 耐受范围较窄的种类包括 Achnanthes oblongella、Cymbella turgidula var. turgidula、Cyclotella pseudostelligera、Nitzschia linearis var. linearis、Placoneis elginensis 等。但是其最适值分散，无明显指示性。

3. Cr（铬）

在南盘江流域的硅藻种类中，对 Cr 耐受范围较窄的种类包括 Encyonopsis leei var.、Fragilaria（Ulnaria）ulna、Navicula oligotraphenta、Nitzschia subacicularis 等。但是其最适值分散，无明显指示性。

4. Cu（铜）

在南盘江流域的硅藻种类中，对 Cu 耐受范围较窄的种类包括 Navicula oligotraphenta、Nitzschia gracilis、Cymbella turgidula var. turgidula、Luticola nivalis 等。其中，Navicula capitatoradiata 最适值显著高于其他种类，可以作为污染指示种。

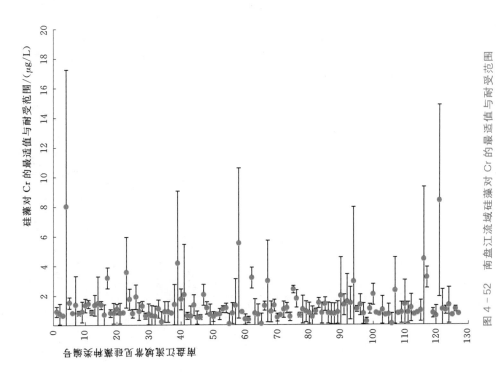

图 4-52 南盘江流域硅藻对 Cr 的最适值与耐受范围

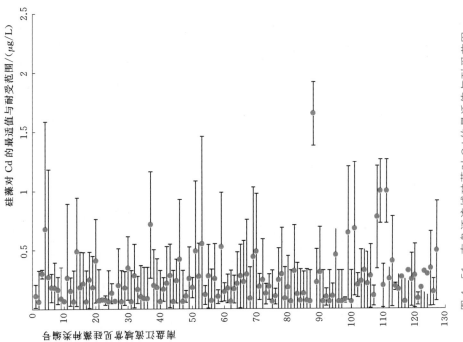

图 4-51 南盘江流域硅藻对 Cd 的最适值与耐受范围

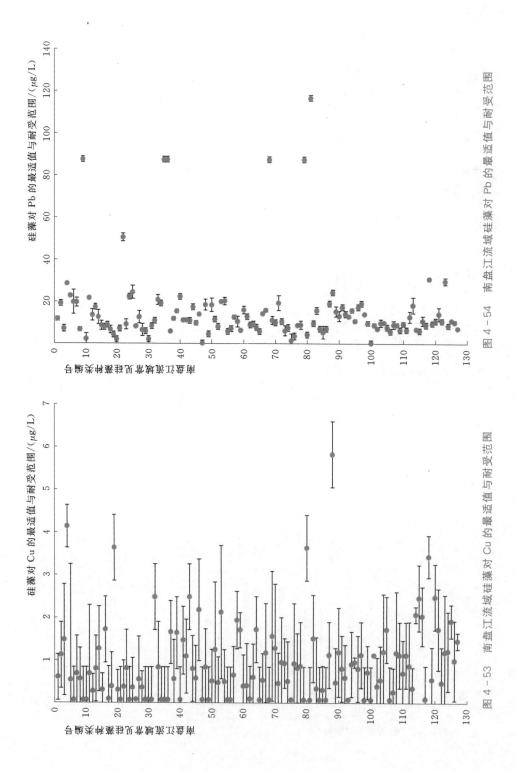

图 4 - 54　南盘江流域硅藻对 Pb 的最适值与耐受范围

图 4 - 53　南盘江流域硅藻对 Cu 的最适值与耐受范围

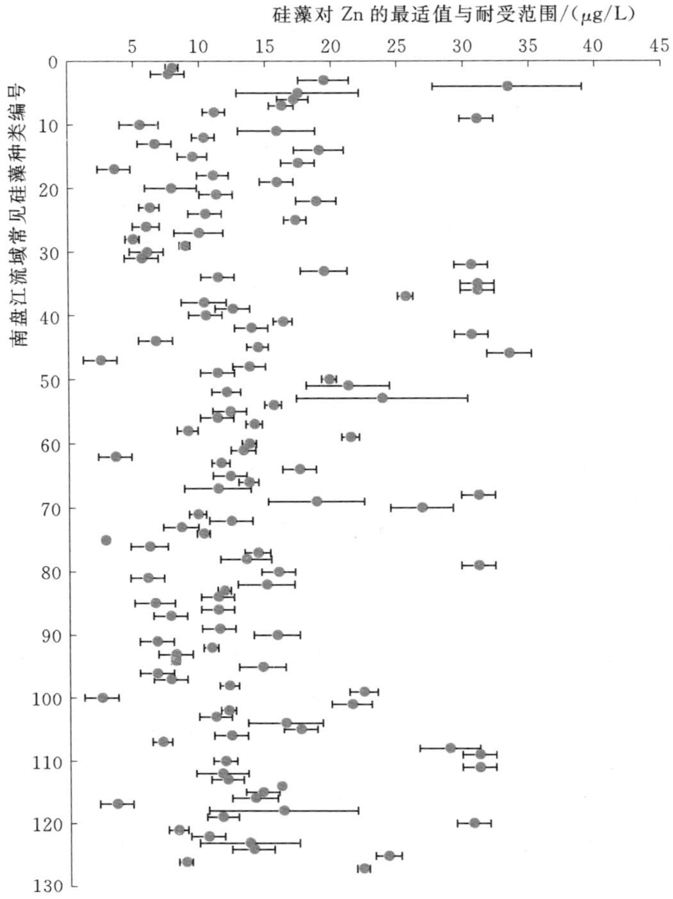

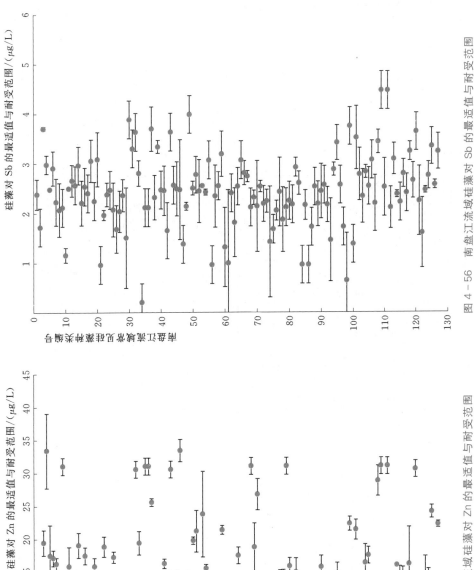

图 4-56 南盘江流域硅藻对 Sb 的最适值与耐受范围

图 4-55 南盘江流域硅藻对 Zn 的最适值与耐受范围

表 4 - 8   南盘江种类编号对应的硅藻种名

序号	种 类 名 称	序号	种 类 名 称
1	*Aulacoseira ambigua*	36	*Encyonema gracile*
2	*Achnanthidium catenatum*	37	*Encyonopsis leei* var. *leei*
3	*Achnanthidium exiguum*	38	*Encyonema minutum*
4	*Achnanthidium subhudsonis*	39	*Eolimna minima*
5	*Asterionella formosa*	40	*Eunotia rhomboidea*
6	*Aulacoseira lirata*	41	*Eolimna subminuscula*
7	*Achnanthes minutissima* var. *minutissima*	42	*Encyonema silesiacum*
8	*Amphora montana*	43	*Epithemia sorex*
9	*Achnanthes minutissima* var. *saprophila*	44	*Fragilaria bidens*
10	*Achnanthes oblongella*	45	*Fragilaria capucina* var. *capucina*
11	*Amphora pediculus*	46	*Fragilaria capucina* var. *vaucheriae*
12	*Aulacoseira granulata*	47	*Fallacia monoculata*
13	*Bacillaria paradoxa*	48	*Fragilaria nanana*
14	*Cymbella affinis* var. *affinis*	49	*Fallacia pygmaea*
15	*Caloneis bacillum*	50	*Frustulia saxonica*
16	*Capartogramma crucicula*	51	*Fragilaria* (Ulnaria) *ulna*
17	*Craticula halophila*	52	*Fragilaria ulna* var. *ulna*
18	*Cyclotella meneghiniana*	53	*Frustulia vulgaris*
19	*Cocconeis pediculus*	54	*Gomphonema affine*
20	*Cocconeis placentula* var. *placentula*	55	*Gomphonema augur*
21	*Cocconeis placentula* Ehrenberg var. *euglypta*	56	*Gomphonema clavatum*
22	*Cyclotella pseudostelligera*	57	*Gomphonema clevei*
23	*Craticula submolesta*	58	*Geissleria decussis*
24	*Caloneis silicula*	59	*Gomphonema exilissimum*
25	*Cyclotella stelligera*	60	*Gomphonema gracile*
26	*Cymbella turgidula* var. *turgidula*	61	*Gomphonema lagenula*
27	*Cymbella tumida*	62	*Gomphonema minutum* f. *minutum*
28	*Diadesmis confervacea* var. *confervacea*	63	*Gomphonema parvulum* var. *parvulum* f. *parvulum*
29	*Diadesmis contenta*	64	*Gomphosphenia lingulatiformis*
30	*Diadesmis gallica* var. *perpusilla*	65	*Gomphonema pseudoaugur*
31	*Epithemia adnata*	66	*Gomphonema pumilum*
32	*Eunotia bilunaris* var. *bilunaris*	67	*Gyrosigma scalproides*
33	*Encyonema caespitosum*	68	*Gomphonema truncatum*
34	*Eunotia faba*	69	*Gyrosigma acuminatum*
35	*Eunotia minor*	70	*Hantzschia amphioxys*

序号	种 类 名 称	序号	种 类 名 称
71	*Hippodonta capitata*	100	*Navicula notha*
72	*Luticola goeppertiana*	101	*Navicula oligotraphenta*
73	*Lemnicola hungarica*	102	*Nitzschia paleacea*
74	*Luticola mutica*	103	*Nitzschia palea*
75	*Luticola nivalis*	104	*Navicula pseudoarvensis*
76	*Luticola ventricosa*	105	*Navicula reichardtiana* var. *reichardtiana*
77	*Mayamaea atomus* var. *permitis*	106	*Navicula rhynchocephala*
78	*Melosira varians*	107	*Navicula schroeteri* var. *symmetrica*
79	*Navicula angusta*	108	*Nitzschia subacicularis*
80	*Nitzschia acicularis*	109	*Navicula trivialis* var. *trivialis*
81	*Nitzschia agnita*	110	*Navicula veneta*
82	*Nitzschia amphibia*	111	*Navicula viridula*
83	*Navicula arvensis*	112	*Navicula viridula* var. *rostellata*
84	*Nitzschia brevissima*	113	*Pinnularia acrospheria* var. *acrospheria*
85	*Nitzschia clausii*	114	*Placoneis elginensis*
86	*Nitzschia communis*	115	*Planothidium biporomum*
87	*Nitzschia capitellata*	116	*Planothidium frequentissimum*
88	*Navicula capitatoradiata*	117	*Pinnularia microstauron* var. *microstauron*
89	*Navicula cryptocephala*	118	*Planothidium rostratum*
90	*Navicula cryptotenella*	119	*Pinnularia subcapitata* var. *subcapitata*
91	*Nitzschia dissipata* var. *dissipata*	120	*Pinnularia subgibba* var. *subgibba*
92	*Navicula gregaria*	121	*Reimeria sinuata*
93	*Nitzschia gracilis*	122	*Surirella angusta*
94	*Nitzschia inconspicua*	123	*Surirella linearis*
95	*Nitzschia intermedia*	124	*Sellaphora pupula*
96	*Nitzschia pusilla*	125	*Sellaphora seminulum*
97	*Neidium longiceps*	126	*Surirella suecica*
98	*Nitzschia linearis* var. *linearis*	127	*Thalassiosira visurgis*
99	*Navicula menisculus* var. *menisculus*		

5. Pb（铅）

在南盘江流域的硅藻种类中，对 Pb 耐受范围较窄的种类包括 *Gomphonema exilissimum*、*Asterionella formosa* 等。其中，*Achnanthes minutissima* var. *saprophila*、*Eunotia minor*、*Encyonema gracile*、*Gomphonema truncatum*、*Navicula angusta*、*Nitzschia agnita* 最适值显著高于其他种类，可以作为污染指示种。

6. Zn（锌）

在南盘江流域的硅藻种类中，对 Zn 耐受范围较窄的种类包括 *Pinnularia acrospheria* var.*acrospheria*、*Luticola nivalis*、*Nitzschia gracilis* 等。其中，*Luticola nivalis*、*Fallacia monoculata*、*Gomphonema minutum* f.*minutum*、*Navicula menisculus* var.*menisculus* 最适值显著低于其他种类，可以作为清洁指示种。

7. Sb（锑）

在南盘江流域的硅藻种类中，对 Sb 耐受范围较窄的种类包括 *Frustulia vulgaris*、*Asterionella formosa*、*Amphora pediculus* 等。其中，*Cocconeis placentula Ehrenberg* var.*euglypta*、*Eunotia faba*、*Nitzschia linearis* var.*linearis* 最适值显著低于其他种类，可以作为清洁指示种。

综上所述，南盘江硅藻适合作为指示种的种类较少，其中 *Navicula capitatoradiata*、*Navicula angusta*、*Nitzschia agnita* 可以作为重金属污染指示种。

4.5.2.4 都柳江硅藻筛选结果

都柳江着生硅藻生长所需的不同重金属的最适值与耐受范围见图 4-57～图 4-69。都柳江种类编号对应的硅藻种名见表 4-9。

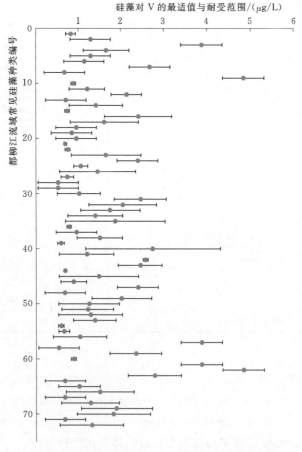

图 4-57　都柳江流域硅藻对 V 的最适值与耐受范围

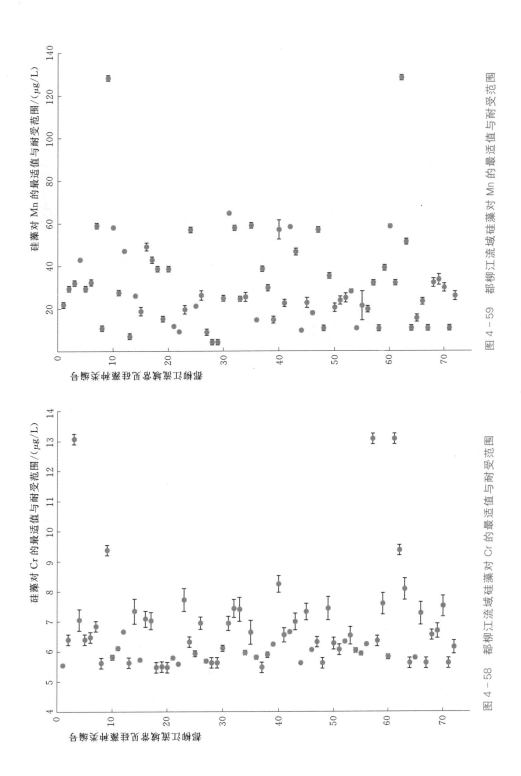

图 4-59　都柳江流域硅藻对 Mn 的最适值与耐受范围

图 4-58　都柳江流域硅藻对 Cr 的最适值与耐受范围

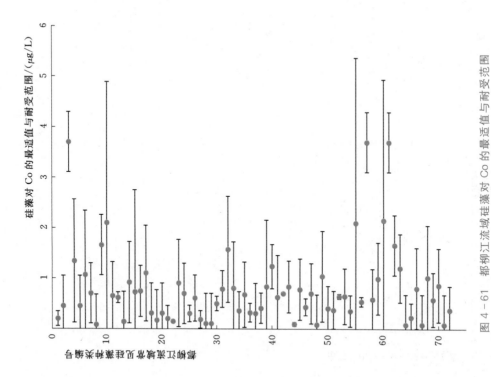

图 4－61 都柳江流域硅藻对 Co 的最适值与耐受范围

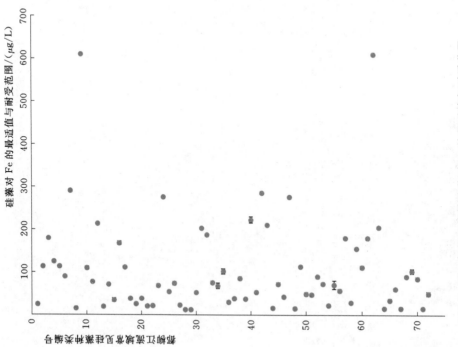

图 4－60 都柳江流域硅藻对 Fe 的最适值与耐受范围

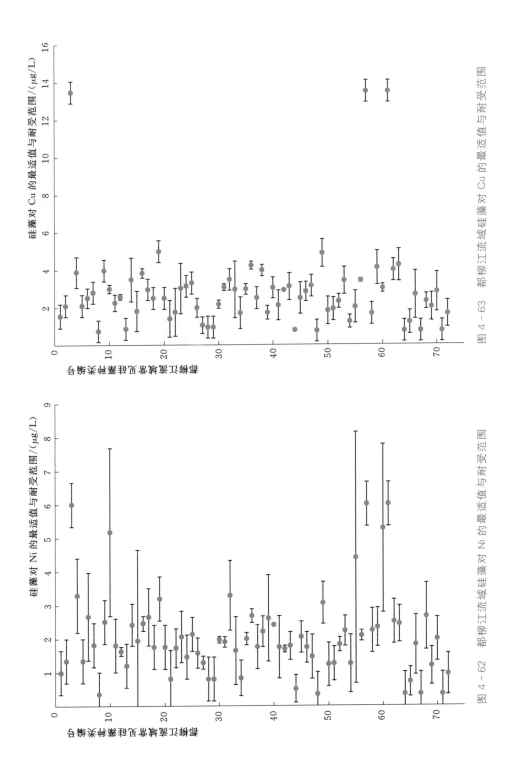

图 4 - 63　都柳江流域硅藻对 Cu 的最适值与耐受范围

图 4 - 62　都柳江流域硅藻对 Ni 的最适值与耐受范围

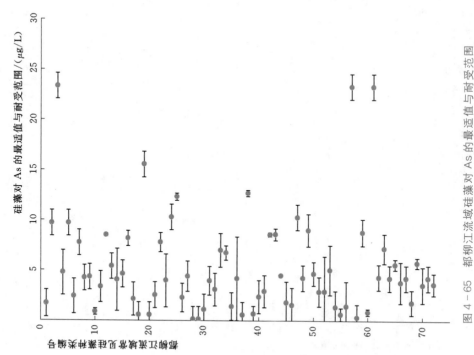

图 4 - 65 都柳江流域硅藻对 As 的最适值与耐受范围

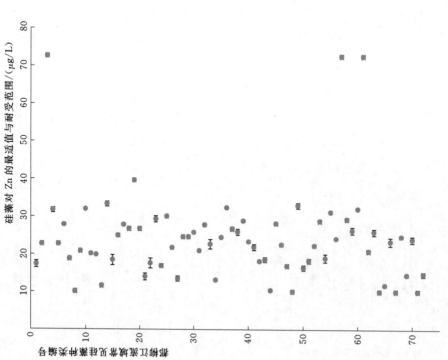

图 4 - 64 都柳江流域硅藻对 Zn 的最适值与耐受范围

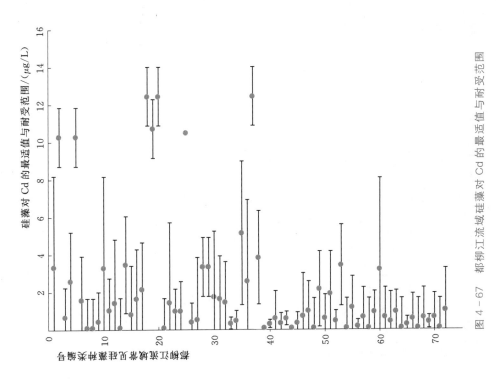

图 4 – 67　都柳江流域硅藻对 Cd 的最适值与耐受范围

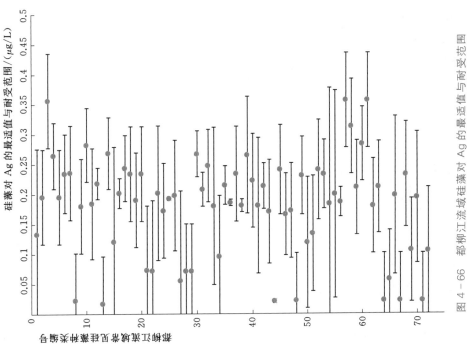

图 4 – 66　都柳江流域硅藻对 Ag 的最适值与耐受范围

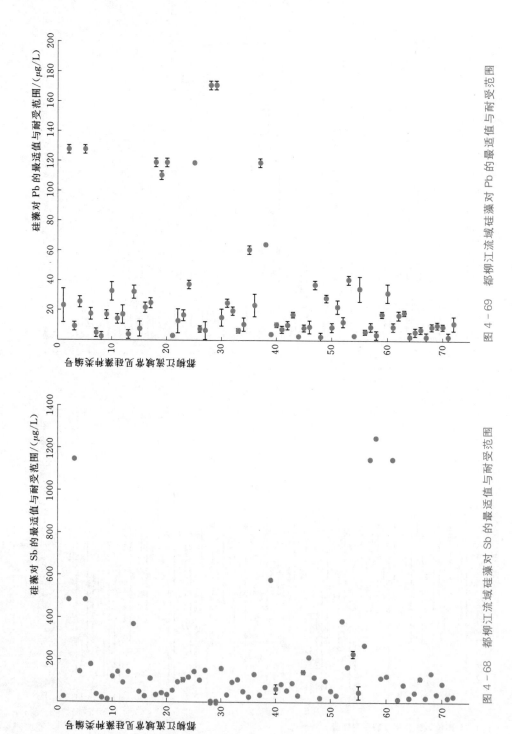

图 4－69　都柳江流域硅藻对 Pb 的最适值与耐受范围

图 4－68　都柳江流域硅藻对 Sb 的最适值与耐受范围

表 4 - 9 都柳江种类编号对应的硅藻种名

编号	种 名	编号	种 名
1	*Aulacoseira ambigua*	37	*Fragilaria parasitica*
2	*Achnanthes biasolettiana*	38	*Frustulia saxonica*
3	*Achnanthes conspicua*	39	*Fragilaria ulna*
4	*Achnanthes catenata*	40	*Frustulia vulgaris*
5	*Achnanthes daui*	41	*Gomphonema parvulum*
6	*Achnanthidium minutissimum*	42	*Gyrosigma scalproides*
7	*Achnanthes hungarica*	43	*Luticola mutica*
8	*Amphora inariensis*	44	*Mayamaea atomus* var. *permitis*
9	*Achnanthes lanceolata*	45	*Melosira varians*
10	*Aulacoseira lirata*	46	*Nitzschia amphibia*
11	*Amphora montana*	47	*Nitzschia brevissima*
12	*Achnanthes minutissima*	48	*Navicula capitata*
13	*Amphora pediculus*	49	*Nitzschia clausii*
14	*Achnanthes tropica*	50	*Nitzschia capitellata*
15	*Aulacoseira distans*	51	*Navicula capitatoradiata*
16	*Bacillaria paradoxa*	52	*Navicula cryptocephala*
17	*Cymbella affinis*	53	*Navicula cryptotenella*
18	*Cymbella aspera*	54	*Navicula decussis*
19	*Caloneis bacillum*	55	*Nitzschia dissipata*
20	*Cyclotella cyclopuncta*	56	*Nitzschia inconspicua*
21	*Cyclostephanos invisitatus*	57	*Nitzschia nana*
22	*Cyclotella meneghiniana*	58	*Navicula pseudanglica*
23	*Cocconeis placentula*	59	*Nitzschia palea*
24	*Cymbella turgidula*	60	*Navicula reichardtiana*
25	*Cymbella tropica*	61	*Nitzschia subcapitellata*
26	*Cymbella tumida*	62	*Nitzschia scalaris*
27	*Diadesmis contenta*	63	*Navicula schroeteri*
28	*Diatoma vulgaris*	64	*Navicula tridentula*
29	*Eunotia bilunaris*	65	*Navicula veneta*
30	*Eunotia minor*	66	*Navicula viridula*
31	*Encyonopsis leei*	67	*Nitzschia angustatula*
32	*Encyonema minutum*	68	*Planothidium frequentissimum*
33	*Eolimna minima*	69	*Surirella angusta*
34	*Eolimna subminuscula*	70	*Surirella brebissonii*
35	*Encyonema silesiacum*	71	*Surirella linearis*
36	*Fragilaria capucina*	72	*Sellaphora pupula*

根据以上计算结果，都柳江常见硅藻物种对不同重金属最适值和耐受范围分析如下。

1. V（钒）

在都柳江流域的硅藻种类中，对 V 耐受范围较窄的种类包括 *Mayamaea atomus* var. *permitis*、*Cyclostephanos invisitatus*、*Fragilaria capucina*、*Cyclotella meneghiniana*、*Aulacoseira lirata*、*Aulacoseira lirata*、*Aulacoseira distans*、*Gyrosigma scalproides*、*Navicula decussis*、*Fragilaria ulna*、*Aulacoseira ambigua*、*Nitzschia dissipata*、*Diadesmis contenta*、*Cymbella tropica*。其中，*Fragilaria ulna*、*Navicula decussis*、*Nitzschia dissipata*、*Mayamaea atomus* var. *permitis*、*Cyclostephanos invisitatus*、*Aulacoseira distans*、*Diadesmis contenta*、*Cyclotella meneghiniana*、*Fragilaria capucina*、*Aulacoseira ambigua*、*Aulacoseira lirata*、*Navicula reichardtiana* 最适值显著低于其他种类，可以作为清洁指示种。

2. Cr（铬）

在都柳江流域的硅藻种类中，对 Cr 耐受范围较窄的种类包括 *Mayamaea atomus* var. *permitis*、*Navicula cryptocephala*、*Cyclotella meneghiniana*、*Aulacoseira ambigua*、*Fragilaria ulna*、*Achnanthes minutissima*、*Nitzschia inconspicua*、*Gyrosigma scalproides*、*Nitzschia amphibia*、*Aulacoseira distans*、*Cyclostephanos invisitatus*、*Navicula veneta*、*Diadesmis contenta*、*Amphora montana*、*Nitzschia dissipata*、*Fragilaria capucina*、*Eolimna subminuscula*、*Navicula decussis*、*Aulacoseira lirata*、*Navicula reichardtiana*、*Frustulia saxonica*、*Cymbella tropica*、*Eunotia minor*。其中，*Achnanthes conspicua*、*Nitzschia nana*、*Nitzschia subcapitellata* 最适值显著高于其他种类，可以作为污染指示种。

3. Mn（锰）

在都柳江流域的硅藻种类中，对 Mn 耐受范围较窄的种类包括 *Navicula decussis*、*Gyrosigma scalproides*、*Fragilaria capucina*、*Cyclostephanos invisitatus*、*Mayamaea atomus* var. *permitis*、*Achnanthes minutissima*、*Cymbella tropica*、*Achnanthes catenata*、*Cyclotella meneghiniana*、*Encyonopsis leei*、*Achnanthes tropica*、*Aulacoseira lirata*、*Navicula reichardtiana*、*Navicula cryptotenella*、*Nitzschia amphibia*。其中，*Diatoma vulgaris*、*Eunotia bilunaris*、*Amphora pediculus*、*Diadesmis contenta*、*Cyclotella meneghiniana*、*Mayamaea atomus* var. *permitis* 最适值显著低于其他种类，可以作为清洁指示种。*Achnanthes lanceolata*、*Nitzschia scalaris*、*Encyonopsis leei*、*Encyonema silesiacum*、*Achnanthes hungarica*、*Navicula reichardtiana*、*Gyrosigma scalproides*、*Aulacoseira lirata*、*Encyonema minutum*、*Frustulia vulgaris*、*Cymbella turgidula*、*Nitzschia brevissima* 最适值显著高于其他种类，可以作为污染指示种。

4. Fe（铁）

在都柳江流域的硅藻种类中，对 Fe 耐受范围较窄的种类包括 *Gyrosigma scalproides*、*Mayamaea atomus* var. *permitis*、*Cyclotella meneghiniana*、*Fragilaria capucina*、*Navicula decussis*、*Cyclostephanos invisitatus*、*Achnanthes minutissima*、

Aulacoseira ambigua。其中，*Mayamaea atomus* var. *permitis*、*Cyclostephanos invisitatus*、*Cyclotella meneghiniana*、*Navicula decussis*、*Diadesmis contenta*、*Aulacoseira ambigua* 最适值显著低于其他种类，可以作为清洁指示种。*Gyrosigma scalproides*、*Frustulia vulgaris*、*Achnanthes minutissima*、*Luticola mutica*、*Navicula schroeteri*、*Encyonopsis leei*、*Encyonema minutum*、*Bacillaria paradoxa*、*Nitzschia palea*、*Achnanthes catenata* 最适值显著高于其他种类，可以作为污染指示种。

5. Co（钴）

在都柳江流域的硅藻种类中，对 Co 耐受范围较窄的种类包括 *Gyrosigma scalproides*、*Cyclotella meneghiniana*、*Mayamaea atomus* var. *permitis*、*Navicula cryptocephala*、*Nitzschia inconspicua*、*Achnanthes minutissima*、*Eunotia minor*、*Aulacoseira ambigua*、*Cymbella tropica*、*Nitzschia amphibia*、*Diadesmis contenta*、*Fragilaria capucina*。其中，*Gyrosigma scalproides*、*Cyclotella meneghiniana*、*Mayamaea atomus* var. *permitis*、*Navicula cryptocephala*、*Nitzschia inconspicua*、*Achnanthes minutissima*、*Eunotia minor*、*Aulacoseira ambigua*、*Cymbella tropica*、*Nitzschia amphibia*、*Diadesmis contenta*、*Fragilaria capucina* 最适值显著低于其他种类，可以作为清洁指示种。

6. Ni（镍）

在都柳江流域的硅藻种类中，对 Ni 耐受范围较窄的种类包括 *Frustulia vulgaris*、*Eunotia minor*、*Gyrosigma scalproides*、*Achnanthes minutissima*、*Encyonopsis leei*、*Nitzschia inconspicua*、*Encyonema silesiacum*、*Diadesmis contenta*、*Fragilaria capucina*、*Navicula cryptocephala*、*Bacillaria paradoxa*。其中，*Diadesmis contenta*、*Achnanthes minutissima*、*Gyrosigma scalproides* 最适值显著低于其他种类，可以作为清洁指示种。

7. Cu（铜）

在都柳江流域的硅藻种类中，对 Cu 耐受范围较窄的种类包括 *Mayamaea atomus* var. *permitis*、*Gyrosigma scalproides*、*Nitzschia inconspicua*、*Achnanthes minutissima*、*Encyonopsis leei*、*Fragilaria capucina*、*Eunotia minor*、*Aulacoseira lirata*、*Aulacoseira lirata*、*Bacillaria paradoxa*、*Encyonema silesiacum*、*Frustulia saxonica*。其中，*Mayamaea atomus* var. *permitis* 最适值显著低于其他种类，可以作为清洁指示种。

8. Zn（锌）

在都柳江流域的硅藻种类中，对 Zn 耐受范围较窄的种类包括 *Gyrosigma scalproides*、*Mayamaea atomus* var. *permitis*、*Achnanthes minutissima*、*Encyonema silesiacum*、*Encyonopsis leei*、*Eunotia minor*、*Frustulia vulgaris*、*Nitzschia inconspicua*、*Navicula veneta*、*Aulacoseira lirata*、*Aulacoseira lirata*、*Fragilaria capucina*。其中，*Mayamaea atomus* var. *permitis*、*Navicula veneta* 最适值显著低于其他种类，可以作为清洁指示种。另外，*Achnanthes conspicua*、*Nitzschia nana*、*Nitzschia subcapitellata* 最适值显著高于其他种类，可以作为清洁指示种。

9. As（砷）

在都柳江流域的硅藻种类中，对 As 耐受范围较窄的种类包括 *Mayamaea atomus*

var. *permitis*、*Achnanthes minutissima*、*Gyrosigma scalproides*、*Frustulia saxonica*、*Aulacoseira lirata*、*Navicula reichardtiana*、*Cymbella tropica*。其中，*Aulacoseira lirata*、*Navicula reichardtiana* 最适值显著低于其他种类，可以作为清洁指示种。另外，*Achnanthes conspicua*、*Nitzschia nana*、*Nitzschia subcapitellata* 最适值显著高于其他种类，可以作为清洁指示种。

10. Ag（银）

在都柳江流域的硅藻种类中，对 Ag 耐受范围较窄的种类包括 *Cymbella tropica*、*Mayamaea atomus* var. *permitis*、*Fragilaria capucina*、*Frustulia saxonica*、*Nitzschia inconspicua*、*Bacillaria paradoxa*、*Achnanthes minutissima*、*Encyonopsis leei*、*Encyonema silesiacum*、*Gyrosigma scalproides*、*Eunotia minor*。其中，*Mayamaea atomus* var. *permitis*、*Frustulia saxonica*、*Fragilaria capucina*、*Nitzschia inconspicua*、*Cymbella tropica* 最适值显著低于其他种类，可以作为清洁指示种。

11. Cd（镉）

在都柳江流域的硅藻种类中，对 Cd 耐受范围较窄的种类包括 *Fragilaria ulna*、*Mayamaea atomus* var. *permitis*、*Cymbella tropica*。其中，*Fragilaria ulna*、*Mayamaea atomus* var. *permitis* 最适值显著低于其他种类，可以作为清洁指示种。*Cymbella tropica* 最适值显著高于其他种类，可以作为污染指示种。

12. Sb（锑）

在都柳江流域的硅藻种类中，对 Sb 耐受范围较窄的种类包括 *Aulacoseira ambigua*、*Bacillaria paradoxa*、*Encyonema silesiacum*、*Frustulia saxonica*、*Sellaphora pupula*、*Gyrosigma scalproides*、*Encyonopsis leei*、*Cyclotella meneghiniana*、*Fragilaria ulna*。这些种类的最适值与其他种类无显著区别，不能作为指示种。

13. Pb（铅）

在都柳江流域的硅藻种类中，对 Pb 耐受范围较窄的种类包括 *Cymbella tropica*、*Fragilaria ulna*、*Navicula decussis*、*Mayamaea atomus* var. *permitis*、*Cyclostephanos invisitatus*、*Frustulia saxonica*、*Eolimna minima*、*Frustulia vulgaris*、*Navicula schroeteri*、*Nitzschia inconspicua*、*Luticola mutica*。其中，*Mayamaea atomus* var. *permitis*、*Cyclostephanos invisitatus*、*Navicula decussis*、*Fragilaria ulna*、*Nitzschia inconspicua*、*Eolimna minima* 最适值显著低于其他种类，可以作为清洁指示种。*Cymbella tropica* 最适值显著高于其他种类，可以作为污染指示种。

4.5.2.5　龙江硅藻筛选结果

龙江着生硅藻生长所需的不同重金属的最适值与耐受范围见图 4-70～图 4-80。龙江种类编号对应的硅藻种名见表 4-10。

根据以上计算结果，龙江常见硅藻物种对不同重金属最适值和耐受范围分析如下。

1. Al（铝）

在龙江流域的硅藻种类中，对 Al 耐受范围较窄的种类包括 *Eunotia minor*、*Cyclotella meneghiniana*、*Cyclotella cyclopuncta*、*Diadesmis contenta*、*Mayamaea atomus* var. *permitis*、*Aulacoseira ambigua*、*Aulacoseira lirata*、*Aulacoseira distans*、

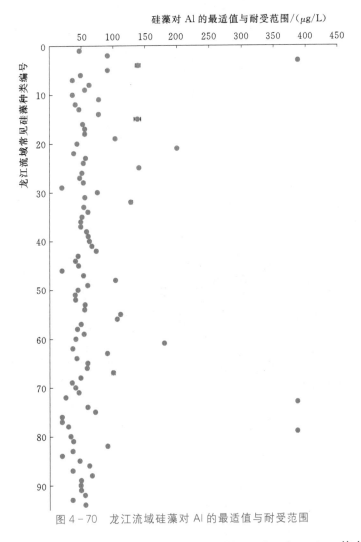

图 4-70　龙江流域硅藻对 Al 的最适值与耐受范围

Fragilaria ulna var. *ulna*、*Encyonema silesiacum*、*Navicula decussis*。其中，*Aulacoseira distans*、*Mayamaea atomus* var. *permitis*、*Fragilaria ulna* var. *ulna*、*Encyonema silesiacum* 最适值显著低于其他种类，可以作为清洁指示种。

2. Cr（铬）

在龙江流域的硅藻种类中，对 Cr 耐受范围较窄的种类包括 *Frustulia vulgaris*、*Cyclotella meneghiniana*、*Caloneis bacillum*、*Navicula decussis*、*Cymbella tumida*、*Bacillaria paradoxa*。其中，*Cyclotella meneghiniana*、*Caloneis bacillum* 最适值显著低于其他种类，可以作为清洁指示种。

3. Mn（锰）

在龙江流域的硅藻种类中，对 Mn 耐受范围较窄的种类包括 *Caloneis bacillum*、*Navicula reichardtiana* var. *reichardtiana*、*Frustulia saxonica*、*Aulacoseira lirata*、*Gyrosigma scalproides*、*Nitzschia dissipata* var. *dissipata*、*Achnanthes exilis*。其中，*Frustulia saxonica*、*Caloneis bacillum* 最适值显著高于其他种类，可以作为污染指示种。

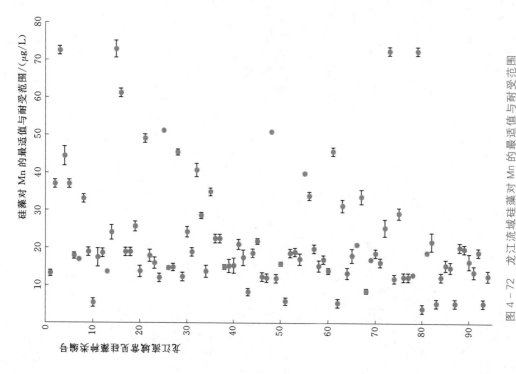

图 4 - 72 龙江流域硅藻对 Mn 的最适值与耐受范围

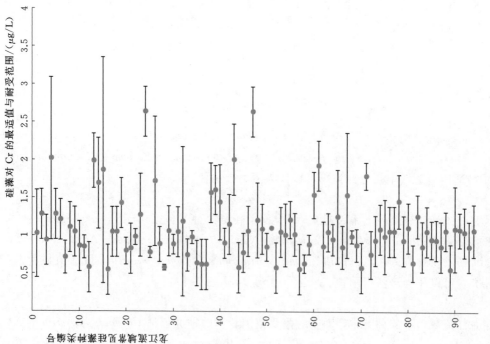

图 4 - 71 龙江流域硅藻对 Cr 的最适值与耐受范围

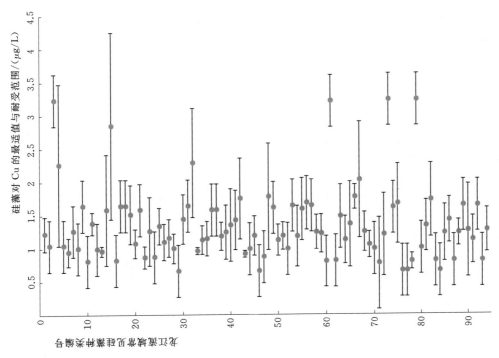

图 4 - 74　龙江流域硅藻对 Cu 的最适值与耐受范围

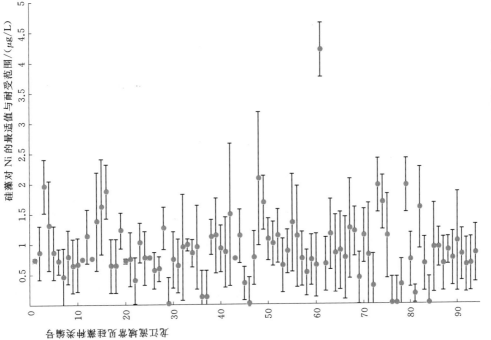

图 4 - 73　龙江流域硅藻对 Ni 的最适值与耐受范围

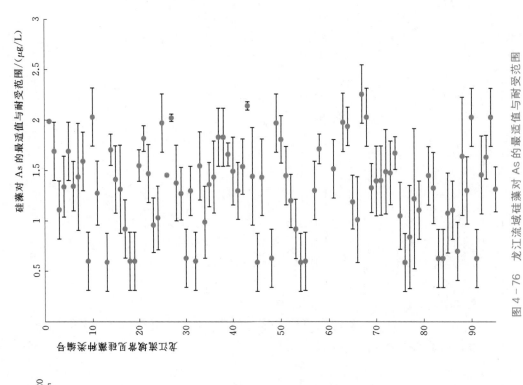

图 4 - 76　龙江流域硅藻对 As 的最适值与耐受范围

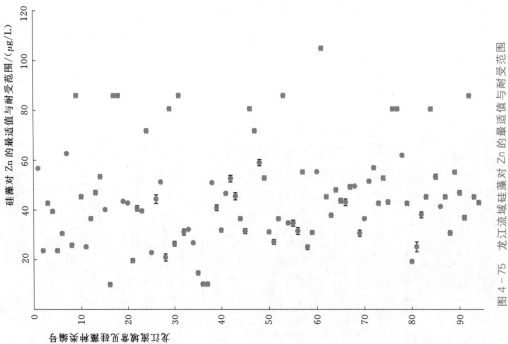

图 4 - 75　龙江流域硅藻对 Zn 的最适值与耐受范围

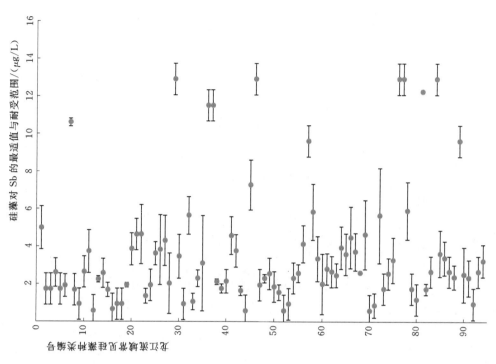

图 4 - 78　龙江流域硅藻对 Sb 的最适值与耐受范围

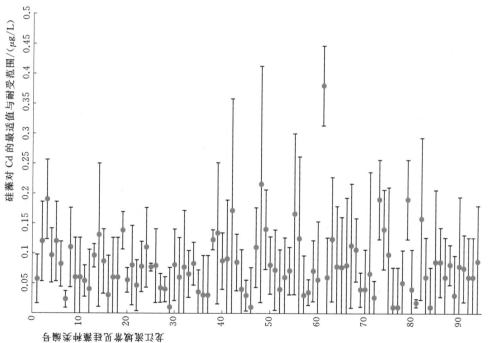

图 4 - 77　龙江流域硅藻对 Cd 的最适值与耐受范围

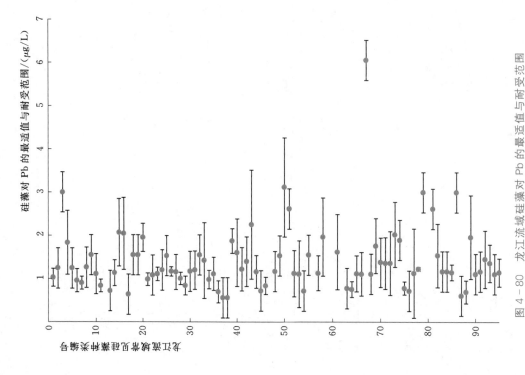

图 4-80 龙江流域硅藻对 Pb 的最适值与耐受范围

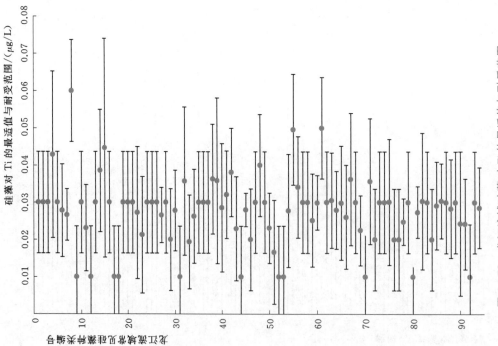

图 4-79 龙江流域硅藻对 Tl 的最适值与耐受范围

表 4 - 10　　　　　　　　　　　龙江种类编号对应的硅藻种名

编号	种　名	编号	种　名
1	*Aulacoseira ambigua*	32	*Nitzschia capitellata*
2	*Achnanthes biasolettiana* var. *biasolettiana*	33	*Navicula capitatoradiata*
3	*Achnanthes conspicua*	34	*Navicula cryptocephala*
4	*Achnanthes catenata*	35	*Navicula cryptotenella*
5	*Achnanthes daui* var. *daui*	36	*Navicula decussis*
6	*Achnanthidium minutissimum*	37	*Nitzschia dissipata* var. *dissipata*
7	*Achnanthes exilis*	38	*Neidium ampliatum*
8	*Achnanthes hungarica*	39	*Nitzschia inconspicua*
9	*Achnanthes imperfecta*	40	*Nitzschia intermedia*
10	*Amphora inariensis*	41	*Nitzschia nana*
11	*Achnanthes lanceolata* ssp. *rostrata*	42	*Navicula pseudanglica*
12	*Achnanthes linearis*	43	*Nitzschia palea*
13	*Aulacoseira lirata*	44	*Navicula phyllepta*
14	*Amphora montana*	45	*Navicula protracta*
15	*Achnanthes minutissima* var. *saprophila*	46	*Navicula reichardtiana* var. *reichardtiana*
16	*Amphora pediculus*	47	*Nitzschia subcapitellata*
17	*Achnanthes pusilla*	48	*Nitzschia scalaris*
18	*Achnanthes saccula*	49	*Nitzschia sinuata* var. *tabellaria*
19	*Achnanthes tropica*	50	*Navicula schroeteri* var. *symmetrica*
20	*Aulacoseira distans*	51	*Navicula tridentula*
21	*Aulacoseira granulata* var. *angustissima*	52	*Navicula trivialis* var. *trivialis*
22	*Bacillaria paradoxa*	53	*Navicula veneta*
23	*Cymbella affinis* var. *affinis*	54	*Navicula viridula* var. *rostellata*
24	*Cymbella aspera*	55	*Nitzschia angustatula*
25	*Caloneis bacillum*	56	*Planothidium frequentissimum*
26	*Cyclotella cyclopuncta*	57	*Reimeria sinuata*
27	*Cyclostephanos invisitatus*	58	*Surirella angusta*
28	*Cyclotella meneghiniana*	59	*Surirella brebissonii* var. *brebissonii*
29	*Cocconeis pediculus*	60	*Sellaphora bacillum*
30	*Cocconeis placentula* var. *euglypta*	61	*Surirella linearis*
31	*Nitzschia clausii*	62	*Sellaphora pupula*

4. Ni（镍）

在龙江流域的硅藻种类中，对 Ni 耐受范围较窄的种类包括 *Achnanthes lanceolata* ssp. *rostrata*、*Aulacoseira lirata*、*Encyonema silesiacum*、*Caloneis bacillum*、*Aulacoseira ambigua*、*Aulacoseira distans*、*Cymbella tropica* var. *tropica*、*Nitzschia sinuata* var. *tabellaria*。其中，*Nitzschia sinuata* var. *tabellaria* 最适值显著低于其他种类，可以作为清洁指示种。

5. Cu（铜）

在龙江流域的硅藻种类中，对 Cu 耐受范围较窄的种类包括 *Encyonema silesiacum*、*Cymbella tropica* var. *tropica*、*Aulacoseira lirata*、*Navicula reichardtiana* var. *reichardtiana*、*Bacillaria paradoxa*、*Achnanthes lanceolata* ssp. *rostrata*、*Navicula cryptocephala*、*Planothidium frequentissimum*、*Nitzschia dissipata* var. *dissipata*、*Frustulia vulgaris*、*Achnanthidium minutissimum*、*Eunotia minor*、*Cymbella tumida*、*Aulacoseira distans*、*Cyclotella meneghiniana*。其中，*Navicula reichardtiana* var. *reichardtiana*、*Bacillaria paradoxa* 最适值显著低于其他种类，可以作为清洁指示种。

6. Zn（锌）

在龙江流域的硅藻种类中，对 Zn 耐受范围较窄的种类包括 *Navicula decussis*、*Aulacoseira ambigua*、*Cymbella tropica* var. *tropica*、*Achnanthes exilis*、*Aulacoseira distans*、*Caloneis bacillum*、*Nitzschia amphibia* f. *amphibia*、*Navicula viridula* var. *rostellata*、*Cyclostephanos invisitatus*、*Cymbella tumida*、*Eunotia minor*、*Achnanthes tropica*、*Achnanthes minutissima* var. *saprophila*、*Achnanthidium minutissimum*、*Navicula reichardtiana* var. *reichardtiana*、*Eolimna minima*、*Nitzschia inconspicua*、*Achnanthes lanceolata* ssp. *rostrata*、*Gomphonema parvulum* var. *parvulum* f. *parvulum*、*Cymbella affinis* var. *affinis*、*Fragilaria ulna* var. *ulna*、*Encyonema minutum*、*Achnanthes catenata*、*Nitzschia intermedia*。这些种类的最适值与其他种类无显著区别，不能作为指示种。

7. As（砷）

在龙江流域的硅藻种类中，对 As 耐受范围较窄的种类包括 *Aulacoseira ambigua*、*Caloneis bacillum*、*Cyclotella cyclopuncta*、*Eolimna subminuscula*、*Eunotia minor*、*Aulacoseira distans*、*Gyrosigma scalproides*、*Aulacoseira lirata*、*Achnanthes tropica*、*Navicula decussis*、*Mayamaea atomus* var. *permitis*、*Navicula viridula* var. *rostellata*、*Cymbella tumida*。这些种类的最适值与其他种类无显著区别，不能作为指示种。

8. Cd（镉）

在龙江流域的硅藻种类中，对 Cd 耐受范围较窄的种类包括 *Caloneis bacillum*、*Nitzschia sinuata* var. *tabellaria*、*Achnanthes exilis*、*Eunotia minor*、*Aulacoseira lirata*、*Aulacoseira distans*、*Cyclotella meneghiniana*、*Mayamaea atomus* var. *permitis*、*Cyclostephanos invisitatus*、*Fragilaria capucina* var. *capucina*、*Achnanthes lanceolata* ssp. *rostrata*、*Nitzschia intermedia*、*Nitzschia dissipata* var. *dissipata*、*Achnanthes tropica*。其中，*Nitzschia sinuata* var. *tabellaria*、*Achnanthes exilis*、*Nitzschia intermedia*、*Fragilaria capucina* var. *capucina* 最适值显著低于其他种类，可以作为清洁指示种。

9. Sb（锑）

在龙江流域的硅藻种类中，对 Sb 耐受范围较窄的种类包括 *Navicula decussis*、

Nitzschia sinuata var. *tabellaria*、*Achnanthes tropica*、*Eunotia minor*、*Aulacoseira li-rata*、*Achnanthes exilis*、*Frustulia saxonica*、*Encyonema silesiacum*、*Encyonopsis leei* var. *leei*。其中，*Encyonema silesiacum*、*Encyonopsis leei* var. *leei*、*Achnanthes tropica*、*Eunotia minor*、*Aulacoseira lirata*、*Frustulia saxonica*、*Navicula decussis* 最适值显著低于其他种类，可以作为清洁指示种。*Achnanthes exilis*、*Nitzschia sinuata* var. *tabellaria* 最适值显著高于其他种类，可以作为污染指示种。

10. Tl（铊）

在龙江流域的硅藻种类中，对 Tl 耐受范围较窄的种类包括 *Fragilaria capucina* var. *capucina*、*Navicula reichardtiana* var. *reichardtiana*、*Achnanthes exilis*、*Nitzschia sinuata* var. *tabellaria*、*Nitzschia amphibia* f. *amphibia*、*Cyclostephanos invisitatus*。这些种类的最适值与其他种类无显著区别，不能作为指示种。

11. Pb（铅）

在龙江流域的硅藻种类中，对 Pb 耐受范围较窄的种类包括 *Nitzschia intermedia*、*Caloneis bacillum*、*Cyclostephanos invisitatus*、*Aulacoseira distans*、*Achnanthes lanceo-lata* ssp. *rostrata*、*Nitzschia dissipata* var. *dissipata*、*Achnanthes exilis*、*Bacillaria paradoxa*。其中，*Nitzschia dissipata* var. *dissipata*、*Achnanthes lanceolata* ssp. *rostrata*、*Achnanthes exilis*、*Aulacoseira distans* 最适值显著低于其他种类，可以作为清洁指示种。

第 5 章

不同硅藻指数的适用性研究

欧盟、美国、澳大利亚、南非和巴西等国家和地区从 20 世纪 70 年代开始至今，相继发展了 10 余种硅藻水质评价指数。其中 IBD、TDI、SLA、IPS、IDG、DESCY 和 CEE 这 7 项硅藻评价指数在世界范围内得到广泛采纳与应用。

在我国，利用硅藻进行河流水质评价的研究较少。对于源于欧洲的硅藻评价指数是否适用于我国河流水质监测工作尚无定论。本章将采用因子分析、聚类分析，箱型图分析等多种分析方法，分析 IBD、TDI、SLA、IPS、IDG、DESCY 及 CEE 这 7 项国际上常用的硅藻指数在东江河流水质评价中的适用情况，以期为构建适合我国河流特征的硅藻水质评价指数、划分水质硅藻评价等级、合理地解释河流水生态状况以及大面积地推广与应用该技术奠定理论与实践基础。

5.1 数据分析

5.1.1 硅藻评价指数计算

在 7 项硅藻评价指数中，IPS、IBD、IDG、TDI、SLA、DESCY 指数均基于 Zelinka & Marvan 经典方程（1961），见式（5-1）：

$$Index = \frac{\sum_{j=1}^{n} a_j s_j v_j}{\sum_{j=1}^{n} a_j v_j} \tag{5-1}$$

式中　a_j——样品中物种的丰度；

　　　v_j——物种 j 的指示值；

　　　s_j——物种 j 的污染敏感度。

CEE 指数的计算采用双重网格法，即将进入指数的硅藻种类分为 8 个组和 4 个亚组，8 个组包括拥有较低指示值的种类，通过耐污程度的递增依次排列于 8 个组；4 个亚组包括指示值较高的种类，也通过耐污程度的递增依次排列于 4 个亚组，最后指数数值为组与亚组交叉网格的数值。数值范围为 0（污染）~10（洁净）。CEE 指数的双重网格法见表 5-1。

表 5 - 1   CEE 指数的双重网格法

硅藻种类分组	组 1	组 2	组 3	组 4	组 5	组 6	组 7	组 8
亚组 9	10	9	8	7	6	5	4	3
亚组 10	9	8	7	6	5	4	3	2
亚组 11	8	7	6	5	4	3	2	1
亚组 12	7	6	5	4	3	2	1	0

7 项硅藻指数通过软件 Omnidia 5.3 算出。除 TDI 指数（数值范围 0～100）外，其他 6 项指数均转换为 0～20 的数值范围。其中 TDI 指数数值越低表明断面富营养程度越低，数值越高则说明断面越趋向于富营养化；其他 6 项指数，数值越低表明断面污染程度越高，数值越高则说明断面水质越洁净。

5.1.2 硅藻评价指数适用性分析

为了研究 7 项硅藻评价指数的适用性，按照以下步骤进行分析（在 PASW Statistics 18.0 中完成）。

（1）利用皮尔逊相关系数矩阵分析 7 项指数之间、7 项指数与 13 项理化参数之间的相关程度。

（2）对 13 项理化参数进行标准化处理后，通过相关系数分析剔除联系密切的 1 组变量中的 1 个，以确保变量的独立代表性。剩下的变量进入因子分析：首先，利用 KMO 和 Bartlett 球形检验法检验理化变量进行因子分析的可行性；然后利用主成分分析和方差极大正交旋转方法提取因子和旋转因子，保留特征根大于 1 的主成分因子，对主成分因子负荷贡献大于 50% 的理化变量保留作为主要水质参数。利用主要水质参数数据进行层次聚类，得到 27 个断面的水质类别，为了研究方便，称为类别 A。

（3）绘制 7 项指数分布在类别 A 的箱型图，根据步骤（1）的相关分析和 7 项指数在箱型图中的分布趋势，筛选指数进行下一步的分析。箱型图中箱子下端和上端为样本容量的 25% 和 75%，箱子中横线为样本中位数，箱子长度为 50% 的样本容量，须状线延伸距离不超过箱子长度的 1.5 倍。圆圈代表远离中位数的离异点。具有相同字母的箱子间差异不显著，显著水平 p 为 0.05。

（4）将步骤（3）选出的指数通过其各自的数值将 27 个断面分出水质类别，为类别 B。利用逐步判别分析方法检验类别 B 的分组效果：设定引入变量的显著性水平为 0.10，剔除变量的显著性水平为 0.15，从 8 项理化参数［从步骤（2）中选出］中筛选出可以引入判别式的参数（若选出的参数较少，即提高引入的显著性水平到 0.20，剔除的显著性水平到 0.25），同时得出各指数的回归性误判分组正确率和交叉验证分组正确率（从总体数据中重复去除一个样方数据得出的分组正确率）。用于判别分析的理化变量均进行标准化处理。

（5）利用步骤（4）筛选出的理化参数，绘制其分布在类别 B 的箱型图，分析其分布趋势，筛选指数进行下一步的分析。

（6）通过硅藻群落结构数据进行层次聚类，得类别 C。以各组优势种组合的指示作用评价分组情况，硅藻种指示作用根据 Van Dam 和 Hoffmann 体系确定，于 Omnidia 5.3 中完成。

（7）通过步骤（5）选出的指数，绘制在类别 C 分布的箱型图。分析箱型图，选出最合适的硅藻评价指数。

5.2　结果分析

5.2.1　硅藻指数之间及与水质理化参数的相关性分析

硅藻指数之间的相关系数见表 5-2。表 5-2 显示 SLA 与其余 6 项指数相关性较低，仅与 IPS、CEE 显著相关（$p<0.05$）。CEE 与 TDI 不相关，其余硅藻指数均存在显著相关（$p<0.05$）。

硅藻指数与各项理化参数的相关系数见表 5-3。表 5-3 表明 SLA 与所有水质理化参数均无显著相关性。TDI 指数只与氯化物显著负相关（$p<0.05$）。IPS、IBD、IDG、DESCY、CEE 与氨氮、pH 值不存在线形关系，与五日生化需氧量、高锰酸盐指数、亚硝氮、硝氮、总磷具有较强的相关性。CEE 除了与以上理化参数，还与溶解氧、电导率、总氮显著相关。

表 5-2　　　　　　　　　　　硅藻指数之间的相关系数

硅藻指数	IBD	IDG	TDI	SLA	DESCY	CEE
IPS	0.928**	0.889**	-0.610**	0.406*	0.781**	0.693**
IBD	1.000	0.826**	-0.639**	—	0.741**	0.706**
IDG		1.000	-0.667**	—	0.730**	0.740**
TDI			1.000	—	-0.529**	—
SLA				1.000	—	0.426*
DESCY					1.000	0.611**

注　**表示 $p<0.01$；*表示 $p<0.05$；—表示不存在明显相关。

表 5-3　　　　　　　　　　硅藻指数与各项理化参数的相关系数

理化参数	硅 藻 指 数						
	IPS	IBD	IDG	TDI	SLA	DESCY	CEE
溶解氧	—	—	—	—	—	—	0.441*
五日生化需氧量	-0.530**	-0.387*	-0.533**	—	—	-0.538**	-0.471*
高锰酸盐指数	-0.517**	-0.475*	-0.534**	—	—	-0.610**	-0.533**
电导率	—	—	—	—	—	—	-0.381*
氨氮	—	—	—	—	—	—	—
pH 值	—	—	—	—	—	—	—
亚硝氮	-0.579**	-0.456*	-0.573**	—	—	-0.580**	-0.526**
硅酸盐	—	0.382*	—	—	—	0.453*	—
氯化物	—	—	—	-0.412*	—	—	—
硝氮	-0.528**	-0.430*	-0.505**	—	—	-0.641**	-0.566**
磷酸盐	-0.429*	—	-0.438*	—	—	—	—
总氮	—	—	—	—	—	—	-0.418*
总磷	-0.456*	—	-0.474*	—	—	-0.402*	-0.394*

注　**表示 $p<0.01$；*表示 $p<0.05$；—表示不存在显相关。

5.2.2　水质理化参数分类

对标准化后的 13 项理化参数进行相关性分析，发现其中一些理化参数密切相关。理化参数极显著相关关系见表 5-4。为了确保理化参数的独立代表性，剔除氯化物、氨氮、磷酸盐、电导率 4 个理化参数。剩下的 9 项理化参数 pH 值、溶解氧、五日生化需氧量、高锰酸盐指数、总氮、硝氮、亚硝氮、总磷、硅酸盐进入因子分析。9 项理化参数经检验：KMO 值为 0.769，Bartlett 球形检验的显著水平 $p < 0.05$，说明进行因子分析有意义。采用主成分分析和方差极大正交旋转方法提取因子和旋转因子后，保留特征根大于 1 的前 2 个主成分因子。因子旋转后，第一个主成分解释了总方差的 49.270%，其特征根为 4.434；第二个主成分解释了总方差的 23.410%，特征根为 2.107。前 2 个成分累积解释总方差的 72.680%，大于 50%。因此前 2 个成分已反映原始数据所提供的大部分信息。因子负荷矩阵（负荷贡献大于 0.5）见表 5-5。在 9 项理化变量对两个主成分因子的负荷矩阵中，剔除对两个主成分贡献较低的 pH 值，保留对主成分负荷贡献大于 50% 的 8 项理化参数（溶解氧、五日生化需氧量、高锰酸盐指数、总氮、硝氮、亚硝氮、总磷、硅酸盐）作为主要水质参数。

采用组间联接法，以欧氏距离作为类间距离，将 8 项主要水质参数的数据矩阵进行层次聚类分析，得类别 A。类别 A 中分 4 组（A1、A2、A3、A4），水质污染程度随着 A1～A4 递加。

表 5-4　　　　　　　　　　　　理化参数极显著相关关系

变量 1	变量 2	相关系数	变量 1	变量 2	相关系数
电导率	氯化物	0.926**	总氮	电导率	0.968**
总氮	氨氮	0.986**	总磷	磷酸盐	0.978**

注　**表示 $p < 0.01$。

表 5-5　　　　　　　　　　　因子负荷矩阵（负荷贡献大于 0.5）

变　量	成分		变　量	成分	
	1	2		1	2
五日生化需氧量	0.933		总氮	0.755	
总磷	0.904		高锰酸盐指数	0.753	0.562
溶解氧	−0.844		硅酸盐		−0.887
亚硝氮	0.828		硝氮		0.761

5.2.3　硅藻指数对比分析

7 项硅藻指数在类别 A 中分布的箱型图见图 5-1。图 5-1 显示，7 项硅藻指数在 A1～A4 水质类别箱型图中无显著差异。IPS、IBD、IDG、TDI、SLA、DESCY 和 CEE 7 项硅藻评价指数在水质类别中表现出不同的趋势。其中 IPS、IBD、IDG 和 CEE 4 项指数表现出了随着水质分类等级的增加而下降的趋势。DECSY、TDI 和 SLA 3 项指数则呈波动的趋势。

IPS、IBD、IDG 和 CEE 4 项指数在 27 个断面中的最大值均出现于 A1 组。IPS 和 IBD 的 A1 组的中值线均低于 A2 组数值，但是总体呈下降趋势。根据相关分析和箱型图分析，选择 IPS、IBD、IDG 和 CEE 4 项指数进入下一步评价工作。

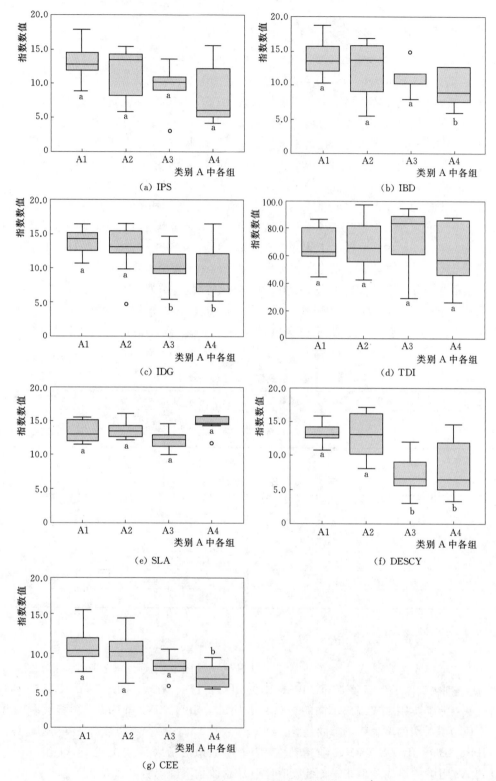

图 5-1 7 项硅藻指数在类别 A 中分布的箱型图

5.2.4　IPS、IBD、IDG 和 CEE 指数分类评价

利用 IPS、IBD、IDG 和 CEE 4 项指数的数值进行水质分类，得类别 B（B1、B2、B3、B4）。类别 B 中分组标准如下：B1≥13；13＞B2≥10；10＞B3≥7；B4＜7。

分组后，即进行逐步判别分析。设定引入变量的显著性水平为 0.10，剔除变量的显著性水平为 0.15 时，选出的变量在类别 B 中箱型图分布如图 5-2 所示（引入的 $p=0.10$，剔除的 $p=0.15$）。

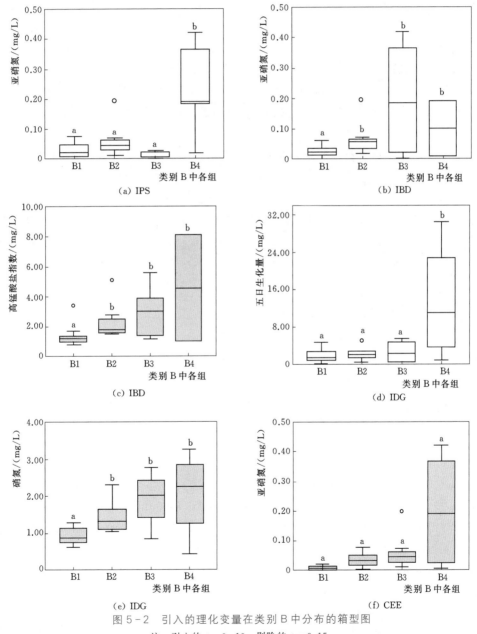

图 5-2　引入的理化变量在类别 B 中分布的箱型图
注　引入的 $p=0.10$，剔除的 $p=0.15$。

IPS 和 CEE 指数都只选出了亚硝氮参数，箱型分布图表明，水中亚硝氮浓度较低时，对于硅藻种群的影响较小，而当亚硝氮浓度较高超过一定值后，则引起硅藻种群结构较大的变化。逐步判别选出了亚硝氮和高锰酸盐指数两项参数解释 IBD 指数，但是亚硝氮分布没有明显规律，而高锰酸盐指数则显示出持续增长的趋势，说明水中有机污染物浓度增加会对硅藻种群产生持续影响。对于 IDG 指数，分析选出了五日生化需氧量和硝氮两项参数进行判别分析，五日生化需氧量的箱型图趋势表现出累积效应，而硝氮呈阶梯上升的趋势，IDG 指数对于水中有机物和营养物质浓度有较好的响应。

发现选出的变量较少，调整设定引入的显著性水平为 0.20，剔除的显著性水平为 0.25，各指数逐步判别分析选出的变量和判别正确率结果。引入的 p 值提高后，IPS 和 CEE 指数依然只选出亚硝氮参数，判别正确率较低，为 55.6% 和 48.1%；IBD 指数引入了亚硝氮、高锰酸盐指数和溶解氧 3 个解释变量，而且判别正确率为 74.1%，交叉检验正确率也达到 63.0%；IDG 指数引入了五日生化需氧量和硝氮两个变量，回归性判别和交叉检验的分组正确率为 63.0% 和 51.9%。逐步判别分析结果（引入的 $p=0.20$，剔除的 $p=0.25$）见表 5-6。

通过逐步判别分析（引入变量和判别正确率）和箱型图分析，选择 IBD 和 IDG 指数进行下一步分析。

表 5-6　　　　逐步判别分析结果（引入的 $p=0.20$，剔除的 $p=0.25$）

指数	引入的变量	要删除变量的 F 值	回顾性判别的分组正确率/%	交叉检验的分组正确率/%
IPS	亚硝氮	<0.001	55.6%	55.6%
IBD	亚硝氮	0.003	74.1%	63.0%
	高锰酸盐指数	0.213	—	—
	溶解氧	0.173	—	—
IDG	五日生化需氧量	0.004	63.0%	51.9%
	硝氮	0.068	—	—
CEE	亚硝氮	0.006	48.1%	48.1%

5.2.5　硅藻群落结构分类评价

利用皮尔逊相关系数的组内联接聚类方法将 27 个断面的硅藻群落数据进行水质分类，得类别 C（C1、C2、C3、C4）。硅藻群落聚类图见图 5-3。各组优势种的指示作用参照 Van Dam 和 Hoffmann 的硅藻生态指示值名录。C1：*Eunotia minor* 和 *Achnanthes helvetica* 为贫污染性种，组内主要为 *Achnanthes* 属，Van Dam 认为 *Achnanthes* 属具较宽的生态指示范围，但是平均来说 *Achnanthes* 属的种类指示较低的无机营养盐水平。C2：*Gomphonema productum* 为洁净到中等污染水体的指示种，*Cymbella turgidula* 为贫到中等营养水体的指示种，而 *Gomphonema parvulum* 为中等到强有机污染性和富营养化的种类。C3：*Eolimna minima* 为指示水质中等有机污染程度和富营养化的种类，*Gomphonema minutum*，*Diadesmis confervacea* 和 *Luticola mutica* 均为富营养化水体的常见指示种。C4：*Nitzschia palea* 和 *Eolimna subminuscula* 为强有机污染性和极富营养化的种类，*Nitzschia inconspicua* 和 *Cocconeis placentula* var. *euglypta* 为富营养化的指示种。因此，在类别 C 中，水质污染程度随着 C1 到 C4 递加。

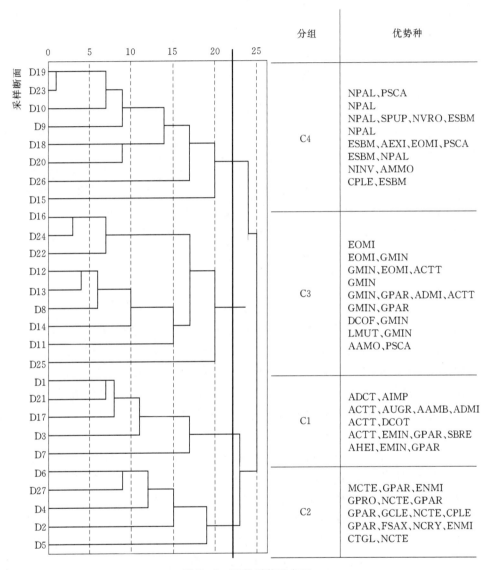

图 5-3　硅藻群落聚类图

AAMB—*Aulacoseira ambigua*；AUGR—*A. granulata*；AAMO—*Achnanthes amoena*；ACTT—*A. catenata*；AEXI—*A. exilis*；AHEL—*A. helvetica*；AIMP—*A. imperfecta*；ADCT—*Achnanthidium catenatum*；ADMI—*A. minutissimum*；AMMO—*Amphora montana*；CPLE—*Cocconeis placentula* var. *euglypta*；CTGL—*Cymbella turgidula*；DCOF—*Diadesmis confervacea*；DCOT—*D. contenta*；EMIN—*Eunotia minor*；ENMI—*Encyonema minutum*；EOMI—*Eolimna minima*；ESBM—*E. subminuscula*；FSAX—*Frustulia saxonica*；GCLE—*Gomphonema clevei*；GMIN—*G. minutum*；GPAR—*G. parvulum*；GPRO—*G. productum*；LMUT—*Luticola mutica*；NCRY—*Navicula cryptocephala*；NCTE—*N. cryptotenella*；NVRO—*N. viridula* var. *rostellata*；NINC—*Nitzschia inconspicua*；NPAL—*N. palea*；PSCA—*Pinnularia subcapitata*；SBRE—*Surirella brebissonii*；SPUP—*Sellaphora pupula*

　　IBD 和 IDG 指数在类别 C 中分布的箱型图见图 5-4。IBD 和 IDG 指数均呈现随着 C1 到 C4 (水质污染程度递加) 逐渐下降的趋势,说明通过硅藻群落结构分类后,IBD 和 IDG 指数也能很好地评价东江河流的水质状况。

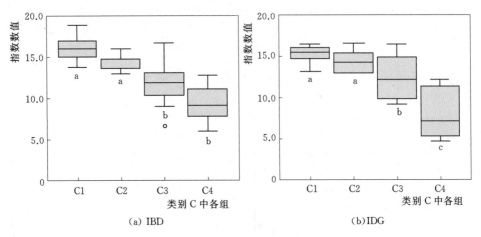

图 5-4　IBD 和 IDG 指数在类别 C 中分布的箱型图

5.3　讨论

　　Taylor (2007) 认为欧洲硅藻评价指数适用于世界多个国家和地区河流的水质评价,可能是因为这些评价指数主要构建于世界广泛分布的硅藻种。而更多学者认为不同的硅藻评价指数具有各自的地域最适用性。例如 IPS、IBD 和 IDG 指数建立于法国河流的监测数据,能够很好地评价法国河流水质状态;TDI 指数则比较适用于英格兰和苏格兰地区水体的富营养化污染程度的评价;富营养化污染硅藻指数 (Diatom-Based Eutrophication Pollution Index,简称 EPI-D) 被认为是评价意大利地中海沿岸河流水质的最合适的硅藻指数;南美大草原硅藻指数 (The Pampean Diatom Index,简称 IDP) 则为有效地运用于阿根廷南美大草原河流的水质评价指数。Watanabe 开发的 DAIPo 指数在日本被广泛地应用于河流有机污染评价工作,但是在欧洲河流中却缺乏适用性。

　　本研究确认源于欧洲的硅藻指数能运用于东江水系河流水质的评价,验证分析了 7 项硅藻指数 (IBD、TDI、SLA、IPS、IDG、DESCY、CEE) 的适用性。SLA 指数 1986 年由 Sládeček 提出,指数计算 323 个硅藻种单位,为腐生指数 (Saprobic indices),用于指示水中有机污染程度,但是本书发现 SLA 指数与两项参数五日生化需氧量和高锰酸盐指数均无显著的相关性,甚至与研究中的 13 项理化参数均无明显联系,同时在类别 A 的箱型图中没表现合理趋势,不适用于本书。Kwandrans (1998) 利用 SLA 指数评价波兰南部河流时得出的结论一致。1979 年,Descy 首次提出 DESCY 指数,指数包括 106 个硅藻常见种。研究中,DESCY 在类别 A 的箱型图中的分布没有明显趋势,DESCY 指数计算范围覆盖的硅藻种类较少,加之开发年代久远而又缺乏后续修订,容易提高 DESCY 指数评价的不准确性。Vibaste (2004) 在应用 16 项硅藻指数评价爱沙尼亚河流水质的研究中也发现 DESCY 指数与其他指数相关性较弱，只与 pH 值存在较弱的联系，而与其他理化参数均无相关关系。

TDI 指数由 Kelly 和 Whitton 于 1995 年首次提出，共有三版（1995、1998、2001），已经被验证为能够有效地评价英国河流营养状态的硅藻指数。在本书中，TDI 在类别 A 的箱型图分布中没有表现出合理的变化趋势。Kelly 等在开发 TDI 指数的时候发现：如果采样断面有机污染严重和富营养化，利用 TDI 指数去评价该采样断面营养状况的时候，很难区分有机污染带来的硅藻群落结构变异，而容易得到不准确的评价结果。本书结果可能也与有机污染影响有关。在 TDI 指数第二版（1998）中不单将 TDI 指数数值范围由 0～5 改变为 0～100，对一些种类的指示值进行了修订，还引入污染耐受种百分数（Percentage pollution tolerant valves，简称%PTV）的概念，即计算 TDI 指数的硅藻种属单位里耐受有机污染种的百分比，作为 TDI 指数评价水体富营养化的补充说明。据本书作者经验，%PTV 小于 20% 可以看作有机污染对于 TDI 指数评价营养状况的影响很小或无影响。在本章评价中，27 个断面中%PTV 有 16 个大于 20%，断面 16 和 20 分别达到 86.9% 和 89.9%。TDI 指数对于我国南方河流营养化评价的适用性有待于进一步的验证。

通过相关性分析和类别 A 的箱型图分析检验，证明对于水中的化学物质有较好响应的硅藻指数，均为适用的评价指数。因此进入判别分析的 4 项硅藻指数（IBD、IPS、IDG、CEE）均为东江水系河流水质适用的评价指数。而通过判别分析，进入种群结构分类评价检验的 IBD 和 IDG 为最适用的评价指数。

IPS 指数无疑为应用范围最广的硅藻指数，1982 年由 Coste 首先提出，经过后续更新和修正，2006 年版 IPS 指数包括 4590 个硅藻种单位（包括变种变型和同种异名）。相对于其他硅藻指数，IPS 指数包含的种类广泛，准确性较高，但是不同鉴定者的鉴定结果的差异性同时也会被放大，迅速发展的硅藻分类学也使 IPS 指数发展遇到瓶颈，无休止地将新的种类引入指数会带来庞大的鉴定工作量。因此一个基于完整采样网络和包含有限的硅藻种类的评价指数 IBD 诞生了。IBD 指数建立于法国，1977—1994 年从全法国 949 个断面采集的 1332 个样品的数据上，联合分析 14 项理化参数，指数通过计算 209 个典型指示种的指示值，同时将其在 7 个生态水质等级出现的概率纳入计算范畴。IBD 指数继而发展为包括采样，预处理和计算分析均标准化的水质生物评价方法。本研究发现 IBD 和 IPS 指数有很强的相关关系，刘威（2009）等以漓江为研究区域，也发现 IPS 和 IBD 指数联系密切，确认 IPS 和 IBD 指数适用于漓江的水质评估。与 IPS 和 IBD 指数有显著相关性的 IDG 指数为属水平的指数，本书中发现 IDG 指数的评价表现较好，但是有些研究发现 IDG 指数指示作用较弱。Taylor（2007）提出要注意现在硅藻分类学的快速发展带来大量的新硅藻种类的产生，特别是属水平下的细分对于 IDG 指数得分的影响。Prygiel（1996）认为要区别对待不同属对于 IDG 的贡献，例如 *Navicula* 和 *Nitzschia* 含有很宽的生态指示值范围，而 *Eunotia* 和 *Achnanthe* 的指示值范围则相对较窄。Feio（2009）建议引入新的硅藻属名录来计算 IDG 指数，虽然这会对鉴定工作带来难度，但是能使 IDG 成为更实际可用的水质评价指数。总的来说，IDG 指数为简单而又实用的硅藻指数，但是实际应用时需要进行必要的调整和修正。CEE 指数为欧盟范围内的硅藻指数，曾有效评价过欧洲 300 多条河流水质。不同于由 Zelinka and Marvan 经典方程发展出来的其他 6 项指数，

CEE 指数的计算采用双重网格法。即使方法差异性较大，但是在本书中，CEE 指数与 IBD、IDG 和 IPS 指数有较密切的联系，同时也适用于东江河流的水质评价。

在实际应用硅藻评价指数时还需要考虑不同生态地域、不同季节、不同采样基质（砾石、鹅卵石或砂质基质）、不同生长形式的硅藻（浮游相、附石头相、附植物相）对于评价结果的影响。

第 6 章

着生硅藻对水质评价的应用

东江干支流覆盖江西赣南和广东河源、惠州、东莞、广州等经济发达、人口密集的地区，由于污水排入和过度利用，东江水质下降，水资源供需矛盾日益严重，同时流域内水生态系统也受到严重威胁，为了保护和修复东江流域水生态系统，制定合理的水资源开发利用和管理规程，保障流域内用水安全，建立东江流域水生态系统监测评价体系具有重要的实际意义。

前述研究已经确认东江着生硅藻群落的变异主要是由水质因素引起的。硅藻评价方法是东江河流水质评价和生态质量评估的合适方法。

硅藻评价方法多样。物种多样性指数是着生硅藻群落生物组成的重要指标，能揭示群落内部功能的完整性和群落系统的稳定性。因此，硅藻多样性指数可以用来指示水环境变化。本书第 5 章已经确认 7 项常用硅藻评价指数（IBD、TDI、SLA、IPS、IDG、DESCY和 CEE）中的 IBD 和 IDG 指数能很好地反映东江河流水质变化，因此也可采用这两项硅藻指数进行评价分析。Van Dam 通过大量数据以溶解氧、承受有机污染程度、偏好营养状态等将河流硅藻群落划分为不同的生态类群。不同于指数评价，硅藻生态类群评价能区分水体环境中不同污染类型对于硅藻群落的影响，主要是因为不同生态特性的类群响应于不同的水化特性。由于我国缺乏对河流硅藻生态类群的系统划分，本书采用 Van Dam 硅藻生态类群划分方法。

本章通过以上 3 种硅藻评价方法，对东江河流水质和生态质量进行评估，为建立基于附生硅藻的东江河流水质与生态健康评估体系提供研究基础。

6.1 数据分析

6.1.1 多样性指数计算

选取 3 项常用的多样性指数进行硅藻物种多样性分析，其计算公式见式（6-1）和式（6-2）。

Shannon - Wiener 指数（H'）：

$$H' = -\sum_{i=1}^{s} \left(\frac{N_i}{N}\right) \log_2 \left(\frac{N_i}{N}\right) \tag{6-1}$$

Margalef 指数（D）：

$$D = (S-1)/\log_2 N \qquad (6-2)$$

Pielou 指数（E）：

$$E = H/\log_2 S$$

式中　N——断面中的硅藻个体总数；

　　　S——断面中的硅藻种类数。

一般而言，多样性指数值越高，水质越好。各多样性指数评价标准如下：

H' 值：0～1，多污带；1～2，α-中污带；2～3，β-中污带；>3，寡污带。

E 值：0～0.3，多污带；0.3～0.4，α-中污带；0.4～0.5，β-中污带；>0.5 清洁，寡污带。

6.1.2　硅藻评价指数计算及评价

IBD 和 IDG 两项硅藻指数使用 Omnidia 5.3 计算，数值转换为 0～20 的数值范围。根据法国水质标准 AFNOR T90—354（2000），硅藻指数的水质等级评定见表 6-1。

表 6-1　　　　　　　　　　　硅藻指数的水质等级评定

指 数 数 值	水质生态等级	指 数 数 值	水质生态等级
IBD、IDG≥17	很好	9>IBD、IDG≥5	差
17>IBD、IDG≥13	好	IBD、IDG<5	很差
13>IBD、IDG≥9	中等		

6.1.3　硅藻生态类群划分

根据 Van Dam 生态类群体系，将东江着生硅藻群落以氧需求量、腐殖度（有机污染程度）、营养状态等生态特性划分生态类群。3 个硅藻生态特性以类群比例作柱状图，研究各类群的分布特征，评估水体生态质量。Van Dam 硅藻生态类群体系（部分）见表 6-2。

表 6-2　　　　　　　　　　Van Dam 硅藻生态类群体系（部分）

生 态 类 型	划 分 依 据	生 态 类 型	划 分 依 据
氧需求量	1 很高（100%）	营养状态	1 贫营养
	2 高（>75%）		2 贫-中营养
	3 中等（>50%）		3 中营养
	4 低（>30%）		4 中-富营养
	5 很低（10%）		5 富营养
腐殖度（有机污染程度）	1 贫污染性		6 极富营养
	2 β-中污染性		7 贫-富（极富）营养
	3 α-中污染性		
	4 α-中污染性与强污染性		
	5 强污染性		

6.2 结果分析

6.2.1 硅藻物种多样性分析与评价

各采样断面硅藻群落多样性指数的多样性评价见图 6-1。观察图 6-1，发现 3 个多样性指数趋势十分一致，硅藻指数与多样性指数的相关系数见表 6-3。

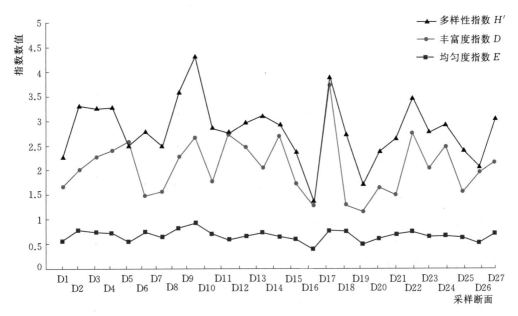

图 6-1　各采样断面硅藻群落多样性指数的多样性评价

Shannon-Wiener 指数的数值范围为 1.36～4.32，极值分别出现在断面 16 和 9，平均值为 2.82。根据评价标准：采样断面 2、3、4、8、9、13、17、22、27 的 H' 数值大于 3，属于寡污带；采样断面 1、5、6、7、10、11、12、14、15、18、20、21、23、24、25、26 的 H' 数值范围为 2～3，为 β-中污带；采样断面 16、19 的 H' 数值范围为 1～2，为 α-中污带。

表 6-3　　　　　　　　　　硅藻指数与多样性指数的相关系数

指数	$H'(H)$	$D(D)$	$E(E)$	IBD	IDG
$H'(H)$	1.000	0.711**	0.925**	—	—
$D(D)$		1.000	0.403*	—	—
$E(E)$			1.000		
IBD				1.000	0.826**
IDG					1.000

注　**表示 $p<0.01$；*表示 $p<0.05$；—表示不存在明显相关。

Pielou 指数的数值范围为 0.38～0.93，极值分别出现在断面 16 和 9，平均值为 0.67。根据评价标准：除了采样断面 16、19、26 的 E 数值为 0.3～0.5，为中污带外，其他 24 个采样断面 E 值均大于 0.5，表明水质清洁，属寡污带。

Margalef 指数的数值范围为 1.15～3.74，极值分别出现在采样断面 19 和 17，平均值为 2.06。Margalef 指数没有统一的水质评价标准，周广杰等采用的标准为 D 数值大于 5，清洁；大于 4，寡污；大于 3，中污；小于 3，重污。李仁全等使用的标准为 D 数值大于 3，清洁；1～3，轻度污染；0～1，污染。观察各采样断面的丰富度指数数值（见图 6-1），认为后者更符合本书的实际情况。因此 Margalef 指数的评价采用李仁全的标准：只有采样断面 17 的 D 数值大于 3，水质清洁；其他采样断面的 D 数值范围为 1～3，轻度污染。

综合 3 项多样性指数的评价：东江水系中，秋香江和西枝江水质洁净；车田水、鱼潭江、浰江、增江中上游河段轻度污染；寻乌水、增江下游、新丰江、淡水河、潼湖、沙河、西福河、九曲河支流或河段中度污染；公庄河、石马河则水质差，污染严重。

6.2.2 硅藻指数评价分析

6.2.2.1 IBD 和 IDG 指数评价分析

IBD 指数显示，全流域 27 个采样断面有 7% 达到水质标准"很好"，41% 达到水质标准"好"，37% 达到水质标准"中等"，15% 水质标准为"差"。其中断面 7（康禾河）和 1（寻乌水）数值最高，达 18.9 和 17。断面 10（公庄河）、11（增江）、20（潼湖）、23（西福河）数值均低于 9。各采样断面 IBD 和 IDG 指数见图 6-2。

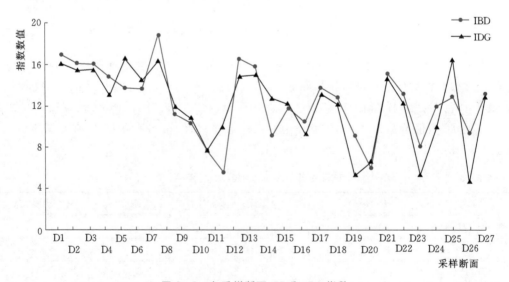

图 6-2 各采样断面 IBD 和 IDG 指数

IDG 指数显示，全流域 27 个采样断面中有 48% 达到水质标准"好"，33% 达到水质标准"中等"，15% 水质标准为"差"，4% 为水质标准"很差"。其中断面 1（寻乌水）、

5（涧江）、7（康禾河）、25（九曲河）数值高于 16。断面 10（公庄河）、19（石马河）、20（潼湖）、23（西福河）、26（九曲河）数值均低于 9，断面 26 数值只有 4.7，水质标准为"很差"。

　　综合 IBD 和 IDG 指数评价，东江水系中污染严重的支流包括公庄河、潼湖、石马河和西福河。较洁净支流或河段为增江上游河段、康禾河、涧江和西枝江等。其他支流或河段为水质中等状态。

6.2.2.2　硅藻指数与多样性指数相关关系分析

　　对 2 项硅藻指数和 3 项多样性指数进行相关关系分析（见表 6-3），发现硅藻指数与多样性指数不存在明显的相关关系。说明两种评价方法差异较大。多样性指数之间，指数 H 与 D、E 存在极显著的相关关系，而 E 与 D 为显著相关。IPS 和 IDG 相关系数达 0.826，为极显著相关。

6.2.3　硅藻生态类群组成与水质评价

6.2.3.1　氧饱和度

　　氧饱和度硅藻类群分布图见图 6-3。图 6-3 显示，全流域 27 个采样断面以喜好低等和中等氧饱和度（10%～50%）的硅藻种群为主，其中断面 8（秋香江）、16（公庄河）、18（淡水河）、19（石马河）、20（潼湖）、23（西福河）、24（增江）喜好低氧饱和度（<30%）的种数量超过 50%，表明硅藻生存的水质环境溶解氧含量低；断面 5（涧江）、11、12、13（增江）、27（寻乌水）喜好很高氧饱和度（>100%）的种数量超过 50%，表明其生存水质环境的溶解氧浓度很高。硅藻氧饱和度类群分类结果基本与溶解氧参数一致。

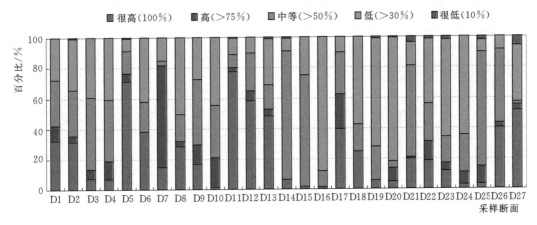

图 6-3　氧饱和度硅藻类群分布图

6.2.3.2　有机污染

　　有机污染硅藻类群分布图见图 6-4。图 6-4 显示，全流域 27 个采样断面以承受 β-中污染性硅藻种群为主。其中，断面 19（石马河）、23（西福河）强污染性硅藻种数量比例超过 50%，表明硅藻生存的水质环境有机污染严重，而断面 7（康禾河）贫污染性硅藻种数量超过 70%，表明硅藻生存的水质环境洁净，有机污染程度低。硅藻耐有机污染类群分类结果基本与理化参数评价（高锰酸盐指数和五日生化需氧量）和硅藻生物指数（IPS、IBD、IDG、CEE）评价结果一致。

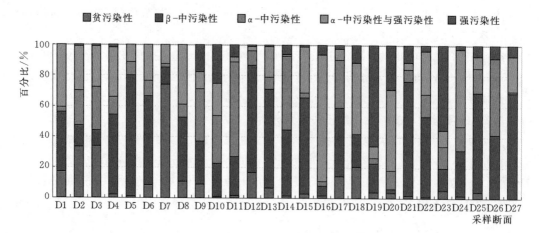

图6-4 有机污染硅藻类群分布图

6.2.3.3 营养偏好

营养偏好硅藻类群分布图见图6-5。图6-5显示，断面19（石马河）、23（西福河）极富营养硅藻种的数量超过50%，表明硅藻生存的水质环境富营养化严重。全流域27个采样断面硅藻类群以富营养偏好种类为主，同时理化数据显示东江流域多数采样断面氨氮，总氮量超标，水体富营养化。因此，硅藻营养偏好类群分类结果基本与理化参数评价结果一致。

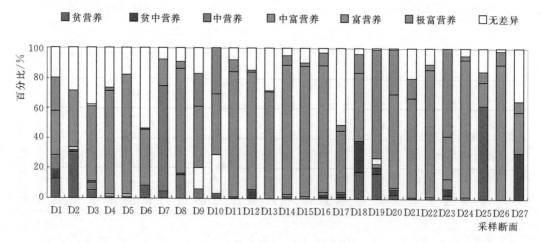

图6-5 营养偏好硅藻类群分布图

6.2.3.4 生态类群综合评价

硅藻生态类群组成显示，东江水体中以承受β-中污染性，偏好富营养，喜好低等和中等氧饱和度的硅藻种群为主。在东江水系河流中，康禾河水体中溶解氧饱和浓度高，水质优良；漩江和增江中上游河段中水体溶解氧浓度高，有机污染较低，轻度富营养化；寻乌水、九曲河、车田水、鱼潭江、柏埔河、秋香江、西枝江、沙河、增江下游河段或支流处于中等有机负荷和营养水平；公庄河、淡水河、石马河、潼湖、西福河水中溶解氧含量低，有机负荷严重，水体富营养化或极富营养化。

6.2.4 东江河流水质评价与原因分析

综合 3 种硅藻评价方法结果，结合理化数据分析，东江水系河流总体处于中等水质标准，主要超标的理化参数为氨氮和总氮。其中，增江中上游龙门河段、西枝江上游河段为水源保护区，水质良好。康禾河、浰江为东江干流的上游支流，接受污染较少，河流洁净。但是东江源头两河流寻乌水和九曲河，因为城镇生活污水排入和农业面源污染，也出现富营养化现象。流经深圳市、东莞市的石马河和流经惠州的淡水河、公庄河，由于沿岸工业污水和城镇污水排入，河流污染严重，有机负荷和营养水平极高，河流下游呈发臭发黑状态。位于广州市增城市西北的增江支流西福河同样污染严重，与增城市众多的纺织品和皮革制造工厂有很大关系。

6.3 讨论

通过硅藻物种多样性指数、硅藻评价指数、硅藻生态类群划分 3 种不同的方法评价东江河流水质，其综合的评价结果与许多资料的研究结果一致。根据 2010 年广东省水资源公报统计：东江干流水质整体为中等水平；东江河段的省界河流（九曲河和寻乌水）入境水质较差，主要污染项目为氨氮和总氮；枫树坝水库以下至东莞桥头河段水质以Ⅱ类、Ⅲ类为主；支流秋香江、浰江水质为Ⅱ类，西枝江上游河段为Ⅱ类、Ⅲ类；淡水河、龙岗河水质污染严重，常年为劣Ⅴ类。江涛等（2009）根据 2001—2007 年东江干流中上游博罗站、河源站和龙川站的监测资料，对东江水质参数的浓度变化趋势进行分析，结果表明东江中上游水质状况总体良好，但是随着东江中上游地区经济的快速发展，中上游主要控制断面水质总体呈下降的趋势。王兆印等（2007）从东江上游到河口选取 12 个点采集底栖动物，发现东江流域底栖动物生物多样性在上游和中游保持着较高的水平，而到下游则迅速降低到零。何琦等（2011）对东江支流增江进行底栖硅藻的采样调查，发现敏感性种类 *Cymbella tropica* 和 *Achnanthes subhudsonis* var. *kraeuselii* 在增江流域的一级和二级河流的出现频率较高，表明增江中上游河段水质较清洁；而位于下游四级河流的两采样断面（位于东莞）以耐污种 *Luticola goeppertiana* 和 *Nitzschia clausii* 占优势，表明增江下游河段污染严重。

硅藻多样性指数能反映河流水质变化，是因为位于清洁河段的硅藻群落结构稳定，物种丰富，多样性高；而在污染河段中，喜污和耐污的硅藻种类大量繁殖生长，敏感种迅速地减少或消失，对于污染无差异的种类也会由于资源、空间的竞争而处于劣势，优势种类还会利用化感作用进行种间干扰，最后导致的结果是硅藻种类结构趋向单一，物种减少，某些物种优势明显，均匀度下降，多样性低。Stevenson（2010）认为在构建硅藻多样性指数时，纳入计算式的硅藻个体数来源于镜检计数（一般要求镜检数达到 400 个壳体以上即可），样本量较小，不能代表实际断面中硅藻种类的丰富度和均匀度。原则上，应镜检玻片上所有的硅藻壳体，但是因此会带来耗时长、花费大等问题。Stevenson 认为可以通过两种途径解决以上问题：一是加入硅藻细胞密度作为参考变量，建立镜检个数与细胞密度的定量关系，由细胞密度大小决定镜检个数；二是在镜检过程中设定更合理的计数标准，例如设定计数达到 400 个额定数目后，再数 100～200 壳体，如果没有新的种类出现，即可以停止计数。

多样性指数在实际应用中也存在一些问题。有些研究发现多样性指数会随着水质污染的升高而降低，但是也有研究发现水体污染负荷增加，物种多样性反而增大。Patrick（1973）认为多样性指数得出的水质评判结果相当模糊，因为不同的水体污染类型对于物种多样性的影响程度不一致。由于不同的污染物对于硅藻细胞具有不同的效应，物种丰富度和均匀度的改变因此变得不定向。房英春等认为在多样性指数评价中没考虑生物体本身耐污性的差异，尤其是耐污种的敏感问题，可能会造成比实际值偏高的水质评价结果。

硅藻评价指数和多样性指数相关性分析，表明两种方法结果具有一定的差异性，主要源于方法原理的不同。如断面 7（康禾河：H′指数，2.48；D 指数，1.56；E 指数，0.64；IBD 指数，18.9；IDG 指数，16.5）中两个优势种 *Achnanthes helvetica* 和 *Eunotia minor*，其相对丰度比例占 65% 以上，使硅藻群落均匀度下降，多样性指数数值不高。但是相对于硅藻评价指数方法，*Achnanthes helvetica* 和 *Eunotia minor* 为典型的水质敏感种，主要生活在贫营养和有机负荷较低的水体，这些种类大量出现，代表该断面水质良好。又如断面 9（西枝江：H′指数，4.32；D 指数，2.66；E 指数，0.93；IBD 指数，10.4；IDG 指数，10.7）中以 *Nitzschia palea*、*Navicula capitatoradiata*、*N. schroeteri*、*Sellaphora pupula* 等耐污性种类为主，种类丰富，多样性高。而在硅藻指数中这些污染种类的耐受值较高，硅藻评价指数偏低。邓培雁等利用硅藻指数评价桂江河流水质时，认为硅藻评价数值是在一定时段内各种环境因素对水生物联合作用的结果，指出硅藻指数涵盖的理化参数较多，对河流评价的结果往往与水质评价结果具有很高的一致性。鉴于多样性指数对于水质污染响应的不确定性，当多样性指数与硅藻评价指数评价结果差异较大时，建议应以硅藻评价指数结果为准。

不同于前两种定量直观的指数方法，其反映水质综合质量，硅藻类群评价可以揭示硅藻群落对具体某个生态因子的响应变化。本书中硅藻类群评价结果与 IBD、IDG 两项指数的评价结果较为一致。有些研究指出，硅藻类群划分是相当定量的评价方法。但是在硅藻类群的实际应用中，出现难以定量分析，甚至是难以定性评价的问题。硅藻类群划分后，以占不同等级的硅藻类群丰度比例作为评价标准，若不同等级的比例差异较大，可以得出明显的评价结果。但是如果不同等级的丰度比例均衡分布，那么水质等级就难以确定。举个极端的例子，断面 1 含 100% 的中度污染类群；而断面 2 贫污染类群占 50%、强污染类群占 50%。断面 1 水质评判明确，为中度污染状态。但是断面 2 到底为洁净还是污染，水质程度无法判断。假若尝试赋值于贫污染、中污染、强污染 3 个类群，考虑相对丰度，加权平均的数值显示断面 2 数值与断面 1 评价数值相同。按此逻辑，断面 2 评价结果为中度污染。但是考虑实际的硅藻群落数据，断面 1（含 100% 中污染类群）与断面 2（含50% 贫污染类群和 50% 强污染类群）所反映的水质生态状况可能不一致。实际上不同等级类群分布均衡的情况经常出现。同时，Van Dam 体系中有些生态属性的类群多达 7级（如营养偏好生态类群，包含无差异类群），增大了评判得出准确结果的难度。另外，

Van Dam 硅藻生态类群划分体系建立于荷兰淡水硅藻数据，对于我国河流的适用性有待进一步验证。

从以上讨论分析可以归纳，3 种硅藻评价方法各有优劣，建议在实际工作中，联立多种硅藻评价方法使用，以提高评价结果的可靠性。使用硅藻方法来评价河流生物质量从目前的报道看还存在一定的不确定因素。例如，Leland（2000）观察到在磷的浓度非常低的情况下才能系统地使用硅藻群落来预测水体磷的负荷，高浓度引起的硅藻群落变异并不显著。Sabater（2000）的研究显示硅藻指数能够很好地预测重金属污染，但是对水体的恢复却并不敏感。当人类对水体的干扰相对较小，水流、温度、水质理化特征、河滨带等都会对硅藻群落以及指数产生综合的、复杂的生态效应。从湖泊和河流的研究来看，由于水质、地理因素等环境因素大多只能解释 20% ～ 30% 的硅藻群落变异，所以 Soininen（2007）认为硅藻并不存在空间分布规律。以上不确定因素均会增大我国将硅藻监测与评价技术应用到河流水生态管理中的难度，这就需要加强对河流着生硅藻生理、生态学的基础研究。

第三部分
底栖动物

第 7 章

不同底栖动物指数的适用性研究

7.1 评价指数筛选

目前国内外对底栖动物的评价指数较多，评价体系不断完善，如 Chandler 计分系统是由 Trent 生物指数与水质理化参数相结合而来的。1933 年，Wright 和 Todd 通过计算水体中寡毛类的密度来反映水体的污染程度，在 BI 指数的基础上发展了 GBI 指数（Goodnight－Whitley Index）。1955 年，Beck 建立了第一个真正意义上的生物指数（Beck's Biotic Index），即基于所有底栖动物的耐污能力建立的评价指数，为以后生物指数的发展奠定了基础。1977 年，美国学者 Hilsenhoff 借鉴 Chutter 的成果对 BI 指数进行了修订，建立了以他命名的 HBI 指数。1978 年 Hellawell 基于底栖动物敏感值构建了 BMWP 指数；随后 Armitage 等为降低总物种数中偶见种的出现对评价结果的影响，在此基础上提出 ASPT（Average Score Per Taxon）指数；刘玉于 2004 年提出修正后的 BMWP 指数，更加适合我国的生态状况。1982 年，Hilsenhoff 利用美国威斯康星州 1000 多条河流的数据对 HBI 进行了全面修订，提高了 HBI 指数的科学性和适用性；1988 年又提出了科级水平生物指数 FBI（Family Biotic Index），积极有效地推动了 BI 指数的应用。由此可见，随着人们对自然环境的探索深入，评价底栖生态环境时不仅需要对评价指数不断地完善，而且由于底栖动物的分布局限性，还需要根据各地区的实际情况对指数进行筛选和修订。由于每个指数的评价条件和范围差异较大，在实际运用中存在适用性差异，表 7-1 对比了目前运用比较广泛几个底栖动物评价指数。底栖动物评价指数比较见表 7-1。

在河流健康评价中使用频率较高的指数为 Shannon - Wiener 指数、BMWP 指数、ASPT 指数、BI 指数、FBI 指数和 B - IBI 指数。多样性指数的优点是生物并不需要鉴定到某个具体的种，仅需要对不同的种进行区分，受地域限制较小，但是其计算过程忽略了群落中敏感种和耐污种的组成差异对评价结果准确性的贡献，依据多样性指数建立的水质评价标准不具备广泛的适用性，在受到污染的水体中，生物多样性可能高于某些清洁的水体，群落中物种的种类和数量变化与污染水平之间并不是完全的线性关系。BMWP 指数考虑了物种的敏感值，只需要将物种鉴定到科级水平，但是 BMWP 指数只考虑物种是否出现，没有考虑物种的丰富度。ASPT 指数降低了总物种数中偶见种的出现对评价结果的影响，但是以计分系统为基础，当地域跨度大时，物种差异较大，难以适用。BI 指数利

表 7-1　底栖动物评价指数比较

名　称	内　　容	公　式	应用范围	优　　点	缺　点
Shannon-Wiener 指数	根据生物种类及数量计算多样性	$H' = -\sum_{i=1}^{s} P_i \ln P_i$	评价生物多样性及水质	计算简单，应用广泛	忽略了不同物种的耐污能力
Margalef 指数	指一个群落或环境中物种数目的多寡，也是表示生物群聚（或样品）中种类丰度程度的指数	$D = \dfrac{s-1}{\ln N}$	评价物种丰富程度及水质	较好地反映了物种的丰富程度	不能反映水质状况和水生态健康程度
Goodnight-Whiley 指数	寡毛类个体数占全部大型底栖无脊椎动物个体数百分比	$GBI = \dfrac{寡毛类个体数}{大型底栖无脊椎动物个体数} \times 100\%$	评价水体有机污染程度	直观体现水体有机污染程度	评价指标单一，存在局限性
King 指数	水生昆虫与寡毛类的湿重或个体数的比值	$I_k = \dfrac{水生昆虫湿重}{寡毛类湿重（或水生昆虫个体数/寡毛类个体数）}$	评价水体有机污染程度	在 Goodnight-Whiley 指数的基础上改进	评价指标单一，存在局限性
Beck 指数	根据底栖动物耐污性能分类	$Beck = 2n_A + n_B$	评价水体污染程度	计算简单，表达直观	要求底栖动物的鉴定水平到到属级
Chandler 指数	底栖动物与水质理化参数相结合	查 Chandler 指数记分表	评价水体污染程度	综合各个类群的耐受程度，反应灵敏	计算复杂，对分类学熟悉度高
BMWP 指数	基于科一级分类无上各物种的出现与否，考虑所有物种的敏感值，以所有出现物种敏感值之和代表环境的清洁	$BMWP = \sum t_i$	用于水质质量评价	鉴定水平到科级，易于操作	只考虑物种是否出现，没有考虑物种的丰富度
修正后的 BMWP 指数	根据我国水质标准将分系统进行重新划分	$BMWP = \sum t_i$	用于水质质量评价	将 BMWP 进行简化和量化，能与我国水质标准对应比较	只考虑物种是否出现，没有考虑物种的丰富度
ASPT 指数	在 BMWP 指数中，出现的种类总数代表着群落的多样性，有机体出现的所有的科的敏感性	$ASPT = \sum \dfrac{t_i}{n}$	用于水质质量评价	基于 BMWP 指数，降低总物种数中偶见种的出现对评价结果的影响	以计分系统为基础，当地域跨度大时，物种差异较大，难以适用

续表

名称	内容	公式	应用范围	优点	缺点
BI指数	利用水体中指示生物的种类、数量及对水污染的敏感性建立可以表示水环境质量的数值	$BI = \sum \dfrac{N_i T_i}{N}$	评价水体污染程度	既反映了群落的耐污特征，又反映其耐污类群的丰度	不同地区的同种底栖动物的耐污能力可能存在差异，在应用BI指数时要有一个适用性的检验过程
FBI指数	根据物种及耐污值进行计算	$FBI = \sum \dfrac{n_i t_i}{N}$	评价水体污染程度	原理与BI指数一致，但是主要考虑类群科级的耐污值，极大地提高了指数计算的效率，广泛地应用于快速生物评价	不同地区的同种底栖动物的耐污能力可能存在差异，在应用BI指数时要有一个适用性的检验过程
BPI指数	根据耐污种类和敏感种类环境的耐受性不同进行数据转换	$BPI = \dfrac{\lg(N_1+2)}{\lg(N_2+2)+\lg(N_3+2)}$	评价水体污染程度	利用了敏感种和耐污种对环境污染的耐受程度的差异	只依据耐污种和敏感种的比例，存在局限性
B-IBI指数	多指数多参数共同评价	—	评价水体的健康干扰后信息状况	整合了多个指数对河流及整个流域的生态健康进行测量及信息的表达，避免了单一评价指标的局限性，能比较准确地反映干扰强度与水体健康的关系	指数构建和计算复杂
MPI指数	根据丰度生物量比较法，建立指数化的评价指标ABC，分为4种	$MPI = 10^{(2+k)}[\sum(A_i - B_i)]/S^{1+k}$	评价水体的污染程度	将图形表达的ABC指数转为数字的污染评价指标，分为4种污染程度，结果更贴合实际	考虑了密度、生物量和种类数3个参数，但是没有包含群落内种类的耐污和敏感特征，因而在别取样站在种类数少时，清洁与重污染与中污染之间区分不清

注　为了书写简便，以下图表中各指数均以公式字母代表。

用了水体中指示生物的种类、数量及对水污染的敏感性建立可以表示水环境质量的数值，既反映了群落的耐污特征，又反映了不同耐污类群的丰度，但是不同地区的同种底栖动物的耐污能力可能存在差异，在应用时要有一个适用性的检验过程。FBI 指数主要考虑类群科级的耐污值，极大地提高了指数计算的效率，广泛地应用于快速生物评价，但是同样具有 BI 指数的缺点。B-IBI 指数结合了多个指数对河流及整个流域的生态健康进行测量及信息的表达，避免了单一评价指标的局限性，能够比较准确地反映干扰强度与水体健康的关系，适用于地域跨度广、水质情况复杂、底栖动物类群差异较大的评价，尽管其构建与计算的过程较为复杂，但是能够最好地反映流域水质状况。

因此，本书将在 B-IBI 指数的方法基础上，基于珠江流域多年水生生态监测成果，建立适用于珠江流域的河流底栖动物评价指数。

综上所述，各个底栖动物指数均存在优缺点，本章结合项目的实际监测成果，针对各项指数进行适用性研究。本章还分别针对东江流域和北江流域开展讨论。

7.2　东江底栖动物指数适用性研究

本部分采用了几个常用的大型底栖动物指数进行分析讨论，如单一指数 GBI 指数、FBI 指数、Shannon-Wiener 指数、B-IBI 指数来比较不同指数对东江生态质量进行评价的区别。

生物评价指数对应河流健康/水质等级的划分标准见表 7-2。

表 7-2　　　　　　　　生物评价指数对应河流健康/水质等级的划分标准

评价指数	健康等级/水质等级划分				
	健康（Ⅰ）	良好（Ⅱ）	一般（Ⅲ）	较差（Ⅳ）	极差（Ⅴ）
GBI	0.8～1.0	0.6～0.8	0.4～0.6	0.2～0.4	0～0.2
ASPT	>4.0	3.5～4.0	3.0～3.5	2.0～3.0	0～2.0
FBI	0～3.50	3.51～5.00	5.01～5.75	5.76～7.25	7.26～10.00
H′	>3	2～3	1～2	0.5～1	0
B-IBI	>3.87	2.90～3.87	1.93～2.90	0.97～1.93	<0.97

7.2.1　不同生物评价指数对东江的水质评估

采用 3 类评价方法 5 种生物指数综合评价东江水质状况。不同生物指数对东江水质的评价结果见表 7-3。结果表明，东江水质整体上处于中等水平，而不同生物指数所评价出的水质等级不尽相同。其中，部分断面 5 种生物指数的评价结果相近，如断面 6 和断面 9 等；然而有不少断面，5 种指数的评价等级相差甚远，以断面 15 为例，仅 FBI 和 B-IBI 两项指数将其评为水质较差，而 GBI、ASPT 和 Shannon-Wiener 指数则分别将其评价为"健康（Ⅰ）""极差（Ⅴ）"和"一般（Ⅲ）"。由此表明，仅依靠单一的生物指数进行水质评价，难以准确地表征和反映东江流域内监测断面的健康状况。

表 7 - 3　　　　　　　　　不同生物指数对东江水质的评价结果

断面	GBI	评价等级	ASPT	评价等级	FBI	评价等级	H′	评价等级	B-IBI	评价等级
D1	0.74	II	5.61	I	4.68	II	2.00	II	2.40	III
D2	0.60	III	2.66	IV	5.23	III	1.33	III	1.47	IV
D3	0.95	I	2.91	IV	4.47	II	1.51	III	3.83	II
D4	0.86	I	7.79	I	3.98	II	2.63	II	4.10	I
D5	0.44	III	1.47	V	5.54	III	1.47	III	2.83	III
D6	0.98	I	6.75	I	1.34	I	2.00	II	6.45	I
D7	0.83	I	5.65	I	2.98	I	1.69	III	3.97	I
D8	1.00	I	3.59	II	3.84	II	1.45	III	2.90	II
D9	0.96	I	7.09	I	3.37	I	2.24	II	3.19	II
D10	0.35	IV	3.50	III	5.80	IV	1.14	III	1.20	IV
D11	0.52	III	1.44	V	6.58	IV	1.51	III	1.17	IV
D12	1.00	I	2.76	IV	2.96	I	0.82	IV	7.24	I
D13	0.32	IV	3.81	II	6.31	IV	1.23	III	2.23	III
D14	0.52	III	4.13	I	5.62	III	1.83	III	1.93	III
D15	0.89	I	1.59	V	6.15	IV	1.01	III	1.62	IV
D16	0.91	I	5.70	I	2.98	I	1.77	III	2.13	III
D17	0.36	IV	1.14	V	6.59	IV	1.37	III	2.02	III
D18	0.01	V	4.70	I	7.59	V	0.01	V	0.13	V
D19	0.98	I	2.56	IV	5.65	III	0.94	IV	0.88	V
D20	0.71	II	3.09	III	4.99	III	1.18	III	1.21	IV
D21	0.76	II	1.32	V	6.17	IV	0.85	IV	1.22	IV
D22	1.00	I	1.33	V	5.24	III	0.39	V	1.58	IV
D23	0.97	I	2.86	IV	5.09	III	1.67	III	2.22	III
D24	0.98	I	1.51	V	6.00	IV	0.48	V	0.88	V

　　东江不同生物指数的评价结果见图 7-1。结果表明，5 种生物指数的河流健康等级存在较大差异。GBI 指数评价结果相对偏高，全流域中达到"健康"的断面数占总断面数的 54.2%，其次为"一般"，占 16.7%；ASPT 指数表现的趋势与 GBI 指数较为相似，唯一的区别是，ASPT 指数在最后表现为"上升"，GBI 指数则呈现下降，其中，ASPT 指数评价的"健康"断面占总断面数的 33.3%，其次为"极差"，占 29.2%；相较而言，FBI 指数和 B-IBI 指数的曲线趋势则表现得极其相似，均呈现"先下降，后上升，再下降"的趋势，达到"一般"和"较差"的断面数均占总断面数的 29.2%，其次为"健康"，分别占 20.8%和 16.7%。与以上 4 种方法评价结果不尽相同的是 Shannon - Wiener 指数，其在总体上呈现为倒 U 形。其中，河流健康等级达到"一般"的断面数最多，占 58.3%，无达到"健康"的断面，其他评价等级的断面数百分比几乎持平（12.5%～16.7%）。总体而言，B-IBI 指数的评价结果在各评价等级间的比例最为平均（12.5%～29.2%），而其他指数在各等级间的比例则有较大的起伏。

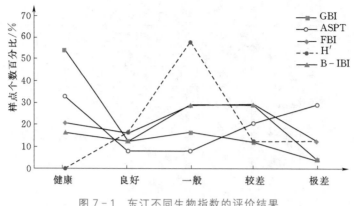

图 7-1 东江不同生物指数的评价结果

7.2.2 不同生物评价指数的相关性分析

对 5 种生物评价指数进行 K-S 检验，不同生物评价指数的 K-S 检验见表 7-4。由表 7-4 可知，5 种评价指数均符合正态分布，故采用 Pearson 相关性分析来探讨不同生物评价指数间的相关性。不同生物评价指数间的 Pearson 相关性分析见表 7-5。结果表明，除 GBI 指数与 ASPT 指数、Shannon-Wiener 指数无显著的相关性外，其他指数之间均达到显著水平（$|r|$ 为 0.420~0.806，$p<0.05$）。其中，FBI 指数与 GBI 指数、Shannon-Wiener 指数和 B-IBI 指数达到极显著水平（$|r|$ 为 0.560~0.806，$p<0.01$），ASPT 指数与 Shannon-Wiener 指数也达到了极显著水平（$r=0.650$，$p<0.01$）。5 种生物指数相互之间以 FBI 指数与 B-IBI 指数的相关性为最高（$r=-0.806$），其次为 FBI 指数与 GBI 指数（$r=-0.651$）。其中，FBI 指数与 ASPT 指数也有较高的相关关系（$r=-0.622$），由于 ASPT 指数是基于大型底栖无脊椎动物的敏感值计算得出的，而 FBI 指数是基于耐污值得出的，故此两种生物评价指数呈负相关关系。

表 7-4　　　　　　　　　　　不同生物评价指数的 K-S 检验

指数	GBI	ASPT	FBI	H'	B-IBI
均值	0.735	3.540	4.965	1.360	2.450
标准差	0.280	1.997	1.476	0.603	1.699
Z 值	0.854	0.641	0.646	0.338	0.874
渐进显著性	0.459	0.806	0.798	1.000	0.430

表 7-5　　　　　　　　不同生物评价指数间的 Pearson 相关性分析

指数	GBI	ASPT	FBI	H'	B-IBI
GBI	1				
ASPT	0.121	1			
FBI	−0.651**	−0.622*	1		
H'	0.237	0.650**	−0.560**	1	
B-IBI	0.435*	0.420*	−0.806**	0.438*	1

注　**表示 $p<0.01$；*表示 $p<0.05$。

7.2.3 不同生物评价指数与环境参数的关系

利用生物指数评价东江流域的河流健康，反映的是各种人类活动对东江长期的综合影响。结果表明，除 ASPT 指数外，GBI 指数、FBI 指数、Shannon – Wiener 指数和 B – IBI 指数在不同程度上均可以较显著地反映人类活动的影响，表现出较高的线性拟合度及不同的曲线回归关系（$R^2 = 0.377 - 0.571$，$p < 0.01$）。然而多数理化参数（包括 pH 值、硝氮、总氮、总磷、高锰酸盐指数、氯化物等）与这 4 种生物指数间无显著的线性相关关系。不同生物评价指数与环境参数的回归分析见图 7 – 2。由图 7 – 2 可知，仅 GBI 指数与正磷酸盐、FBI 指数与亚硝氮、Shannon – Wiener 指数与五日生化需氧量、B – IBI 指数与溶解氧之间有极显著的相关关系（$p < 0.01$）。此外，FBI 指数和 B – IBI 指数均与氨氮有显著的相关关系，以 B – IBI 指数的指示作用为最好（$R^2 = 0.441$），Shannon – Wiener 指数和 B – IBI 指数均与电导率表现出较高的相关关系，以 Shannon – Wiener 指数的指示作用为最佳（$R^2 = 0.433$）。

7.2.4 讨论

7.2.4.1 不同生物评价指数的比较

水质生物学评价是指通过对水体中水生生物的调查或直接检测来评价水体的生物学质量。德国科学家 Kolkwitz 于 1902 年首次提出并应用指示生物评价河流有机污染后，许多学者逐渐认识到生物评价在水质的评价与管理中的不可替代性，开始进行大量的研究。其中，基于大型底栖动物评价指标的发展较为迅速，应用较多，这些指标包括 TBI（Trent biological index）、EBI（Extended biotic index）、BQI（Benthic quality index）、MCI（Macroinvertebrate community index）等 70 多种。

Goodnight 指数是最早的基于大型底栖无脊椎动物研究的指数。Wright 等于 1933 年通过计算寡毛类的密度来反映水体的污染程度，在此基础上发展了 Goodnight 指数（GBI）和 GBI 修正指数。

ASPT 指数是在 BMWP 指数的基础上发展而来的。Hellawell 于 1978 年利用英国河流中大型底栖动物的敏感值构建了 BMWP 指数。考虑到不同类群的耐污值可能会受总物种数的影响，Armitage 等提出了 ASPT 指数，以降低总类群中出现的偶见种对评价结果的影响。该指数在应用过程中仅要求将底栖动物鉴定到科，既减少了工作量，又减少了鉴定错误所带来的误差。

FBI 指数由美国学者 Hilsenhoff 于 1988 年提出。最初，Hilsenhoff 于 1977 年在 Chutter 首次提出的 BI 指数（1972 年）的基础上对其进行了修订，建立了 HBI（Hilsenhoff biological index）指数，随后为了降低物种鉴定难度和节省时间，以实现河流健康的快速评价，又提出了 FBI 指数，由此有效地推动了 BI 指数在美国的广泛应用。

生物多样性指数是目前常用作水质生物学评价的一种指数，主要是通过群落中各物种的组成状况来反映水体污染对群落造成的影响，从而划分水质级别。一般不单独用于水质评价，缘于其在评价过程中存在的局限性，主要包括 Shannon – Wiener 指数、Simpson 指数、Pielou 指数和 Margalef 指数，而在国际上使用较多的是 Shannon – Wiener 指数。

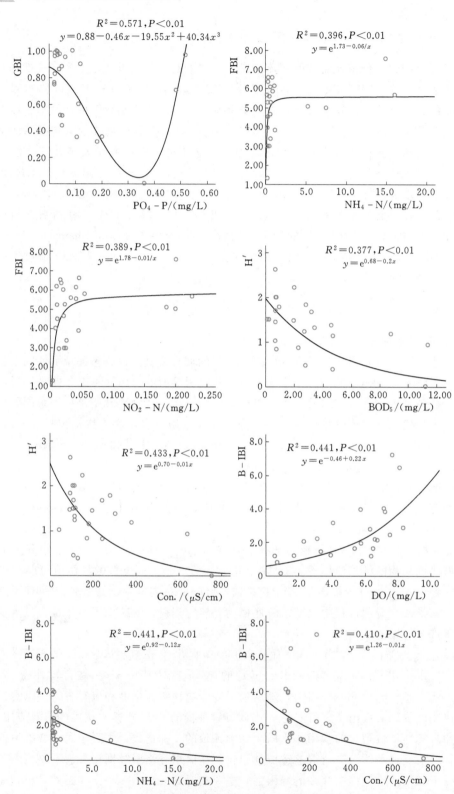

图 7-2　不同生物评价指数与环境参数的回归分析

B-IBI 指数是在一系列参数中选择能够反映水环境中大型底栖动物的种类组成、营养关系、丰度和生长状况的生物参数，相对于 BI 指数，能够传达较多的河流生态完整性的信息。该方法在国外已得到较为广泛的应用，而在国内，杨莲芳等于1992 年首次将 B-IBI 指数引进，随后，王备新、梁渠东等应用 B-IBI 指数分别评价了安徽黄山溪流和香溪河的河流健康状况。

因此，本书选取以上 5 种生物指数对东江进行河流健康评价。GBI 指数的评价结果表明，东江干流中上游河段的水质总体较好；而在支流断面中，大多数支流，其下游河段的水质相对比上游的水质好。以增江段为例，断面 13 属于增江上游，其水质 GBI 评价结果为"较差"；而在对该区域实际调查时，此断面周边的底质环境较为复杂，植被多样性较高，水体透明度高。由此说明，仅将寡毛类个体数量存在的比例用来评价河流水质状况，其精确性有所限制，故 GBI 指数并不能完全反映东江水质的实际情况。这与王博等的研究不一致，他在对东江干流的 43 个点位进行底栖动物调查并结合多种指数对东江水质进行评价时，发现 GBI 指数的评价结果较适合东江的实际情况。除 GBI 指数外，其他 4 种生物指数对东江的评价结果在总体上呈现一致性，即除靠近源头的断面 2 外，干流中上游河段的水质总体上较好，下游河段较差；同样，增江河段也是上游水质比下游水质较好，这与许多资料的研究结果一致。王兆印等从东江上游到河口选取 12 个断面进行底栖动物调查，发现东江流域底栖动物生物多样性在上游和中游保持较高的水平，而到下游则迅速降低到零。何琦等对东江支流增江进行底栖硅藻的采样调查，发现敏感种在增江上游出现的频率较高，表明增江中上游河段水质较清洁，而位于下游河段的两个采样断面，以耐污种占优势，表明增江下游河段污染严重。由此可见，需要结合多种生物指数对东江河流水质进行综合评价，这样才能提高评价结果的可靠性。

然而由评价结果可知，5 种生物指数在东江河流断面的评价等级上呈现一定的差异，造成这种差异的主要原因如下：①不同的评价指数存在自身的局限性，如多样性指数，Patrick 认为应用多样性指数得出的水质评判结果相当模糊，因为不同的水体污染类型对物种多样性的影响程度不一致。房英春等认为在多样性指数评价中没有考虑生物体本身耐污性的差异，尤其是耐污种的敏感问题，可能会造成比实际值偏高的水质评价结果。②底栖动物的敏感值和耐污值的确定不明确，我国在对基于耐污值和敏感值的指数计算时主要是参照国外的研究，尽管目前王备新等建立了一套适合我国华东地区底栖动物的耐污值，但是是否适合其他区域尚待考证。③在不同生物评价标准中等级范围的划分对结果也会造成一定的影响。如 B-IBI 指数最终的评价标准具有一定的主观性，研究者在对该指数的构建过程中，如何确定参照点和候选参数，以及最终使用何种方法综合参数，都可能会对评价结果产生影响。

7.2.4.2 不同生物评价指数对环境压力的响应

由于不同的生物评价指数对不同环境压力的响应存在差异，因此在评价河流某种特定的环境干扰时，可以选取合适的大型底栖动物指数进行评价。如 BENTIX 指数，在有机污染、石油泄漏和金属污染的评价中已经得到较为成功的运用。然而有学者认为该指数不适合对有毒物质的影响评价，而且在对河口和咸水湖的研究时其应用应有所限制。Hering 等针对德国河流对 79 种大型底栖动物评价指数进行了比较研究，为德国河流评价选取合适的生物指数提供了依据。

本章研究了 5 种生物评价指数与环境参数之间的关系，以探讨它们在东江的适用性。结果表明，除 ASPT 指数外，其他 4 种不同的生物指数对不同的人类活动干扰表现出不同的响应趋势。在许多研究中，通常认为氮磷是导致水体富营养化的一个重要因素。本书的结果表明 GBI 指数与正磷酸盐有较好的相关关系，当正磷酸盐含量小于 0.35 mg/L 时，GBI 指数随正磷酸盐含量的增加而下降，而当大于 0.35 mg/L 时，则随含量的增加呈现上升的趋势。GBI 指数表示除寡毛类外的底栖动物在总样品中所占的比例，反映的是底栖动物的结构变化，而 Bourassa 等认为河流的无脊椎动物群落结构变化与磷的含量有关。由此表明，GBI 指数对磷污染的水体有较好的指示作用。FBI 指数与氨氮有较显著的正相关关系，当氨氮含量小于 1.0 mg/L，FBI 指数随氨氮的含量增加急剧上升，当大于 1.0 mg/L 时，出现拐点，其上升趋势趋于平缓；而 B-IBI 指数则与氨氮呈现较显著的负相关关系，而且 B-IBI 指数值随氨氮含量的增加呈现曲线下降的趋势。1.0 mg/L 的氨氮浓度属Ⅲ类水，反映了当氨氮下降到Ⅲ类水时，对 FBI 指数的影响减弱，而对 B-IBI 指数仍然有一定的影响，由此表明，B-IBI 指数对氨氮污染的指示作用最佳。除此之外，FBI 指数与亚硝氮呈现显著的正相关关系。综上说明在富营养化的水体中，可以结合 GBI 指数、FBI 指数和 B-IBI 指数对其进行综合评价。

五日生化需氧量和溶解氧均是表示与耗氧相关的水化参数。五日生化需氧量一般可以用来表征有机污染的含量，多样性指数可以用来反映水体有机污染对群落结构造成的影响。溶解氧表示的是水体中溶解氧的含量。当水体受到有机污染、无机还原性物质污染时，其含量就会降低。在本书中，Shannon-Wiener 指数与五日生化需氧量呈现较显著的负相关关系；B-IBI 指数与溶解氧表现出明显的正相关关系，随着溶解氧含量的增加，B-IBI 指数呈现上升的趋势，与理论结果一致。由此表明，Shannon-Wiener 指数和 B-IBI 指数对水体中的有机污染有较好的指示作用。

电导率可以表征水体中溶解的总离子量，可以综合反映流域内土地利用对河流生态系统的影响。通常电导率越高，人类活动对河流的干扰作用越大。梁渠东等在运用标准化方法筛选参照点构建 B-IBI 指数时，发现 B-IBI 指数与电导率存在显著的对数曲线关系。随着电导率的升高，B-IBI 值逐渐下降；高于 $1000 \mu S/cm$ 后，B-IBI 指数维持在一个较低的水平。本研究也有一致的结果，B-IBI 指数均与电导率存在显著的负相关关系，不同的是 B-IBI 值在电导率达到 $600 \mu S/cm$ 后才缓慢下降。这可能与在 B-IBI 指数构建时研究者所选用的方法不同而产生的差异相关。同时，本书中发现 Shannon-Wiener 指数与电导率也有显著的负相关关系。因此，可以认为这两种指数能够反映土地利用对东江流域水质的影响。

由于我国河流众多，河流的健康状况因地理位置、地貌特征、栖境、生物状况、污染类型等多种因素的综合作用存在较大的差异。因此，在选取不同生物评价指数评价河流健康状况时应慎重考虑生物指数在该河流流域中的适用性。

7.3　北江底栖动物指数适用性研究

同样采用 Shannon-Wiener 指数、Margalef 指数、Pielou 指数、BPI 指数、BI 指数、

FBI 指数、GBI 指数对北江流域的监测结果进行适用性讨论。

7.3.1　大型底栖无脊椎动物群落结构与分布

1. 物种组成

在调查中采集到的底栖动物共 15 目 31 科 46 属，分别隶属于节肢动物门的昆虫纲和甲壳纲、软体动物门的腹足纲和瓣鳃纲以及环节动物门的蛭纲和寡毛纲。其中，水生昆虫共 6 目 17 科 30 属，占物种总数的 65.22%；软体动物共 4 目 8 科 8 属，占物种总数的 17.39%；环节动物 3 目 4 科 6 属，占物种总数的 13.04%；甲壳动物 2 目 2 科 2 属，占物种总数的 4.35%。在 25 个采样断面中，出现频率最高的 3 个种属分别为多足摇蚊属 *Polypedilum*（18）、巴蛭属 *Barbronia*（12）以及苏氏尾鳃蚓 *Branchiurasowerbyi*（10）。

2. 群落结构

在物种组成方面，各采样断面的种群结构特征也不尽相同。将所有物种归为水生昆虫、环节动物、软体动物和甲壳动物四大类。北江流域各采样断面的底栖动物群落结构分布图见图 7-3。其中，以水生昆虫为主的采样断面有 15 个，以环节动物为主的采样断面有 8 个。由此可以看出，水生昆虫和环节动物为北江流域底栖动物群落结构中的主要组成部分。

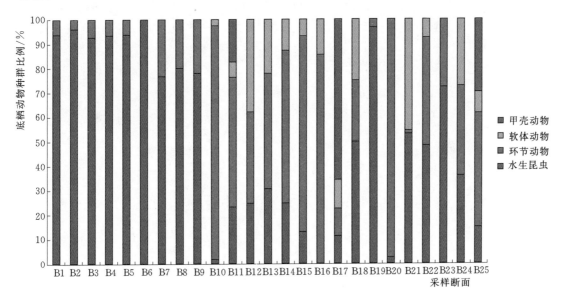

图 7-3　北江流域各采样断面的底栖动物群落结构分布图

3. 数量变化

由调查结果可以看出，各采样断面的底栖动物个体总数存在较大的差异。在 25 个采样断面中，采样断面 B10 采集到的底栖动物数量最多，达到 601 头，其次是采样断面 B21，采集到的底栖动物有 367 头，其余采样断面的底栖动物数量均在 200 头以下，最少的是采样断面 B23、B24，仅采集到 11 头底栖动物。从整体来看，底栖动物的个体总数从 B1 至 B25 采样断面呈逐渐减少的趋势。北江流域底栖动物个体总数分布图见图 7-4。

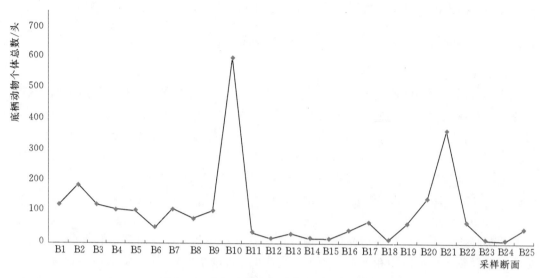

图 7-4　北江流域底栖动物个体总数分布图

4. 物种丰度

北江流域底栖动物物种丰度分布图见图 7-5。所有采样断面的平均物种丰度为 7 种。最大值出现在采样断面 B21，为 17 种；最小值出现在采样断面 B15、B16、B24，物种丰度仅为 3 种。

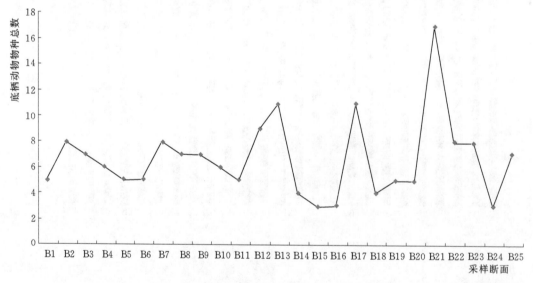

图 7-5　北江流域底栖动物物种丰度分布图

7.3.2　水质生物评价

基于大型底栖无脊椎动物的物种鉴定数据，计算各采样断面的生物评价指数，对北江流域的水质进行评价。所选指数为国内外水质生物评价中常用的 7 种指数，包括 Shannon-

Wiener 指数（H′）、Margalef 指数（D）、Pielou 指数（E）、BPI 指数、BI 指数、FBI 指数、GBI 指数等。结合相关文献和研究成果对各采样断面的水质等级进行划分。北江流域各采样断面水质生物评价结果见表 7-6。

根据 7 种大型底栖无脊椎动物指数的评价结果，可以得到北江流域的水质属于较差的水平。在 25 个采样断面中有 13 个采样断面水质的综合评价等级为较差或极差，9 个采样断面水质的评价等级为一般，水质等级为良好的采样断面有 3 个，没有水质评价等级为极佳的采样断面。

表 7-6　　　　　　　　　　　　北江流域各采样断面水质生物评价结果

采样断面	H′	D	E	BPI	BI	FBI	GBI	综合评价
B1	0.93（Ⅴ）	0.83（Ⅴ）	0.40（Ⅳ）	1.81（Ⅳ）	4.82（Ⅱ）	5.50（Ⅲ）	1.00（Ⅴ）	极差
B2	0.90（Ⅴ）	1.34（Ⅳ）	0.30（Ⅳ）	1.40（Ⅲ）	4.67（Ⅱ）	5.37（Ⅲ）	0.98（Ⅴ）	较差
B3	0.78（Ⅴ）	1.24（Ⅳ）	0.28（Ⅳ）	1.82（Ⅳ）	4.73（Ⅱ）	5.44（Ⅲ）	0.99（Ⅴ）	较差
B4	0.98（Ⅴ）	1.06（Ⅳ）	0.38（Ⅳ）	2.26（Ⅳ）	4.87（Ⅱ）	5.54（Ⅲ）	0.98（Ⅴ）	较差
B5	0.93（Ⅴ）	0.86（Ⅴ）	0.40（Ⅳ）	1.87（Ⅳ）	4.79（Ⅱ）	5.47（Ⅲ）	1.00（Ⅴ）	极差
B6	1.37（Ⅳ）	1.03（Ⅳ）	0.59（Ⅲ）	1.09（Ⅲ）	4.70（Ⅱ）	5.26（Ⅲ）	1.00（Ⅴ）	一般
B7	2.42（Ⅲ）	1.48（Ⅳ）	0.81（Ⅰ）	0.92（Ⅲ）	5.64（Ⅲ）	5.77（Ⅳ）	1.00（Ⅴ）	一般
B8	2.23（Ⅲ）	1.37（Ⅳ）	0.79（Ⅱ）	0.93（Ⅲ）	5.46（Ⅱ）	5.61（Ⅲ）	1.00（Ⅴ）	一般
B9	2.27（Ⅲ）	1.29（Ⅳ）	0.81（Ⅰ）	0.96（Ⅲ）	5.59（Ⅲ）	5.73（Ⅲ）	1.00（Ⅴ）	一般
B10	0.60（Ⅴ）	0.78（Ⅴ）	0.23（Ⅳ）	1.84（Ⅳ）	7.74（Ⅳ）	9.71（Ⅴ）	0.04（Ⅰ）	极差
B11	2.15（Ⅲ）	1.13（Ⅳ）	0.93（Ⅰ）	0.96（Ⅲ）	6.63（Ⅳ）	7.35（Ⅴ）	0.47（Ⅲ）	一般
B12	2.85（Ⅱ）	2.89（Ⅱ）	0.90（Ⅰ）	0.60（Ⅲ）	6.06（Ⅲ）	6.62（Ⅳ）	0.69（Ⅳ）	一般
B13	2.85（Ⅱ）	2.89（Ⅱ）	0.82（Ⅰ）	0.71（Ⅲ）	6.44（Ⅲ）	7.20（Ⅴ）	0.59（Ⅲ）	一般
B14	1.50（Ⅳ）	1.08（Ⅳ）	0.75（Ⅱ）	1.33（Ⅲ）	6.83（Ⅳ）	8.20（Ⅴ）	0.38（Ⅱ）	较差
B15	0.91（Ⅴ）	0.74（Ⅴ）	0.57（Ⅲ）	1.55（Ⅳ）	7.31（Ⅳ）	8.95（Ⅴ）	0.20（Ⅰ）	极差
B16	0.86（Ⅴ）	0.54（Ⅴ）	0.54（Ⅲ）	1.31（Ⅲ）	7.77（Ⅳ）	9.31（Ⅴ）	0.14（Ⅰ）	极差
B17	2.16（Ⅲ）	2.35（Ⅱ）	0.62（Ⅱ）	0.36（Ⅱ）	5.35（Ⅱ）	5.37（Ⅲ）	0.90（Ⅴ）	良好
B18	1.73（Ⅳ）	1.21（Ⅳ）	0.87（Ⅰ）	1.04（Ⅲ）	6.61（Ⅳ）	6.61（Ⅳ）	0.83（Ⅴ）	较差
B19	1.45（Ⅳ）	0.96（Ⅴ）	0.62（Ⅱ）	1.08（Ⅲ）	5.29（Ⅱ）	5.41（Ⅲ）	0.97（Ⅴ）	一般
B20	0.28（Ⅴ）	0.80（Ⅴ）	0.12（Ⅴ）	1.99（Ⅳ）	7.67（Ⅳ）	9.59（Ⅴ）	0.03（Ⅰ）	极差
B21	3.15（Ⅱ）	2.71（Ⅱ）	0.77（Ⅱ）	0.41（Ⅱ）	4.67（Ⅱ）	4.86（Ⅱ）	1.00（Ⅴ）	良好
B22	2.50（Ⅲ）	1.66（Ⅳ）	0.83（Ⅰ）	1.37（Ⅲ）	6.61（Ⅳ）	7.01（Ⅳ）	0.56（Ⅲ）	一般
B23	2.91（Ⅱ）	2.92（Ⅱ）	0.97（Ⅰ）	0.54（Ⅲ）	5.02（Ⅱ）	5.70（Ⅲ）	0.82（Ⅴ）	良好
B24	1.57（Ⅳ）	0.83（Ⅴ）	0.99（Ⅰ）	1.00（Ⅲ）	7.15（Ⅳ）	7.15（Ⅳ）	0.64（Ⅳ）	较差
B25	1.96（Ⅳ）	1.56（Ⅳ）	0.70（Ⅱ）	0.74（Ⅲ）	7.60（Ⅳ）	7.48（Ⅴ）	0.53（Ⅲ）	较差
平均值	1.69（Ⅳ）	1.42（Ⅳ）	0.64（Ⅱ）	1.20（Ⅲ）	6.00（Ⅲ）	6.64（Ⅳ）	0.71（Ⅳ）	较差

注　　（）中为水质等级：Ⅰ—极佳；Ⅱ—良好；Ⅲ——般；Ⅳ—较差；Ⅴ—极差。

7.3.3　大型底栖无脊椎动物指数的比较

选取 7 种大型底栖无脊椎动物指数对北江水质的生物进行评价。大型底栖无脊椎动物指数评价结果图见图 7-6。虽然部分指数的评价结果存在相似之处，如 BI 指数和 FBI 指数等，但是大部分指数的评价结果总体上仍然有较大差异，对河流整体水质的评价结果也不尽相同。如 Shannon-Wiener 指数（H′）和 GBI 指数的评价结果中占比例最大的等级为极差；在 Margalef 指数（D）的评价结果中占比例最大的等级为较差；在 FBI 指数和 BPI 指数的评价结果中占比例最大的等级为一般；在 BI 指数的评价结果中占比例最大的等级为良好；而在 Pielou 指数（E）的评价结果中占比例最大的等级为极佳。

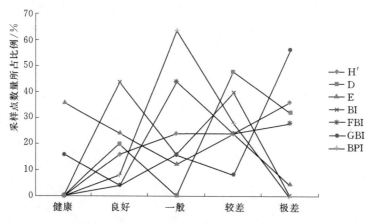

图 7-6　大型底栖无脊椎动物指数评价结果图

对 7 个指数分别成对地进行 Pearson 相关性分析，以定量描述不同指数间评价结果的相关性。各指数之间的 Pearson 相关系数见表 7-7。其中，BI 指数、FBI 指数、GBI 指数之间具有极高的相关性，Shannon-Wiener 指数（H′）、Margalef 指数（D）、Pielou 指数（E）和 BPI 指数之间也均具有较高的相关性。除此之外，7 个指数之间无其他显著相关性。

表 7-7　　　　　　　　　　各指数之间的 Pearson 相关系数

指数	H′	D	E	BPI	BI	FBI	GBI
H′	1.000						
D	**0.831****	1.000					
E	**0.832****	**0.488***	1.000				
BPI	**−0.848****	**−0.716****	**−0.770****	1.000			
BI	−0.182	−0.281	0.065	0.062	1.000		
FBI	−0.372	−0.354	−0.177	0.278	**0.933****	1.000	
GBI	0.320	0.267	0.171	−0.225	**−0.905****	**−0.985****	1.000

注　** 表示 $p < 0.01$，* 表示 $p < 0.05$，加粗数字表示相关系数大于 0.4，两者具有显著相关性。

在 BI 指数、FBI 指数、GBI 指数中，GBI 指数与 BI 指数和 FBI 指数呈显著负相关关系，而 BI 指数和 FBI 指数均以物种的耐污值为基础进行计算，总体呈显著正相关关系。

在 Shannon – Wiener 指数、Margalef 指数、Pielou 指数和 BPI 指数中，BPI 指数与其他 3 个指数呈显著负相关关系，而 Shannon – Wiener 指数与 Margalef 指数和 Pielou 指数之间则具有较高的正相关性，Margalef 指数和 Pielou 指数也呈显著正相关关系，但是相关性相对较弱。

7.3.4　讨论

大型底栖无脊椎动物在种类、数量等方面的变化是河流生态健康状况的重要指标，其群落结构能够反映出人类活动对环境造成的负面影响。北江流域的底栖动物以水生昆虫为主要类群，软体动物也占较高的比例。摇蚊科、颤蚓科以及蛭纲的底栖动物出现频率较高，在大部分采样断面均有出现。摇蚊科和颤蚓科的物种均为典型的耐污种，对有机污染有较强的耐受能力，这表明北江流域各采样断面均已受到不同程度的污染。在物种多样性方面，北江流域的平均物种丰富度仅为 7 种，处于一个较低的水平，表明河流生态系统的稳定性较差，容易受到环境变化的干扰。苏炳之等曾在 20 世纪 80 年代对北江流域底栖动物的群落结构进行了调查，对北江水质进行了评价。苏炳之等在北江流域的 7 个采样断面共采集到底栖动物 73 属 85 种，其中河蚬、淡水壳菜、日本沼虾、中华圆田螺等物种为优势种。当时的北江已经受到了一定程度的污染，对底栖动物的群落结构造成了影响。相比之下，本书采集到的物种类别有所减少，物种多样性降低，摇蚊、颤蚓等耐污种所占的比例增加，表明北江受到的有机污染加剧，北江流域的水质呈现不断下降的趋势。

采用大型底栖无脊椎动物指数评价河流水质时，选用的指数不同，得到的评价结果往往存在一定的差异。本书选择了国内外常用的 7 种生物评价指数对北江水质进行综合评价。评价结果认为北江流域的水质属于较差的水平。根据各个指数的单一评价结果也可以看出，北江的物种多样性水平较低，耐污种在底栖动物群落中占一定的优势。该结果与通过底栖动物群落结构的变化特征推断得到的水质等级基本一致。由于指数构建的基础依据和计算原理不同，所选用的 7 种指数得到的水质评价结果均存在一定程度的不同。由相关性分析可以看出，同以底栖动物对河流污染状况的耐受程度为依据进行计算的 BI 指数和 FBI 指数之间具有极高的相关性，而 Shannon – Wiener 指数、Margalef 指数以及 Pielou 指数之间也具有较高的相关性。

利用大型底栖无脊椎动物指数进行水质生物评价也有其局限性。BI 指数、FBI 指数等在计算时使用物种耐污值作为依据，但是我国在物种耐污值方面的研究长期处于落后的水平，对于局部地区耐污值的研究仅见王备新等对我国东部地区、王建国等对庐山地区、邢树威等对辽宁地区以及赵瑞等对辽河流域等相关研究工作，针对其他江河流域进行水质生物评价时需要参考国内外其他地区相关研究的耐污值数据。由于地理位置和生活环境的不同以及人类活动的影响，物种耐污值在不同地区之间均存在一定差异，这会对河流水质生物评价的最终结果造成很大的影响，评价结果的准确性也需要进一步的研究进行验证。Shannon – Wiener 指数、Margalef 指数以及 Pielou 指数以群落结构和物种丰富度为依据进行计算，其评价结果主要反映的是河流生态系统在物种多样性方面的好坏程度，未考虑群落结构中耐污种和清洁种的比例变化，对水质的变化没有直观地反映，在实际应用中应与其他类别的生物指数相结合，综合评价河流水质及健康状况。

7.4　小结

　　从以上适用性讨论结果来看，各种生物评价指数在东江、北江水质评价的实际应用中得到的评价结果存在一定的差异，应用 BI 指数、FBI 指数、GBI 指数以及 Shannon - Wiener 指数、Margalef 指数、Pielou 指数、BPI 指数等单一指数未能很好地反映评价河流的生态质量。这主要是因为单一指数一般有局限性，其往往针对某些特定的物种进行评价，且部分指数中的敏感值/耐受值具有区域性，跨生态区使用往往造成误差。

　　因此，要在珠江流域内开展底栖动物生态质量评价工作，应在实地、长期的监测基础上开展适用性研究，建立珠江流域多度量指数的评价体系。

第8章

珠江流域底栖动物指示种筛选

为了解决以往底栖动物指示种仅能定性笼统地指示水质状况的难题，本书基于珠江流域多年的底栖动物监测成果，运用加权平均回归模型模拟了珠江流域常见底栖动物种生长所需的不同水质参数的最适值和耐受范围，据此筛选了不同水质参数所对应的底栖动物指示种。该方法较多元线性回归方法更能反映生物的响应特征，避免了生态信息的损失。

珠江流域底栖动物最适值和耐受范围的计算采用加权平均回归模型，模型见第4章。根据上述模型计算出珠江流域常见底栖动物关于溶解氧、五日生化需氧量、高锰酸盐指数、电导率、氨氮、亚硝氮、硝氮、磷酸盐、总氮、总磷等水质因子的最适值和耐受范围见图8-1～图8-10，图中物种编号对照表见表8-2。根据结果筛选出各理化参数的部分敏感指示种。各水质参数敏感指示种筛选结果见表8-1。

表8-1 各水质参数敏感指示种筛选结果

水 质 参 数	高浓度指示种	低浓度指示种
溶解氧	扁泥甲科、心唇纹石蛾、襀科、东方春蜓属、*Microcyllopus*、沼梭科、弯尾春蜓属、原二翅蜉属、带肋蜉、锐利蜉属、花斑侧枝纹石蛾、星齿蛉属、斑齿蛉属等昆虫纲	颤蚓科、扁蛭属等
五日生化需养量/高锰酸盐指数	穆尔蛭属、伟蜓属等	—
电导率	舞虻科、穆尔蛭属等	星齿蛉属、斑齿蛉属、前突摇蚊属、弯尾春蜓属、原二翅蜉属、带肋蜉、锐利蜉属、花斑侧枝纹石蛾等
氨氮/亚硝氮/硝氮/总氮	长足摇蚊亚科、泽蛭属、苏氏尾鳃蚓、颤蚓科、心唇纹石蛾、扁蛭属、刘蜉等	—

1. 溶解氧

珠江流域常见底栖动物溶解氧的最适值大多为6～9mg/L，这些种类的溶解氧耐受范围较窄，适合作为溶解氧的指示种类。从计算结果图8-1来看，颤蚓科、扁蛭属等底栖动物耐受低氧环境为4～5mg/L，这些种类的出现显示了其所处环境受耗氧污染物的影响而溶解氧浓度较低。从结果图中可以看到，扁泥甲科、心唇纹石蛾、襀科、东方春蜓属、*Microcyllopus*、沼梭科、弯尾春蜓属、原二翅蜉属、带肋蜉、锐利蜉属、花斑侧枝纹石

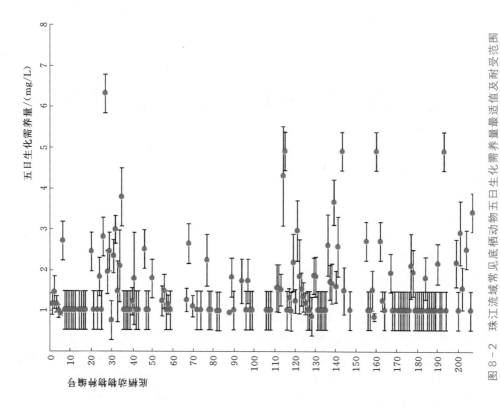

图 8-2　珠江流域常见底栖动物五日生化需养量最适值及耐受范围

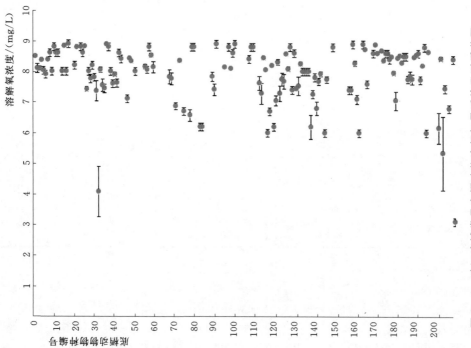

图 8-1　珠江流域常见底栖动物溶解氧最适值及耐受范围

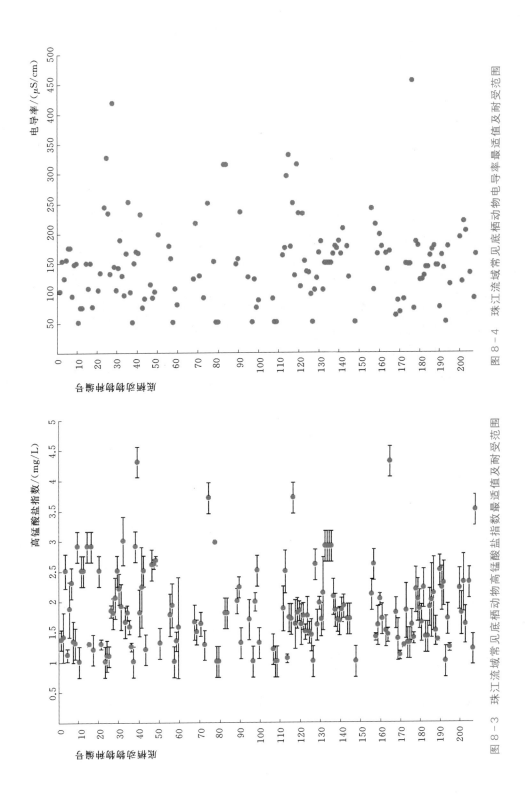

图 8 - 4　珠江流域常见底栖动物电导率最适值及耐受范围

图 8 - 3　珠江流域常见底栖动物高锰酸盐指数最适值及耐受范围

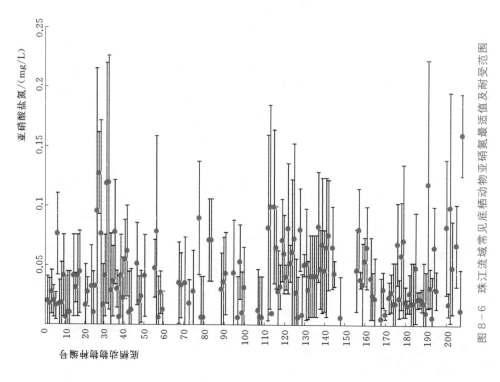

图 8-6　珠江流域常见底栖动物亚硝酸氮最适值及耐受范围

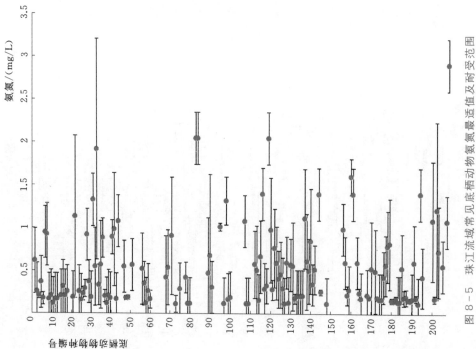

图 8-5　珠江流域常见底栖动物氨氮最适值及耐受范围

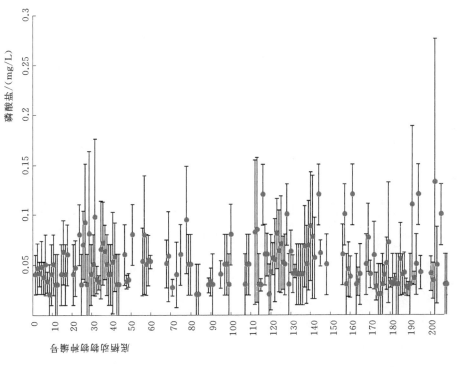

图8-8 珠江流域常见底栖动物磷酸盐最适值及耐受范围

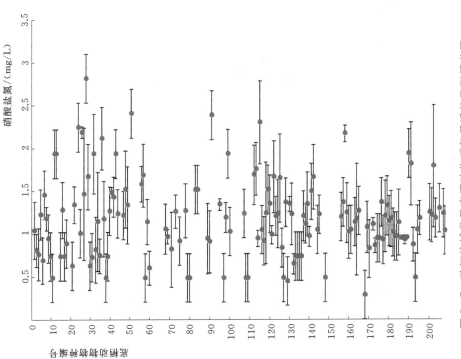

图8-7 珠江流域常见底栖动物硝酸氮最适值及耐受范围

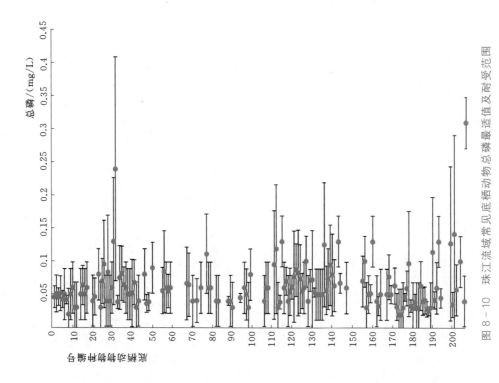

图 8-10　珠江流域常见底栖动物总磷最适值及耐受范围

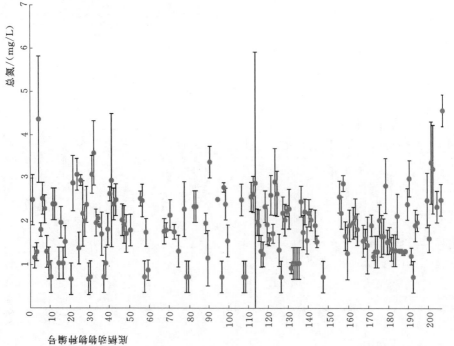

图 8-9　珠江流域常见底栖动物总氮最适值及耐受范围

表 8 - 2 底栖动物最适值及耐受范围物种编号对照表

编号	属 或 种	编号	属 或 种
SP01	狭溪泥甲属	SP40	弓蜻属
SP02	*Ordobreria* sp.	SP41	大蜻科
SP03	*Neoelmis* sp.	SP42	黄翅蜻属
SP04	*Cleptelmis* sp.	SP43	玉带蜻属
SP05	*Neocylloepus* sp.	SP46	大蜓属
SP06	*Ancuronyx* sp.	SP47	蟌科
SP07	*Ampumixis* sp.	SP48	蟌科
SP08	*Narpus* sp.	SP50	丝蟌科
SP09	*Heterelmis* sp.	SP55	隼蟌科
SP10	*Microcyllopus* sp.	SP56	四节蜉属
SP11	*Dubriaphia* sp.	SP57	原二翅蜉属
SP12	溪泥甲科种1	SP58	扁蜉属
SP14	溪泥甲科种2	SP59	似动蜉属
SP15	扁泥甲科种1	SP67	细蜉属
SP16	扁泥甲科种2	SP68	河花蜉属
SP17	扁泥甲科种3	SP70	小河蜉属
SP20	水龟甲科	SP72	细裳蜉科
SP21	龙虱科	SP74	宽基蜉属
SP23	沼梭科	SP77	蜉蝣属
SP24	步甲科	SP78	带肋蜉属
SP25	栉水虱属	SP79	锐利蜉属
SP26	齿吻沙蚕属	SP82	小石蛾科
SP27	穆尔蛭属	SP83	栖长角石蛾
SP28	舌蛭属	SP88	径石蛾科
SP29	巴蛭属	SP89	舌石蛾科
SP30	蚌蛭属	SP90	心唇纹石蛾
SP31	泽蛭属	SP94	纹石蛾科
SP32	扁蛭属	SP96	花斑侧枝纹石蛾
SP33	石蛭属	SP97	多距石蛾科
SP34	小叶春蜓属	SP98	短石蛾科
SP35	叶春蜓属	SP99	襀科
SP36	东方春蜓属	SP106	星齿蛉属
SP37	弯尾春蜓属	SP107	星齿蛉属
SP38	环尾春蜓属	SP108	斑齿蛉属
SP39	伟蜓属	SP111	涡虫纲某种

编号	属 或 种	编号	属 或 种
SP112	放逸短沟蜷	SP157	福寿螺
SP113	格氏短沟蜷	SP158	齿米虾
SP114	方格短沟蜷	SP159	锯齿长臂虾
SP115	多棱短沟蜷	SP160	中华束腹蟹
SP116	多瘤短沟蜷	SP162	华溪蟹
SP117	尖口扁卷螺	SP163	斑水螟属
SP118	凸旋螺	SP164	*Elophida* sp.
SP119	白旋螺	SP167	棘膝大蚊属
SP120	大脐圆扁螺	SP168	大蚊科
SP121	河蚬	SP169	沼大蚊属
SP122	刻纹蚬	SP171	*Dicranomyia* sp.
SP123	湖球蚬	SP172	大蚊科种 1
SP124	日本球蚬	SP173	大蚊科种 2
SP125	闪蚬	SP174	厚腹水虻亚科
SP126	蚬属种 1	SP175	舞虻科
SP127	蚬属种 2	SP176	蠓科
SP128	黄口荔枝螺	SP177	蚋科
SP129	大沼螺	SP178	摇蚊亚科
SP130	椭圆萝卜螺	SP179	多足摇蚊属
SP131	折叠萝卜螺	SP180	二叉摇蚊属
SP132	耳萝卜螺	SP181	长跗摇蚊属
SP133	尖萝卜螺	SP182	摇蚊属
SP134	狭萝卜螺	SP183	摇蚊亚科
SP135	卵萝卜螺	SP184	直突摇蚊亚科
SP136	膀胱螺	SP185	环足摇蚊属
SP137	湖沼股蛤	SP186	直突摇蚊属
SP138	光滑狭口螺	SP187	真开氏摇蚊属
SP139	槲豆螺	SP188	施密摇蚊属
SP140	梨形环棱螺	SP189	无突摇蚊属
SP141	铜锈环棱螺	SP190	长足摇蚊亚科
SP143	硬环棱螺	SP191	大粗腹摇蚊属
SP144	中华圆田螺	SP192	前突摇蚊属
SP147	钉螺科	SP193	仙女虫属
SP155	无齿蚌属	SP194	水虻科
SP156	蚌科	SP199	铁线单向蚓

编号	属 或 种	编号	属 或 种
SP200	水丝蚓属	SP204	多毛纲某种
SP201	颤蚓科	SP206	潜蝽科
SP202	苏氏尾鳃蚓	SP207	划蝽科

蛾、星齿蛉属、斑齿蛉属等昆虫纲的底栖动物可以作为溶解氧较高的清洁指示物种。

2. 五日生化需养量、高锰酸盐指数

这两个参数均表示水中耗氧污染物的浓度高低。从结果图8-2、图8-3中可以看到，珠江流域大多数底栖动物是耗氧污染的敏感种类，它们所耐受的耗氧污染物浓度较低。另外，穆尔蛭属、伟蜓属等种类能耐受较高浓度的耗氧污染物。

3. 电导率

电导率反映了水中离子浓度的高低。从计算结果来看，舞虻科、穆尔蛭属等底栖动物能够适应较高电导率的水体（$>400\mu S/cm$），而星齿蛉属、斑齿蛉属、前突摇蚊属、弯尾春蜓属、原二翅蜉属、带肋蜉、锐利蜉属、花斑侧枝纹石蛾等昆虫纲底栖动物则适应低电导率的环境（$<50\mu S/cm$）。

4. 氨氮、硝氮、亚硝氮、总氮

氨氮、硝氮、亚硝氮、总氮这几个参数表示水中各种形态氮营养盐的浓度。从分析结果来看，长足摇蚊亚科、泽蛭属、苏氏尾鳃蚓、颤蚓科、心唇纹石蛾、扁蛭属、划蝽等底栖动物适应较高氮营养盐浓度的环境，同时也可以认为其为较高营养水平的指示种类。

5. 磷酸盐、总磷

磷酸盐、总磷这两个参数表示水中磷营养盐的浓度，总体来说珠江流域内各河流的磷营养盐浓度较低，因此基于磷监测数据的分析结果显示其浓度梯度较窄。其中，扁蛭属、颤蚓科、铁线蚓等底栖动物的磷耐受范围较广，不适宜作为磷营养盐的指示生物。

第 9 章

底栖动物评价指数构建

9.1 指数构建

底栖动物综合指数的构建一般采用参照组和受损组的对比、判别分析等方法确定。这套传统的方法，虽然已经发展得十分成熟，但是存在受研究区域缺乏足够数量的参照点/参照系，而不能科学地构建的缺陷。尤其是在珠三角和长三角等经济发达地区的不可涉水河流，已经普遍且比较严重地受到人类活动的干扰，如流域内森林用地变为农田或城镇用地、筑坝、取水和污染等。如何普遍且较大程度地受人类活动干扰的流域构建底栖动物综合指数，是目前建立和应用底栖动物综合指数的一个难题。本书认为可采用综合环境梯度结合指数分布的方法来构建底栖动物综合指数。

本书以珠江流域不可涉水河流为研究对象，尝试以底栖动物群落参数对环境梯度的响应为依据，筛选出合适的生物指数来构建适合珠江流域水质生物评价的底栖动物综合指数。旨在为珠江流域河流水质生物监测和评价提供科学的水质生物评价指数，为我国同类型河流的水质生物评价综合指数的构建提供参考。

9.1.1 研究数据来源

考虑数据的完整性和合理性，在珠江流域底栖动物评价指数构建过程中采用的研究数据主要来源于 2010—2012 年对珠江流域的郁江、桂江、北江、东江流域开展的生态监测，包括水体理化参数和底栖动物群落的测定。其中水体理化参数包括溶解氧、电导率、pH值、总磷、氨氮、硝氮、亚硝氮、磷酸盐、硅酸盐、氯化物、高锰酸盐指数，各参数的测定都按照国家标准 GB 3838—2002《地表水环境质量标准》进行。

9.1.2 数据分析

1. 水质理化数据整理

通过主成分分析方法，对水质理化参数进行降维处理，目的是用尽可能少的变量归纳尽可能多的水体理化性质数据。首先对 11 个水体理化参数进行 Spearman 秩相关分析，剔除显著相关（$|r| > 0.70$，$p < 0.05$）的冗余参数。筛选后剩余的参数进行主成分分析，得到水体理化主成分。

2. 底栖动物参数计算

参照相关参考文献，计算了36个对干扰反映比较敏感的底栖动物参数，这些参数涵盖了底栖动物群落组成与结构丰度、多度、取食功能团和多样性指数等。36个候选底栖动物参数见表9-1。

表9-1 36个候选底栖动物参数

生物参数	对干扰增加的响应	生物参数	对干扰增加的响应
M1 总分类单元数	下降	M19 水生昆虫分类单元数	下降
M2 EPT 分类单元数	下降	M20 捕食者百分比	不定
M3 蜉蝣目分类单元数	下降	M21 撕食者百分比	不定
M4 毛翅目分类单元数	下降	M22 集食者百分比	不定
M5 甲壳纲分类单元数	下降	M23 滤食者百分比	不定
M6 软体动物分类单元数	下降	M24 刮食者百分比	不定
M7 鞘翅目分类单元数	下降	M25 优势单元百分比	上升
M8 蜻蜓目分类单元数	下降	M26 前二位优势单元百分比	上升
M9 双翅目分类单元数	下降	M27 前三位优势单元百分比	上升
M10 总物种数	下降	M28 前五位优势单元百分比	上升
M11 寡毛纲百分比	上升	M29 EPT 百分比	下降
M12 软体动物百分比	下降	M30 敏感类群百分比	下降
M13 蜉蝣目百分比	下降	M31 耐污类群百分比	上升
M14 毛翅目百分比	下降	M32 中性类群百分比	不定
M15 双翅目百分比	下降	M33 BI 指数	上升
M16 鞘翅目百分比	下降	M34 多样性指数	下降
M17 摇蚊科在双翅目中比例	上升	M35 优势度指数	上升
M18 大蚊科在双翅目中比例	上升	M36 均匀度指数	下降

3. 参数筛选

将36个底栖动物参数分别和环境参数的主成分I和主成分II得分进行 Spearman 秩相关分析，得到能与环境指数较好地响应的底栖动物参数，构建珠江流域底栖动物评价指数。

最后通过得到的底栖动物参数对断面进行生物评价。

9.1.3 结果与分析

9.1.3.1 水质主成分分析

1. 水质理化参数

珠江流域各河流监测点水质理化参数统计表见表9-2。由表9-2可以看到，珠江流域各河流的水质理化参数值有较大幅度的波动。综合各断面的水质理化参数，pH 值为 6.60～8.70，溶解氧不超过 8.90mg/L，五日生化需氧量为 0.04～30.40mg/L，高锰酸盐指数为 0.80～8.10mg/L，平均值为 2.132mg/L，氨氮浓度为 0.03～19.00mg/L，平均值 1.44mg/L，亚硝氮浓度不高于 0.42mg/L，硅酸盐浓度为 2.62～22.10mg/L，磷酸

盐浓度为 $0.01 \sim 0.52 \mathrm{mg/L}$，总氮浓度不超过 $17.80 \mathrm{mg/L}$，平均值 $2.41 \mathrm{mg/L}$，总磷浓度不超过 $0.76 \mathrm{mg/L}$，平均值为 $0.09 \mathrm{mg/L}$。按照《地表水环境质量标准》GB 3838—2002，溶解氧、五日生化需氧量、高锰酸盐指数和总磷浓度均处于 Ⅱ 类水水平，而氨氮浓度较高，达到 Ⅳ 类，总氮浓度则为 Ⅴ 类。

表 9 - 2　　　　　　　　　　珠江流域各河流监测点水质理化参数统计表

理化参数	最小值	最大值	平均值	方差
溶解氧/(mg/L)	0.00	8.90	7.142	0.193
五日生化需氧量/(mg/L)	0.04	30.40	2.571	0.301
高锰酸盐指数/(mg/L)	0.80	8.10	2.132	0.113
电导率/(μS/cm)	32.20	1051.00	192.28	13.547
氨氮/(mg/L)	0.03	19.00	1.44	0.272
pH 值	6.60	8.70	7.53	0.034
亚硝氮/(mg/L)	0.00	0.42	0.06	0.006
硅酸盐/(mg/L)	2.62	22.10	11.67	0.360
氯化物/(mg/L)	0.90	261.00	14.76	2.351
硝氮/(mg/L)	0.28	6.92	1.34	0.072
磷酸盐/(mg/L)	0.01	0.52	0.08	0.009
总氮/(mg/L)	0.00	17.80	2.41	0.274
总磷/(mg/L)	0.01	0.76	0.09	0.011

2. 主成分分析

前两个主成分的累积贡献率为 70.17%，大于 70%，表明这两个主成分代表了全部原始参数 70.17% 的信息，为筛选出的评价指标。主成分贡献率见表 9 - 3。

表 9 - 3　　　　　　　　　　　　主 成 分 贡 献 率

成分	初始特征值			提取平方和载入		
	合计	方差解释率/%	累积方差解析率/%	合计	方差解释率/%	累积方差解析率/%
1	7.32	56.31	56.31	7.32	56.31	56.31
2	1.80	13.86	70.17	1.80	13.86	70.17
3	1.12	8.60	78.77			
4	0.66	5.08	83.85			
5	0.49	3.78	87.63			
6	0.42	3.24	90.88			
7	0.36	2.81	93.68			
8	0.28	2.13	95.81			
9	0.22	1.72	97.53			
10	0.13	1.04	98.56			
11	0.08	0.62	99.18			
12	0.06	0.50	99.68			
13	0.04	0.32	100.00			

筛选出的主成分由各个环境参数在该主成分平面上的投影组成，正交旋转后的主成分载荷矩阵见表 9-4。用筛选出的两个主成分建立平面坐标系，并将 13 个水质理化参数投影在这个平面坐标系上，运用因子载荷矩阵绘制主成分分布图。水质理化参数主成分分布图见图 9-1。

表 9-4 主 成 分 载 荷 矩 阵

理化参数	成分		理化参数	成分	
	1	2		1	2
溶解氧	−0.822	0.070	硅酸盐	−0.014	−0.808
五日生化需氧量	0.805	−0.033	氯化物	0.671	0.164
高锰酸盐指数	0.770	−0.013	硝氮	0.516	0.117
电导率	0.774	0.435	磷酸盐	0.816	−0.096
氨氮	0.814	0.098	总氮	0.801	−0.016
pH 值	−0.299	0.759	总磷	0.775	−0.211
亚硝氮	0.850	−0.026			

从图 9-1 可以看到第一个主成分包含了较多的环境信息，与溶解氧、总氮、亚硝酸盐、电导率等几个环境参数的相关性较高，第二主成分与 pH 值、硅酸盐相关性较高。

3. KMO 和 Bartlett 的检验

在 Bartlett 球形检验中，Kaiser - Meyer - Olkin 是用于比较观测相关系数值与偏相关系数值的指标，其值越接近 1，表明分析的效果越好。经 Bartlett 检验，KMO=0.807，近似卡方值=1393.930，且 $p=0.000<0.05$，表明相关矩阵不是一个单位矩阵，主成分分析的结果在数学统计上可以接受，该方法可行。KMO 和 Bartlett 的检验见表 9-5。

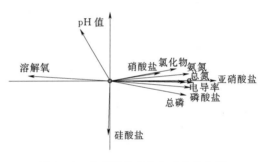

图 9-1 水质理化参数主成分分布图

表 9-5 KMO 和 Bartlett 的检验

取样足够度的 Kaiser - Meyer - Olkin 度量		0.807
Bartlett 球形检验	近似卡方	1393.930
	自由度	78.000
	显著性	0.000

9.1.3.2 底栖动物群落分析

1. 底栖动物群落组成

通过 2010—2012 年 117 个断面的大型底栖无脊椎动物野外调查，共获得 166 个大型底栖动物分类单元（以下统称为种）。优势类群为节肢动物门中昆虫纲 105 种，其次为软体动物门 40 种，其他类群及种类数分别为扁形动物门 1 种、线形动物门 1 种、环节动物门 13 种、节肢动物门的甲壳纲 6 种。珠江流域底栖动物群落组成见图 9-2。

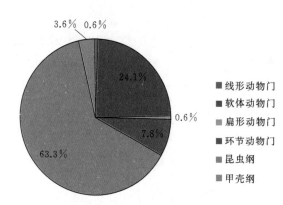

对各河流底栖动物站点的群落结构进行非度量多维度排序发现，各河流的底栖动物群落有较大的差异，而同一河流的各采样站点的群落也同样存在差异。各河流底栖动物群落非度量多维度排序图见图9-3。这说明了不同河流之间存在的地理条件差异以及流域范围内上下游不同的开发利用程度，造成了底栖动物群落结构的差异，而这种差异正是底栖动物群落对不同环境干扰的响应程度，因此本书从设定的断面中获取的底栖动物信息能反应一定的环境梯度，其作为建立普遍适用于珠江流域的生物指数的基础数据是可行的。

图9-2 珠江流域底栖动物群落组成

其中，桂江上游站点的底栖动物群落与其他站点存在较明显的差异，通过调查站点的点位示意图可知，这些站点均处于各流域的上游地区，河流水质较清洁，底栖动物群落受环境干扰的程度较低；从其中的底栖动物组成来看，敏感种类占的比例较高，物种种类较丰富。因此，这些站点的底栖动物参数计算理论上可以成为指数构建的参考系。

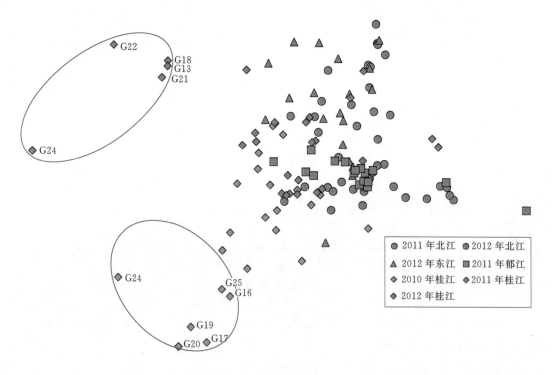

图9-3 各河流底栖动物群落非度量多维度排序图

2. 底栖动物参数

各河流底栖动物群落各参数计算结果见表9-6～表9-11。

表 9-6 　　　　　　　　　　2011 年郁江底栖动物群落各参数计算结果

底栖动物参数	Y1	Y2	Y3	Y4	Y5	Y6	Y7	Y8	Y9	Y10	Y11	Y12	Y13	Y14	Y15	Y16	Y17
M1 总分类单元数/个	9	6	1	12	9	13	11	12	9	5	11	6	7	5	7	7	11
M2 EPT 分类单元数/个	2	1	0	2	0	2	2	1	1	0	0	0	0	0	0	0	2
M3 蜉蝣目分类单元数/个	1	1	0	2	0	2	2	0	1	0	0	0	0	0	0	0	2
M4 毛翅目分类单元数/个	1	0	0	0	0	0	0	1	0	0	0	0	0	0	0	0	0
M5 甲壳纲分类单元数/个	2	0	1	2	1	1	1	2	1	2	2	0	0	0	1	1	0
M6 软体动物分类单元数/个	2	2	0	3	6	5	2	3	3	2	4	4	5	3	3	2	6
M7 鞘翅目分类单元数/个	1	0	0	1	0	0	0	0	0	0	0	0	0	0	0	0	0
M8 蜻蜓目分类单元数/个	0	0	0	0	0	0	0	0	0	0	2	0	0	0	0	1	0
M9 双翅目分类单元数/个	2	3	0	2	0	3	4	2	2	0	3	1	1	1	2	1	2
M10 总物种数/种	9	6	1	12	9	13	11	12	9	5	11	6	7	5	7	7	11
M11 寡毛纲百分比/%	0	9	0	9	2	9	5	3	0	11	10	4	7	42	28	19	5
M12 软体动物百分比/%	6	4	0	12	94	12	8	4	34	17	78	73	61	43	37	7	10
M13 蜉蝣目百分比/%	1	9	0	2	0	11	49	0	6	0	0	0	0	0	0	0	4
M14 毛翅目百分比/%	1	0	0	0	0	0	0	1	0	0	0	0	0	0	0	0	0
M15 双翅目百分比/%	73	78	0	37	0	39	24	81	50	0	11	22	32	15	35	41	80
M16 鞘翅目百分比/%	4	0	0	1	0	0	0	0	0	0	0	0	0	0	0	0	0
M17 摇蚊科在双翅目中比例%	90	61	0	99	0	37	43	100	50	0	96	100	100	100	95	100	97
M18 大蚊科在双翅目中比例%	0	0	0	0	0	0	0	0	0	0	0	0	0	0	0	0	0
M19 水生昆虫分类单元数/个	5	4	0	6	0	5	6	5	5	0	3	1	1	1	2	2	4
M20 捕食者百分比/%	8	4	100	3	4	0	6	4	0	0	0	0	0	0	0	9	2
M21 撕食者百分比/%	0	0	0	0	0	0	0	0	0	0	0	0	0	0	0	0	0
M22 集食者百分比/%	85	87	0	84	2	87	83	87	59	83	22	27	39	57	62	84	86
M23 滤食者百分比/%	1	9	0	0	6	1	8	1	0	0	0	0	2	0	2	0	2
M24 刮食者百分比/%	6	4	0	12	88	12	3	8	34	17	77	73	59	43	37	7	11
M25 优势单元百分比/%	66	48	100	37	58	28	31	81	28	67	72	59	46	42	33	41	77
M26 前二位优势单元百分比/%	76	70	0	72	76	50	49	85	53	78	82	82	78	78	61	65	84
M27 前三位优势单元百分比/%	84	78	0	81	84	66	59	88	78	89	89	92	85	93	86	82	88
M28 前五位优势单元百分比/%	91	96	0	92	92	85	76	93	88	100	97	98	95	100	97	96	93
M29 EPT 百分比/%	3	9	0	2	0	11	49	1	6	0	0	0	0	0	0	0	4
M30 敏感类群百分比/%	5	0	100	3	58	5	0	1	28	6	0	0	0	0	0	0	2
M31 耐污类群百分比/%	29	43	0	51	34	66	79	13	47	83	79	73	61	42	39	31	16
M32 中性类群百分比/%	66	57	0	46	6	29	21	84	25	11	21	27	39	58	61	69	82
M33 BI 指数	7	7	3	7	4	6	5	8	5	6	7	7	7	8	8	8	8
M34 多样性指数	1.28	1.46	0.00	1.59	1.38	2.00	2.09	0.92	1.76	1.08	1.06	1.17	1.39	1.23	1.48	1.53	1.00
M35 优势度指数	66	48	100	37	58	28	31	81	28	67	72	59	46	42	33	41	77
M36 均匀度指数	0.58	0.81	0.00	0.64	0.63	0.78	0.87	0.37	0.80	0.67	0.44	0.65	0.71	0.76	0.76	0.79	0.42

表 9 - 7 2011 年北江底栖动物群落各参数计算结果

底栖动物参数	B1	B2	B3	B6	B7	B8	B11	B12	B13	B15	B16	B17	B18	B20	B21	B23	B24	B25	B26	B27	B28	B29
M1 总分类单元数/个	9	12	6	7	9	11	19	14	17	8	8	15	10	12	21	0	3	7	3	9	2	6
M2 EPT分类单元数/个	2	1	0	1	1	1	1	0	1	0	0	4	0	1	6	0	0	1	0	0	0	0
M3 蜉蝣目分类单元数/个	1	1	0	1	1	1	1	0	1	0	0	3	0	1	2	0	0	1	0	0	0	0
M4 毛翅目分类单元数/个	1	0	0	0	0	0	0	0	0	0	0	1	0	0	4	0	0	0	0	0	0	0
M5 甲壳纲分类单元数/个	0	0	1	0	0	0	0	0	0	0	0	0	0	2	0	0	0	0	0	0	0	0
M6 软体动物分类单元数/个	2	3	0	2	4	5	9	6	6	7	3	5	4	3	6	0	0	1	0	5	0	0
M7 鞘翅目分类单元数/个	2	2	0	0	0	0	1	0	2	0	0	1	2	1	1	0	1	0	0	0	0	0
M8 蜻蜓目分类单元数/个	1	0	0	0	0	0	2	1	0	0	0	0	1	2	1	0	1	0	1	0	1	1
M9 双翅目分类单元数/个	2	2	0	2	2	1	3	2	0	0	2	2	3	3	3	0	2	3	2	3	0	3
M10 总物种数/种	9	12	6	7	9	11	19	14	17	8	8	15	10	12	21	0	3	7	3	9	2	6
M11 寡毛纲百分比/%	0	1	72	0	0	88	2	17	3	96	12	12	51	45	34	0	0	21	56	72	100	1
M12 软体动物百分比/%	4	8	0	8	56	5	53	68	9	4	7	42	4	11	32	0	0	17	0	18	0	0
M13 蜉蝣百分比/%	4	1	0	21	1	0	1	0	1	0	0	3	0	2	2	0	0	1	0	0	0	0
M14 毛翅目百分比/%	3	0	0	0	0	0	0	0	0	0	0	1	0	0	1	0	0	0	0	0	0	0
M15 双翅目百分比/%	64	83	28	54	4	41	4	7	11	0	82	41	27	37	31	0	94	62	44	9	0	97
M16 鞘翅目百分比/%	24	5	0	0	0	0	0	0	28	0	0	0	18	2	0	0	6	0	0	0	0	0
M17 摇蚊科在双翅目中比例/%	7	0	57	5	52	100	96	0	5	0	27	0	79	28	20	0	25	33	25	33	0	11
M18 大蚊科在双翅目中比例/%	0	2	0	0	0	0	0	0	0	0	0	0	0	0	0	0	0	0	0	0	0	0
M19 水生昆虫分类单元数/个	7	5	3	4	4	2	7	3	6	0	3	7	5	7	11	0	3	5	2	3	0	4
M20 捕食者百分比/%	1	0	0	18	2	0	2	0	0	0	0	0	3	0	0	0	0	0	0	1	0	1
M21 撕食者百分比/%	0	1	0	0	0	0	0	0	0	0	0	0	0	0	0	0	0	0	0	0	0	0
M22 集食者百分比/%	68	84	94	67	39	92	44	26	58	96	90	55	78	82	67	0	94	75	100	81	100	74
M23 滤食者百分比/%	6	2	6	8	17	0	14	23	5	0	8	0	1	0	0	0	0	8	0	12	0	25
M24 刮食者百分比/%	25	12	0	8	43	5	41	48	36	3	2	42	18	13	32	0	6	17	0	6	0	0
M25 优势单元百分比/%	59	81	72	44	41	88	28	23	44	96	57	40	51	45	34	0	70	35	56	72	85	62
M26 前二位优势单元百分比/%	82	85	88	64	62	92	57	43	72	97	78	69	72	70	59	0	94	55	89	84	100	87
M27 前三位优势单元百分比/%	86	88	94	82	80	95	68	61	82	98	89	80	90	81	77	0	100	75	100	90	0	97
M28 前五位优势单元百分比/%	94	93	100	96	93	99	83	83	90	99	96	92	98	92	89	0	99	0	99	96	0	99
M29 EPT百分比/%	7	1	0	21	1	0	0	3	0	0	0	4	0	2	2	0	0	1	0	0	0	0
M30 敏感类群百分比/%	3	0	0	21	0	0	1	0	4	0	0	2	0	0	1	0	0	0	0	0	2	0

底栖动物参数	B1	B2	B3	B6	B7	B8	B11	B12	B13	B15	B16	B17	B18	B20	B21	B23	B24	B25	B26	B27	B28	B29
M31 耐污类群百分比/%	93	91	12	76	36	4	54	78	88	2	65	83	27	36	56	0	77	42	33	21	0	88
M32 中性类群百分比/%	5	8	88	4	64	94	45	22	9	98	35	15	73	64	43	0	23	58	67	78	100	12
M33 BI 指数	5	5	9	5	7	9	7	7	5	10	6	6	7	8	6	0	5	7	8	9	10	5
M34 多样性指数	1.29	0.90	0.89	1.52	1.60	0.56	2.06	2.04	1.65	0.22	1.30	1.66	1.33	1.58	1.82	0.00	0.76	1.55	0.94	1.06	0.42	1.00
M35 优势度指数	59	81	72	44	41	88	28	23	44	96	57	40	51	45	34	0	70	35	56	72	85	62
M36 均匀度指数	0.59	0.36	0.50	0.78	0.73	0.23	0.70	0.77	0.58	0.11	0.62	0.61	0.58	0.64	0.60	0.00	0.70	0.80	0.85	0.48	0.61	0.56

表 9-8　　　　　　　　　2012 年北江底栖动物群落各参数计算结果

底栖动物参数	B11	B12	B13	B15	B16	B17	B18	B19	B20	B21	B23	B24	B25	B26	B27	B28	B29	B30	B31	B35
M1 总分类单元数/个	7	5	9	0	3	7	10	3	12	9	0	6	5	2	19	8	8	3	7	6
M2 EPT 分类单元数/个	0	0	2	0	0	0	1	0	2	0	0	0	2	0	3	1	2	0	0	2
M3 蜉蝣目分类单元数/个	0	0	2	0	0	0	1	0	2	0	0	0	2	1	0	0	0	0	0	2
M4 毛翅目分类单元数/个	0	0	0	0	0	0	0	0	0	0	0	0	1	0	2	0	0	0	0	0
M5 甲壳纲分类单元数/个	0	1	0	0	0	1	0	0	1	1	0	0	1	0	0	0	0	0	1	0
M6 软体动物分类单元数/个	4	1	3	0	1	2	1	1	1	0	0	7	2	0	1	3	1	0	0	0
M7 鞘翅目分类单元数/个	0	0	0	0	0	0	0	1	0	2	0	0	1	0	1	2	0	2	0	0
M8 蜻蜓目分类单元数/个	0	0	0	0	0	0	0	0	1	0	0	2	0	0	1	0	2	0	1	0
M9 双翅目分类单元数/个	1	1	2	0	1	1	2	0	0	0	0	2	0	1	2	3	0	1	1	2
M10 总物种数/种	7	5	9	0	3	7	10	3	12	9	0	6	5	2	19	8	8	3	7	6
M11 寡毛纲百分比/%	98	53	31	0	80	77	44	86	8	17	0	3	97	0	0	44	18	36	47	30
M12 软体动物百分比/%	1	6	38	0	7	5	14	2	82	0	0	33	7	0	27	9	3	0	0	0
M13 蜉蝣目百分比/%	0	0	13	0	0	0	11	0	2	0	0	2	0	13	1	0	0	0	0	40
M14 毛翅目百分比/%	0	0	0	0	0	0	0	0	0	0	0	0	23	0	18	0	0	0	0	0
M15 双翅目百分比/%	1	24	13	0	13	13	11	0	0	0	0	70	0	85	15	47	0	36	13	27
M16 鞘翅目百分比/%	0	0	0	0	0	0	14	0	7	0	0	2	0	15	0	27	0	0	0	0
M17 摇蚊科在双翅目中比例/%	100	100	0	0	100	100	75	0	0	0	0	96	0	100	84	34	0	100	0	50
M18 大蚊科在双翅目中比例/%	0	0	0	0	0	0	0	0	0	0	0	0	0	0	0	0	0	0	0	0
M19 水生昆虫分类单元数/个	1	1	4	0	1	2	4	0	5	0	0	5	2	2	8	4	6	1	2	4
M20 捕食者百分比/%	0	0	6	0	0	0	1	0	5	0	0	27	1	15	0	2	0	36	0	2
M21 撕食者百分比/%	0	0	0	0	0	0	0	0	19	0	0	0	0	0	0	0	0	0	0	0
M22 集食者百分比/%	98	71	44	0	80	81	64	86	59	18	0	3	98	0	13	46	18	36	77	70
M23 滤食者百分比/%	0	0	13	0	0	0	0	0	3	0	0	0	1	54	1	18	0	0	0	3
M24 刮食者百分比/%	1	6	38	0	7	5	25	14	14	79	0	0	0	16	6	27	27	9	0	0
M25 优势单元百分比/%	97	35	31	0	80	75	39	81	50	75	0	67	97	85	23	26	18	36	47	37
M26 前二位优势单元百分比/%	98	59	50	0	93	88	53	95	69	91	0	82	98	100	36	53	36	73	77	67
M27 前三位优势单元百分比/%	99	76	63	0	100	92	64	100	76	94	0	92	99	0	49	71	55	100	89	80

续表

底栖动物参数	B11	B12	B13	B15	B16	B17	B18	B19	B20	B21	B23	B24	B25	B26	B27	B28	B29	B30	B31	B35
M28 前五位优势单元百分比/%	100	100	75	0	0	98	81	0	84	98	0	98	100	0	74	93	73	0	96	97
M29 EPT百分比/%	0	0	13	0	0	0	11	0	2	0	0	0	2	0	36	1	18	0	0	40
M30 敏感类群百分比/%	0	0	6	0	0	0	0	0	1	0	0	0	0	0	1	0	9	0	0	3
M31 耐污类群百分比/%	2	18	19	0	0	2	44	19	6	4	0	3	0	0	2	18	0	36	47	0
M32 中性类群百分比/%	1	24	44	0	7	10	42	0	85	81	0	27	3	15	82	9	73	27	38	40
M33 BI 指数	0	5	4	2	2	6	2	5	4	7	0	8	5	4	4	7	7	4	0	5
M34 多样性指数	0.19	1.49	1.98	0.00	0.63	0.90	1.92	0.59	1.70	0.88	0.00	1.07	0.20	0.43	2.22	1.73	2.02	1.09	1.36	1.49
M35 优势度指数	97	35	31	0	80	75	39	81	50	75	0	67	97	85	23	26	18	36	47	37
M36 均匀度指数	0.10	0.92	0.90	0.00	0.57	0.46	0.83	0.54	0.68	0.40	0.00	0.60	0.12	0.62	0.75	0.83	0.97	0.99	0.70	0.83

表 9 - 9　　　　　　　　2012 年东江底栖动物群落各参数计算结果

底栖动物参数	D2	D3	D4	D5	D6	D7	D9	D10	D11	D12	D14	D15	D16	D17	D18	D19	D22	D24
M1 总分类单元数/个	6	7	23	6	21	19	18	8	8	5	13	7	17	5	2	7	4	6
M2 EPT 分类单元数/个	2	3	4	0	5	2	1	1	0	4	2	0	1	0	0	0	0	2
M3 蜉蝣目分类单元数/个	2	2	4	0	4	1	1	1	0	4	2	0	1	0	0	0	0	2
M4 毛翅目分类单元数/个	0	1	0	0	0	1	0	0	0	0	0	0	0	0	0	0	0	0
M5 甲壳纲分类单元数/个	0	0	1	0	0	0	1	0	1	0	0	0	0	0	0	0	0	0
M6 软体动物分类单元数/个	1	2	8	1	4	1	10	1	6	1	4	2	7	1	0	2	3	1
M7 鞘翅目分类单元数/个	0	0	2	1	4	4	0	0	0	0	0	0	0	0	0	0	0	0
M8 蜻蜓目分类单元数/个	0	0	1	0	1	1	0	0	0	0	0	0	0	0	0	0	0	0
M9 双翅目分类单元数/个	2	1	4	2	3	6	1	2	0	0	3	2	4	1	1	4	0	2
M10 总物种数/种	6	7	23	6	21	19	18	8	8	5	13	7	17	5	2	7	4	6
M11 寡毛纲百分比/%	40	5	12	54	1	11	4	65	45	0	21	9	7	64	100	1	0	1
M12 软体动百分比/%	4	55	48	0	3	0	59	0	52	3	7	12	35	7	0	3	89	7
M13 蜉蝣目百分比/%	4	20	16	0	33	0	2	5	0	97	1	0	35	0	0	0	0	2
M14 毛翅目百分比/%	0	5	0	0	0	0	0	0	0	0	0	0	0	0	0	0	0	0
M15 双翅目百分比/%	52	15	17	35	42	18	1	19	0	0	65	77	40	14	0	96	0	89
M16 鞘翅目百分比/%	0	0	1	4	13	66	0	0	0	0	0	0	0	0	0	0	0	0
M17 摇蚊科在双翅目中比例/%	68	100	12	78	0	40	100	82	0	0	12	79	43	0	100	34	0	67
M18 大蚊科在双翅目中比例/%	0	0	0	0	99	5	0	0	0	0	0	0	0	0	0	0	0	0
M19 水生昆虫分类单元数/个	4	4	11	3	13	15	4	3	0	4	5	2	5	1	1	4	0	4
M20 捕食者百分比/%	0	0	1	8	43	2	6	3	0	0	6	5	0	4	14	0	0	0
M21 撕食者百分比/%	0	0	0	0	0	0	0	0	0	0	0	0	0	0	0	0	0	0

续表

底栖动物参数	D2	D3	D4	D5	D6	D7	D9	D10	D11	D12	D14	D15	D16	D17	D18	D19	D22	D24
M22 集食者百分比/%	42	25	31	54	27	12	7	70	48	84	84	22	12	42	79	100	1	0
M23 滤食者百分比/%	0	60	19	0	1	1	19	0	10	0	3	1	0	10	0	0	2	0
M24 刮食者百分比/%	6	0	34	12	27	66	67	8	41	16	7	7	12	3	7	0	2	89
M25 优势单元百分比/%	40	50	13	31	41	30	26	65	45	63	54	60	35	50	100	55	88	60
M26 前二位优势单元百分比/%	75	65	25	58	55	55	48	81	62	80	73	77	52	64	100	88	99	89
M27 前三位优势单元百分比/%	92	80	36	81	65	66	62	88	76	93	80	84	64	79	0	95	100	97
M28 前五位优势单元百分比/%	98	90	54	96	78	83	76	96	90	100	89	95	82	100	0	98	0	99
M29 EPT百分比/%	4	25	16	0	33	1	2	5	0	97	1	0	35	0	0	0	0	2
M30 敏感类群百分比/%	2	5	3	0	53	1	0	0	0	76	0	0	0	0	0	2	0	1
M31 耐污类群百分比/%	0	0	13	31	2	2	9	1	0	0	3	2	7	14	0	1	0	1
M32 中性类群百分比/%	6	75	63	19	43	70	88	15	55	24	13	14	46	36	0	2	89	8
M33 BI 指数	3	5	5	6	3	5	6	2	3	3	4	7	5	3	0	5	4	7
M34 多样性指数	1.33	1.51	2.74	1.57	2.06	2.02	2.24	1.18	1.65	1.08	1.56	1.29	2.01	1.37	0.01	1.11	0.39	1.01
M35 优势度指数	40	50	13	31	41	30	26	65	45	63	54	60	35	50	100	55	88	60
M36 均匀度指数	0.74	0.78	0.87	0.88	0.68	0.69	0.78	0.57	0.80	0.67	0.61	0.66	0.71	0.85	0.02	0.57	0.28	0.56

表 9-10　　2011 年桂江底栖动物群落各参数计算结果

底栖动物参数	G1	G2	G3	G4	G5	G6	G7	G8	G9	G10	G11
M1 总分类单元数/个	13	14	6	8	17	11	10	11	11	8	9
M2 EPT 分类单元数/个	2	0	1	1	1	1	1	2	0	0	1
M3 蜉蝣目分类单元数/个	2	0	1	1	1	1	1	2	0	0	1
M4 毛翅目分类单元数/个	0	0	0	0	0	0	0	0	0	0	0
M5 甲壳纲分类单元数/个	2	1	1	1	1	1	0	2	2	1	1
M6 软体动物分类单元数/个	5	7	3	3	10	6	6	6	7	6	5
M7 鞘翅目分类单元数/个	0	2	0	0	0	0	0	0	0	0	0
M8 蜻蜓目分类单元数/个	2	1	0	1	1	1	0	1	1	0	0
M9 双翅目分类单元数/个	1	1	1	2	1	2	1	0	1	1	1
M10 总物种数/种	13	14	6	8	17	11	10	11	11	8	9
M11 寡毛纲百分比/%	0	3	0	0	0	0	0	0	0	0	0
M12 软体动百分比/%	86	51	18	6	78	90	93	64	90	77	78
M13 蜉蝣目百分比/%	3	0	3	66	1	4	1	2	0	0	12
M14 毛翅目百分比/%	0	0	0	0	0	0	0	0	0	0	0
M15 双翅目百分比/%	0	3	75	2	0	2	3	0	4	2	1

续表

底栖动物参数	G1	G2	G3	G4	G5	G6	G7	G8	G9	G10	G11
M16 鞘翅目百分比/%	0	3	0	0	0	0	0	0	0	0	0
M17 摇蚊科在双翅目中比例/%	100	100	100	100	100	100	100	0	100	100	100
M18 大蚊科在双翅目中比例/%	0	0	0	0	0	0	0	0	0	0	0
M19 水生昆虫分类单元数/个	5	4	2	4	5	4	2	3	2	1	3
M20 捕食者百分比/%	1	13	0	0	2	2	3	1	1	0	7
M21 撕食者百分比/%	0	0	0	0	0	0	0	0	0	0	0
M22 集食者百分比/%	14	21	79	94	20	8	4	35	9	23	16
M23 滤食者百分比/%	0	1	14	0	0	0	0	0	0	0	0
M24 刮食者百分比/%	86	65	7	6	78	90	93	64	90	77	78
M25 优势单元百分比/%	78	21	75	66	45	71	69	55	57	48	65
M26 前二位优势单元百分比/%	88	37	83	92	75	82	84	87	75	69	77
M27 前三位优势单元百分比/%	92	50	89	95	94	87	91	89	79	80	84
M28 前五位优势单元百分比/%	97	74	97	99	97	93	96	94	87	95	93
M29 EPT 百分比/%	3	0	3	66	1	4	1	2	0	0	12
M30 敏感类群百分比/%	0	0	3	0	0	0	1	3	0	0	0
M31 耐污类群百分比/%	98	86	18	96	98	90	94	93	77	87	84
M32 中性类群百分比/%	2	14	79	4	2	10	6	4	23	13	17
M33 BI 指数	4	6	8	5	5	5	5	5	5	5	5
M34 多样性指数	0.90	2.25	0.95	0.93	1.34	1.13	1.09	1.23	1.49	1.52	1.28
M35 优势度指数	78	21	75	66	45	71	69	55	57	48	65
M36 均匀度指数	0.35	0.85	0.53	0.45	0.47	0.47	0.47	0.51	0.62	0.73	0.58

表 9-11　　　　　　　2012 年桂江底栖动物群落各参数计算结果

底栖动物参数	G1	G2	G3	G4	G5	G6	G7	G8	G9	G10	G11	G12	G13	G14	G15	G16	G17
M1 总分类单元数/个	32	19	31	16	11	25	11	6	5	14	6	6	4	5	7	14	10
M2 EPT 分类单元数/个	11	2	4	1	0	7	4	1	1	1	0	1	1	0	0	3	2
M3 蜉蝣目分类单元数/个	4	0	3	1	0	6	4	1	1	1	0	1	1	0	0	3	2
M4 毛翅目分类单元数/个	6	2	1	0	0	1	0	0	0	0	0	0	0	0	0	0	0
M5 甲壳纲分类单元数/个	0	1	0	0	0	0	1	0	1	0	1	1	1	0	1	0	1
M6 软体动物分类单元数/个	5	0	11	0	0	7	1	0	2	7	4	1	1	4	2	8	2
M7 鞘翅目分类单元数/个	6	3	6	1	2	2	3	0	0	0	1	0	1	0	0	0	2
M8 蜻蜓目分类单元数/个	1	3	3	0	0	0	0	2	0	1	0	1	0	0	0	0	0
M9 双翅目分类单元数/个	6	6	5	10	5	2	2	1	1	2	1	1	0	1	2	0	1
M10 总物种数/种	32	19	31	16	11	25	11	6	5	14	6	6	4	5	7	14	10
M11 寡毛纲百分比/%	0	48	2	6	59	1	9	0	0	0	0	16	0	0	4	35	20
M12 软体动百分比/%	8	0	21	0	0	9	5	0	1	31	90	8	4	82	24	40	20
M13 蜉蝣目百分比/%	48	0	1	1	0	7	25	44	99	16	0	18	10	0	0	4	20

底栖动物参数	G1	G2	G3	G4	G5	G6	G7	G8	G9	G10	G11	G12	G13	G14	G15	G16	G17
M14 毛翅目百分比/%	12	10	0	0	0	0	0	0	0	0	0	0	0	0	0	0	0
M15 双翅目百分比/%	12	16	55	86	33	1	20	3	1	7	5	16	0	18	42	0	15
M16 鞘翅目百分比/%	15	1	15	1	1	26	41	0	0	0	0	0	4	0	0	0	15
M17 摇蚊科在双翅目中比例/%	0	24	18	25	0	0	0	100	100	89	0	100	0	100	90	0	100
M18 大蚊科在双翅目中比例/%	67	3	3		15	25											
M19 水生昆虫分类单元数/个	27	15	18	12	8	15	9	4	2	4	1	3	2	1	2	3	5
M20 捕食者百分比/%	4	0	12		5			21	10	7	20	2	2				2
M21 撕食者百分比/%	0	0	1								3			17			
M22 集食者百分比/%	92	99	49	5	71	92	0	34	39	45	49	67	59	97	81	52	59
M23 滤食者百分比/%											11	10					9
M24 刮食者百分比/%	0	1	32	90	8	8	82	24	35	30	27	1	37	1	1	48	29
M25 优势单元百分比/%	38	48	42	26	59	53	27	48	99	33	43	37	82	35	38	35	20
M26 前二位优势单元百分比/%	46	60	55	42	74	79	41	92	99	49	75	55	92	59	68		35
M27 前三位优势单元百分比/%	52	69	64	58	86	82	54	94	100	61	88	71	96	76	86	78	50
M28 前五位优势单元百分比/%	62	83	76	72	95	88	75	100		76	95	100	96	88			70
M29 EPT 百分比/%	62	10	2	1	0	7	25	44	99	16	0	18	10	0	0	4	20
M30 敏感类群百分比/%	64	11	4	26	15	3	2	0	0	3	75		0	59	0	2	5
M31 耐污类群百分比/%	1	5	5	1	0	0	0	0		9	13	0	4	18	2	33	20
M32 中性类群百分比/%	31	35	85	67	8	94	89	96	99	82	8	68	96	6	54	30	40
M33 BI 指数	3	3	5	4		5	4	5	4	5	4		4		4	5	4
M34 多样性指数	2.55	1.88	2.25	2.24	1.36	1.59	2.12	1.04	0.09	2.10	1.38	1.62	0.64	1.49	1.49	1.81	2.18
M35 优势度指数	38	48	42	26	59	53	27	48	99	33	43	37	82	35	38	35	20
M36 均匀度指数	0.74	0.64	0.65	0.81	0.57	0.49	0.88	0.58	0.06	0.80	0.77	0.90	0.46	0.92	0.77	0.69	0.95

从计算结果来看，桂江的底栖动物分类单元（物种数）相对较多，其 EPT（蜉蝣目、襀翅目、毛翅目）、鞘翅目、双翅目等水生昆虫、软体动物的种类也较多，特别是桂江上游的底栖动物种类尤为丰富；寡毛纲（如颤蚓等）、双翅目（如摇蚊等）底栖动物在东江、北江下游所占比例较高；在各种功能类群的底栖动物中，刮食者在桂江中占的比例较高，滤食者在东江、北江中占的比例较高；BI 指数计算结果显示，北江的底栖动物 BI 指数较高。

3. 相关分析

对 36 个底栖动物参数进行相关性分析，根据相关系数的大小决定生物指数间所反映信息的重叠程度，如果两个指数间的相关系数 $|r| > 0.75$，表明两个指数间所反映信息的大部分是重叠的，选取其中一个就行了。36 个底栖动物参数之间的相关性分析（$n = 106$）见表 9-12。

表 9 - 12

36 个底栖动物参数之

	M1	M2	M3	M4	M5	M6	M7	M8	M9	M10	M11	M12	M13	M14	M15	M16	M17
M2	0.702**																
M3	0.596**	0.878**															
M4	0.526**	0.705**	0.286**														
M5	0.272**	0.042	0.033	0.062													
M6	0.661**	0.256*	0.287**	0.097	0.291**												
M7	0.681**	0.604**	0.422**	0.563**	-0.030	0.138											
M8	0.531**	0.249*	0.154	0.285**	0.312**	0.339**	0.381**										
M9	0.556**	0.298**	0.182	0.323**	-0.001	0.005	0.475**	0.192*									
M10	1.000**	0.702**	0.596**	0.526**	0.272**	0.661**	0.681**	0.531**	0.556**								
M11	-0.226*	-0.195*	-0.206*	-0.084	-0.187	-0.214*	-0.163	-0.201*	-0.139	-0.226*							
M12	0.142	-0.105	-0.082	-0.084	0.291**	0.600**	-0.210*	0.084	-0.217*	0.142	-0.328**						
M13	0.093	0.387**	0.434**	0.117	-0.116	-0.052	0.083	-0.030	0.052	0.093	-0.220*	-0.184					
M14	0.278**	0.350**	0.097	0.569**	-0.124	0.017	0.374**	0.260**	0.115	0.278**	-0.078	-0.058	0.070				
M15	-0.005	-0.039	-0.047	-0.011	-0.163	-0.239*	0.067	-0.054	0.479**	-0.005	-0.248*	-0.337**	-0.170	-0.090			
M16	0.332**	0.328**	0.270**	0.264**	-0.135	-0.050	0.663**	0.164	0.245*	0.332**	-0.132	-0.224*	0.018	0.164	-0.009		
M17	-0.110	-0.263**	-0.244*	-0.163	0.123	0.091	-0.241*	0.109	-0.049	-0.110	-0.047	0.200*	0.012	-0.057	0.084	-0.177	
M18	0.431**	0.555**	0.406**	0.405**	-0.103	0.078	0.545**	0.131	0.249*	0.431**	-0.099	-0.113	0.229*	0.170	0.002	0.222*	-0.197*
M19	0.842**	0.797**	0.609**	0.689**	0.062	0.212*	0.841**	0.492**	0.717**	0.842**	-0.222*	-0.183	0.207*	0.370**	0.168	0.495**	-0.192*
M20	0.022	0.079	0.034	0.069	0.001	-0.104	0.165	0.144	-0.054	0.022	-0.131	-0.149	0.024	0.158	-0.057	0.080	-0.135
M21	0.108	0.059	0.045	0.049	0.076	-0.113	0.238*	0.023	0.086	0.108	0.032	-0.116	-0.028	0.008	-0.051	0.029	-0.176
M22	-0.078	-0.010	0.006	-0.028	-0.086	-0.057	-0.051	-0.066	-0.044	-0.078	-0.051	-0.105	0.524**	-0.028	-0.082	-0.039	0.112
M23	0.228*	0.222*	0.170	0.212*	-0.151	0.177	0.078	0.100	0.105	0.228*	-0.150	0.115	0.073	0.581**	0.025	-0.019	-0.007
M24	0.255**	0.011	0.019	-0.009	0.256**	0.573**	0.039	0.152	-0.147	0.255**	-0.377**	0.897**	-0.092	-0.057	-0.380**	0.127	0.141
M25	-0.276**	-0.197*	-0.181	-0.133	-0.008	-0.133	-0.224*	-0.162	-0.262**	-0.276**	0.340**	-0.054	0.009	-0.187	0.004	-0.170	0.108
M26	-0.198*	-0.184	-0.144	-0.155	-0.016	-0.054	-0.245*	-0.082	-0.162	-0.198*	0.305**	0.046	0.005	-0.227*	0.137	-0.142	0.209*
M27	0.005	-0.077	-0.033	-0.099	0.089	0.113	-0.189	0.023	-0.002	0.005	0.078	0.167	0.041	-0.155	0.155	-0.142	0.171
M28	0.301**	0.111	0.157	0.003	0.241*	0.299**	-0.040	0.179	0.189	0.301**	-0.082	0.177	0.120	-0.021	0.123	-0.027	0.209*
M29	0.145	0.443**	0.441**	0.222*	-0.136	-0.046	0.156	0.020	0.076	0.145	-0.229*	-0.190	0.983**	0.250**	-0.180	0.053	0.000
M30	0.068	0.249*	0.169	0.207*	-0.011	-0.033	0.170	-0.059	0.036	0.068	-0.210*	0.082	0.258*	0.102	-0.114	0.009	-0.278**
M31	0.092	-0.119	-0.100	-0.082	0.306**	0.316**	-0.123	0.115	0.005	0.092	-0.320**	0.442**	-0.094	-0.150	0.051	-0.086	0.122
M32	0.215*	0.155	0.157	0.095	-0.003	0.106	0.183	0.187	0.069	0.215*	0.031	-0.125	0.121	0.147	-0.026	0.189	0.043
M33	0.171	-0.049	-0.058	-0.002	0.216*	0.312**	-0.032	0.171	0.028	0.171	-0.046	0.201*	-0.090	-0.058	0.043	-0.021	0.113
M34	0.707**	0.462**	0.428**	0.297**	0.204*	0.423**	0.467**	0.326**	0.516**	0.707**	-0.289**	0.174	0.084	0.269**	0.099	0.276**	-0.025
M35	-0.276**	-0.197*	-0.181	-0.133	-0.008	-0.133	-0.224*	-0.162	-0.262**	-0.276**	0.340**	-0.054	0.009	-0.187	0.004	-0.170	0.108
M36	0.226*	0.142	0.141	0.078	0.037	0.069	0.173	0.070	0.287**	0.226*	-0.151	0.112	0.027	0.152	0.209*	0.146	0.078

注 ** 表示相关性在 0.01 水平上显著（双尾）；* 表示相关性在 0.05 水平上显著（双尾）。

间的相关性分析（$n=106$）

M18	M19	M20	M21	M22	M23	M24	M25	M26	M27	M28	M29	M30	M31	M32	M33	M34	M35
0.551**																	
0.308**	0.087																
0.121	0.150	−0.021															
−0.020	−0.050	−0.048	−0.013														
0.021	0.178	−0.017	−0.057	−0.050													
0.014	−0.009	−0.097	−0.089	0.012	−0.083												
−0.068	−0.283**	0.053	0.009	0.216*	−0.204*	−0.085											
−0.098	−0.230*	−0.361**	0.000	0.151	−0.202*	0.016	0.780**										
−0.081	−0.088	−0.334**	0.014	0.110	−0.086	0.147	0.357**	0.658**									
−0.017	0.140	−0.166	0.040	0.069	0.083	0.177	−0.030	0.192*	0.535**								
0.258**	0.275**	0.052	−0.024	0.502**	0.175	−0.099	−0.026	−0.037	0.011	0.112							
0.381**	0.174	0.516**	0.043	−0.045	−0.036	0.126	0.020	−0.237*	−0.163	−0.041	0.271**						
−0.147	−0.077	−0.149	−0.120	−0.091	−0.075	0.420**	−0.028	0.127	0.250*	0.239*	−0.120	−0.172					
0.023	0.185	−0.071	0.045	0.199*	0.226*	−0.067	0.026	0.067	0.071	0.050	0.144	−0.200*	−0.392**				
−0.098	0.005	−0.109	−0.085	−0.007	0.072	0.181	0.053	0.160	0.222*	0.241*	−0.098	−0.131	0.398**	0.563**			
0.226*	0.603**	0.020	0.081	−0.203*	0.306**	0.241*	−0.639**	−0.391**	0.007	0.380**	0.133	0.060	0.131	0.179	0.188		
−0.068	−0.283**	0.053	0.009	0.216*	−0.204*	−0.085	1.000**	0.780**	0.357**	−0.030	−0.026	0.020	−0.028	0.026	0.053	−0.639**	
0.040	0.233*	−0.057	0.015	−0.231*	0.203*	0.121	−0.534**	−0.173	0.138	0.244*	0.054	0.020	0.110	0.130	0.189	0.797**	−0.534**

从表 9-12 可以看出，多个底栖动物参数之间有明显的相关性。其中，M1 与 M10 分别表示分类单元和物种数，在本书中两参数一致，保留 M1；M1 与 M19 正相关，M1 表示监测中采集到的分类单元数量，对环境干扰的响应能力优于其他两个参数，可以考虑保留；M12 与 M24 呈正相关关系，M12 表示软体动物的比例，M24 表示刮食者的比例，两者表示不同的底栖动物群落特征，考虑实际应用可以保留 M24；M13 与 M29 呈正相关关系，M13 表示蜉蝣目的比例，M29 表示 EPT 的比例，其中 M29 能表现更多的信息，可以考虑保留。

9.1.3.3　环境参数与底栖动物参数的相关分析

将底栖动物参数和水质理化参数的两个主成分进行 Spearman 相关性分析，得到 6 个生物参数和环境成分显著相关，分别是 M12 软体动物百分比、M15 双翅目百分比、M24 刮食者百分比、M31 耐污类群百分比、M33 BI 指数和 M34 多样性指数。其中 M12 与 M24 显著性相关（$r=0.89$），M31 与 M33 显著相关（$r=0.93$），考虑生物参数尽可能涵盖底栖动物群落信息，结合生物参数值的分布范围和环境指示性，剔除 M12 和 M31。环境参数主成分与底栖动物参数的相关分析见表 9-13。

表 9-13　　　　　　　　　环境参数主成分与底栖动物参数的相关分析

参数	主成分		参数	主成分	
	第一成分	第二成分		第一成分	第二成分
M1	-0.116	-0.115	M19	-0.168	-0.176
M2	-0.181	-0.188	M20	-0.141	-0.154
M3	-0.163	-0.164	M21	0.015	0.027
M4	-0.078	-0.094	M22	0.051	0.051
M5	-0.023	0.007	M23	-0.078	-0.088
M6	-0.067	-0.058	M24	-0.011 *	0.011 *
M7	-0.110	-0.114	M25	0.095	0.071
M8	-0.034	-0.030	M26	0.056	0.040
M9	-0.099	-0.107	M27	-0.271	-0.246
M10	-0.116	-0.115	M28	-0.288	-0.270
M11	0.188	0.165	M29	-0.115	-0.110
M12	-0.028 *	-0.008	M30	-0.138	-0.132
M13	-0.121	-0.114	M31	0.036 *	0.057 * *
M14	0.020	0.010	M32	-0.204	-0.196
M15	-0.120 *	-0.129 *	M33	-0.179 *	-0.160 *
M16	-0.053	-0.053	M34	-0.153	-0.135 *
M17	0.078	0.049	M35	0.095	0.071
M18	-0.112	-0.125	M36	-0.184	-0.161

初步确定 M15 双翅目百分比、M24 刮食者百分比、M33 BI 指数、M34 多样性指数作为珠江流域河流生物质量评价的构成参数。

9.1.3.4 判别能力分析

采用 IQ 值计分法来判断 3 个参数的可行性。通过箱型图比较参数在参照点和检测点之间的关系，其中箱体表示 $25\%\sim75\%$ 分位数值分布范围，小长方形表示中位数（Barour，1996）：3 分，A，箱体无任何重叠；2 分，B，箱体有少部分重叠，但中位数都在对方箱体之外；1 分，C，箱体大部分重叠，但是至少有一方的中位数处于对方箱体范围外；0分，D 和 E，一方箱体在另一方箱体范围内或双方的中位数都在对方箱体范围内。IQ 值计分法见图 9-4。

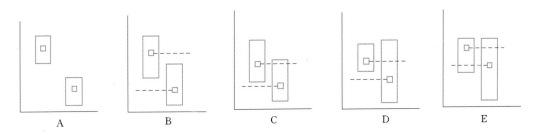

图 9-4　IQ 值计分法

参考 9.1.3.2 中的分析，选取桂江上游作为参照系，通过 IQ 值判别各参数的评价能力。候选参数 IQ 值判别结果见图 9-5。

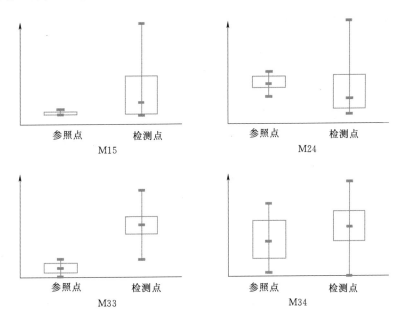

图 9-5　候选参数 IQ 值判别结果

从 IQ 值来看，M33 的判别能力较好，参照点和检测点的箱体无重合，计 3 分；M15和 M24 的箱体有重合，但是检测点的中位数均在参照点的箱体外，计 1 分；M34 的参照点和检测点箱体重合，中位数也在对方箱体内，判别能力较差，计 0 分。

9.2　珠江流域底栖动物评价指数确定

9.2.1　指数构成

根据以上分析结果，最终确定 M15 双翅目百分比、M24 刮食者百分比和 M33 BI 指数作为珠江流域河流生物质量评价的构成参数。

珠江底栖动物评价指数 Pearl - River Multivariate Biotic Index（P - MBI）：

$$M15 \quad M24 \quad M33$$
$$\downarrow \quad\quad \downarrow \quad\quad \downarrow$$
$$P - MBI = \frac{M}{N} + \frac{W}{N} + \sum \frac{N_i T_i}{N} \tag{9-1}$$

式中　N_i——第 i 个分类单元的个体数；

　　　N——样本总个体数；

　　　T_i——第 i 个分类单元的耐污值；

　　　M——双翅目个体数；

　　　W——刮食者个体数。

9.2.2　评价等级划分

采用 Karr 等提出的"5 - 3 - 1 生物指数记分法"统一双翅目百分比、刮食者百分比和 BI 指数的评价量纲。

其中双翅目百分比和 BI 指数值随干扰的增强而增加，以小于 20% 分位数计为 5，大于 80% 分位数计为 1，介于 20%～80% 计为 3；刮食者百分比则随干扰增强而减小，以大于 80% 分位数计为 5，小于 20% 分位数计为 1，介于 20%～80% 计为 3。3 个生物参数的分值计算方法见表 9 - 14。

表 9 - 14　　　　　　　　　　　3 个生物参数的分值计算方法

生物指数	频数分布		得　分/分		
	20%分位数	80%分位数	5	3	1
双翅目百分比/%	0.23	0.88	<0.23	0.23～0.88	>0.88
刮食者百分比/%	0.03	0.44	>0.44	0.03～0.44	<0.03
BI 指数	5.39	7.79	<5.39	5.39～7.79	>7.79

根据 3 个参数的分值，计算 P - MBI 指数，分值越大，表示环境质量越好，最高为 15，最低为 3。采用四分法确定综合指数评价水质的四个等级。珠江底栖动物评价指数环境质量评价等级见表 9 - 15。

表 9 - 15　　　　　　　珠江底栖动物评价指数环境质量评价等级

等级	好	一般	差	极差
分数/分	13～15	9～13	7～9	3～7

第 10 章

底栖动物评价体系应用

10.1 北江底栖动物评价指标体系应用

对北江流域底栖动物监测结果应用珠江流域底栖动物评价指数进行环境质量等级评价。

10.1.1 北江各断面 P - MBI 指数

计算两个监测年度北江各断面 P - MBI 指数。

10.1.1.1 2011 年北江各断面 P - MBI 指数

2011 年北江 21 个断面 P - MBI 指数得分见表 10 - 1。

表 10 - 1　　　　　　　　2011 年北江 21 个断面 P - MBI 指数得分

断面	双翅目百分比/%	得分/分	刮食者百分比/%	得分/分	BI 指数	得分/分	综合得分/分
B01	0.64	3	0.25	3	4.73	5	11
B02	0.83	3	0.12	3	4.92	5	11
B06	0.54	3	0.08	3	4.89	5	11
B07	0.41	3	0.43	3	7.37	3	9
B08	0.04	5	0.05	3	9.37	1	9
B11	0.41	3	0.41	3	7.00	3	9
B12	0.07	5	0.48	5	6.50	3	13
B13	0.11	5	0.36	3	4.95	5	13
B15	0.00	5	0.03	3	9.70	1	9
B16	0.82	3	0.02	1	6.08	3	7
B17	0.41	3	0.42	3	5.54	3	9
B18	0.27	3	0.18	3	7.10	3	9
B20	0.37	3	0.13	3	7.70	3	9
B21	0.31	3	0.32	3	6.25	3	9
B24	0.94	1	0.06	3	5.39	5	9

断面	双翅目百分比/%	得分/分	刮食者百分比/%	得分/分	BI 指数	得分/分	综合得分/分
B25	0.62	3	0.17	3	7.19	3	9
B26	0.44	3	0.00	1	7.86	1	5
B27	0.09	5	0.06	3	8.79	1	9
B28	0.00	5	0.00	1	9.50	1	7
B29	0.97	1	0.00	1	5.34	5	7
B31	0.28	3	0.00	1	8.98	1	5

10.1.1.2　2012 年北江各断面 P - MBI 指数

2012 年北江 18 个断面 P - MBI 指数得分见表 10 - 2。

表 10 - 2　　　　　　　　2012 年北江 18 个断面 P - MBI 指数得分

断面	双翅目百分比/%	得分/分	刮食者百分比/%	得分/分	BI 指数	得分/分	综合得分/分
B11	0.01	5	0.01	1	9.49	1	7
B12	0.24	3	0.06	3	7.10	3	9
B13	0.13	5	0.38	3	7.29	3	11
B16	0.13	5	0.07	3	8.71	1	9
B17	0.13	5	0.05	3	8.51	1	9
B18	0.11	5	0.25	3	6.48	3	11
B19	0.00	5	0.14	3	9.36	1	9
B20	0.00	5	0.14	3	5.61	3	11
B21	0.00	5	0.79	5	5.86	3	13
B24	0.70	5	0.00	1	4.95	5	9
B25	0.00	5	0.00	1	9.43	1	7
B26	0.85	3	0.00	1	4.55	5	9
B27	0.15	5	0.16	3	4.76	5	13
B28	0.47	5	0.06	3	6.64	3	9
B29	0.00	5	0.27	3	5.96	3	11
B30	0.36	3	0.27	3	5.73	3	9
B31	0.13	5	0.09	3	7.33	3	11
B35	0.27	3	0.00	1	5.93	3	7

10.1.2　北江水质生物评价

根据北江 P - MBI 指数计算结果，评价北江环境质量。

10.1.2.1　2011 年北江水质生物评价

根据建立的 P - MBI 综合指数评价等级，对 2011 年北江 21 个断面进行水质生物评价。2011 年北江各断面 P - MBI 综合指数水质生物评价结果见表 10 - 3。由表 10 - 3 可知，2011 年北江水体生物质量整体处于差的水平。在 21 个断面中，14 个断面水体生物质量处于差的水平，5 个断面处于一般的水平，2 个断面处于极差的水平。

表 10-3   2011 年北江各断面 P-MBI 综合指数水质生物评价结果

断面	P-MBI 指数	水质级别	断面	P-MBI 指数	水质级别
B01	11	一般	B18	9	差
B02	11	一般	B20	9	差
B06	11	一般	B21	9	差
B07	9	差	B24	9	差
B08	9	差	B25	9	差
B11	9	差	B26	5	极差
B12	13	一般	B27	9	差
B13	13	一般	B28	7	差
B15	9	差	B29	7	差
B16	7	差	B31	5	极差
B17	9	差			

10.1.2.2   2012 年北江水质生物评价

根据建立的 P-MBI 综合指数评价等级，对 2012 年北江 18 个断面进行水质生物评价。2012 年北江各断面 P-MBI 综合指数水质生物评价结果见表 10-4。由表 10-4 分析可知，2012 年北江水体生物质量整体处于一般-差的水平。在 18 个断面中，11 个断面水体生物质量处于差的水平，7 个断面处于一般的水平。

表 10-4   2012 年北江各断面 P-MBI 综合指数水质生物评价结果

断面	P-MBI 指数	水质级别	断面	P-MBI 指数	水质级别
B11	7	差	B24	9	差
B12	9	差	B25	7	差
B13	11	一般	B26	9	差
B16	9	差	B27	13	一般
B17	9	差	B28	9	差
B18	11	一般	B29	11	一般
B19	9	差	B30	9	差
B20	11	一般	B31	11	一般
B21	13	一般	B35	7	差

10.2   东江底栖动物评价指标体系应用

对东江流域底栖动物监测结果应用珠江流域底栖动物评价指数进行环境质量等级评价。

10.2.1   东江各断面 P-MBI 指数

2012 年东江 18 个断面 P-MBI 指数得分见表 10-5。

表 10 - 5　　　　　　　　　2012 年东江 18 个断面 P - MBI 指数得分

断面	双翅目百分比/%	得分/分	刮食者百分比/%	得分/分	BI 指数	得分/分	综合得分/分
D2	0.52	3	0.06	3	6.76	3	9
D3	0.15	5	0.00	1	4.84	5	11
D4	0.17	5	0.34	3	6.29	3	11
D5	0.54	3	0.12	3	7.59	3	9
D6	0.42	3	0.27	3	3.53	5	11
D7	0.18	5	0.66	5	5.19	5	15
D9	0.01	5	0.67	5	6.04	3	13
D10	0.19	5	0.08	3	7.94	1	9
D11	0.00	5	0.41	3	7.41	3	11
D12	0.00	5	0.16	3	2.61	5	13
D14	0.65	3	0.07	3	5.76	3	9
D15	0.77	3	0.12	3	4.99	5	11
D16	0.40	3	0.03	3	5.4	3	9
D17	0.14	5	0.07	3	7.77	3	11
D18	0.00	5	0.00	1	9.59	1	7
D19	0.96	1	0.02	1	4.58	5	7
D22	0.00	5	0.89	5	5.01	5	15
D24	0.89	1	0.00	1	4.37	5	7

10.2.2　东江水质生物评价

根据建立的 P - MBI 综合指数评价等级，对 2012 年东江 18 个断面进行水质生物评价。2012 年东江各断面 P - MBI 综合指数水质生物评价结果见表 10 - 6。从表 10 - 6 可知，2012 年东江水体生物质量整体处于一般 - 差的水平。在 18 个断面中，8 个断面水体生物质量处于差的水平，8 个断面处于一般的水平，2 个断面处于好的水平。

表 10 - 6　　　　2012 年东江各断面 P - MBI 综合指数水质生物评价结果

断面	P - MBI 指数	水质级别	断面	P - MBI 指数	水质级别
D2	9	差	D12	13	一般
D3	11	一般	D14	9	差
D4	11	一般	D15	11	一般
D5	9	差	D16	9	差
D6	11	一般	D17	11	一般
D7	15	好	D18	7	差
D9	13	一般	D19	7	差
D10	9	差	D22	15	好
D11	11	一般	D24	7	差

10.3 郁江底栖动物评价指标体系应用

对郁江流域底栖动物监测结果应用珠江流域底栖动物评价指数进行环境质量等级评价。

10.3.1 郁江各断面 P-MBI 指数

2011 年郁江 17 个断面 P-MBI 指数得分见表 10-7。

表 10-7　　　　　　　　　2011 年郁江 17 个断面 P-MBI 指数得分

断面	双翅目百分比/%	得分/分	刮食者百分比/%	得分/分	BI 指数	得分/分	综合得分/%
Y1	0.73	3	0.06	3	6.97	3	9
Y2	0.78	3	0.04	3	6.84	3	9
Y3	0.00	5	0.00	1	3.00	5	11
Y4	0.37	3	0.12	3	6.53	3	9
Y5	0.00	5	0.84	5	3.95	5	15
Y6	0.39	3	0.12	3	5.86	3	9
Y7	0.24	3	0.03	3	5.47	3	9
Y8	0.81	3	0.07	3	7.65	3	9
Y9	0.50	3	0.31	3	5.04	5	11
Y10	0.00	5	0.17	3	5.52	3	11
Y11	0.11	5	0.77	5	7.23	3	13
Y12	0.22	5	0.73	5	7.16	3	13
Y13	0.32	3	0.59	5	7.32	3	11
Y14	0.15	5	0.43	3	8.32	1	9
Y15	0.35	3	0.37	3	8.00	1	7
Y16	0.41	3	0.03	3	7.60	3	9
Y17	0.80	3	0.11	3	7.74	3	9

10.3.2 郁江水质生物评价

根据建立的 P-MBI 综合指数评价等级，对 2011 年郁江 17 个断面进行水质生物评价。2011 年郁江各断面 P-MBI 综合指数水质生物评价结果见表 10-8。从表 10-8 可知，2011 年郁江水体生物质量整体处于一般-差的水平。在 17 个断面中，10 个断面水体生物质量处于差的水平，6 个断面处于一般的水平，1 个断面处于好的水平。

表 10 - 8   2011 年郁江各断面 P－MBI 综合指数水质生物评价结果

断面	P－MBI 指数	水质级别	断面	P－MBI 指数	水质级别
Y1	9	差	Y10	11	一般
Y2	9	差	Y11	13	一般
Y3	11	一般	Y12	13	一般
Y4	9	差	Y13	11	一般
Y5	15	好	Y14	9	差
Y6	9	差	Y15	7	差
Y7	9	差	Y16	9	差
Y8	9	差	Y17	9	差
Y9	11	一般			

10.4   桂江底栖动物评价指标体系应用

对桂江流域底栖动物监测结果应用珠江流域底栖动物评价指数进行环境质量等级评价。

10.4.1   桂江各断面 P－MBI 指数

2012 年桂江 17 个断面 P－MBI 指数得分见表 10 - 9。

表 10 - 9   2012 年桂江 17 个断面 P－MBI 指数得分

断面	双翅目百分比/%	得分/分	刮食者百分比/%	得分/分	BI 指数	得分/分	综合得分/分
G1	0.12	5	0.27	3	3.01	5	13
G2	0.16	5	0.01	1	7.43	3	9
G3	0.55	3	0.37	3	5.06	5	11
G4	0.86	3	0.01	1	5.02	5	9
G5	0.33	3	0.01	1	6.87	3	7
G6	0.20	5	0.48	5	4.99	5	15
G7	0.01	5	0.29	3	4.78	5	13
G8	0.03	5	0.00	1	4.86	5	11
G9	0.01	5	0.01	1	4.48	5	11
G10	0.07	5	0.32	3	5.64	3	11
G11	0.05	5	0.90	5	3.82	5	15
G12	0.16	5	0.08	1	5.83	3	11
G13	0.00	5	0.08	1	5.35	5	13
G14	0.18	5	0.82	5	4.36	5	15
G15	0.42	3	0.24	3	5.41	3	9
G16	0.00	5	0.35	3	8.01	1	9
G17	0.15	5	0.30	3	6.45	3	11

10.4.2 桂江水质生物评价

根据建立的 P-MBI 综合指数评价等级，对 2012 年桂江 17 个断面进行水质生物评价。2012 年桂江各断面 P-MBI 综合指数水质生物评价结果见表 10-10。从表 10-10 可知，2012 年桂江水体生物质量整体处于一般-差的水平。在 17 个断面中，9 个断面水体生物质量处于一般的水平，5 个断面处于差的水平，3 个断面处于好的水平。

表 10-10　　　　　2012 年桂江各断面 P-MBI 综合指数水质生物评价结果

断面	P-MBI 指数	水质级别	断面	P-MBI 指数	水质级别
G1	13	一般	G10	11	一般
G2	9	差	G11	15	好
G3	11	一般	G12	11	一般
G4	9	差	G13	13	一般
G5	7	差	G14	15	好
G6	15	好	G15	9	差
G7	13	一般	G16	9	差
G8	11	一般	G17	11	一般
G9	11	一般			

10.5　珠江流域各江水生态状况比较

通过比较北江、东江、郁江、桂江水生态状况可知，桂江水生态状况为一般的比例达到 53%，差的占 29%，好的占 18%，极差的占 0%；郁江水生态状况为一般的比例达到 35%，差的占 59%，好的占 6%，极差的占 0%；东江水生态状况为一般的比例达到 43%，差的占 50%，好的占 5%，极差的占 2%；北江水生态状况为一般的比例达到 31%，差的占 64%，极差的占 5%。由此可知，4 条江水生态状况优劣顺序为桂江、郁江、东江、北江。各江生态状况比较见图 10-1。

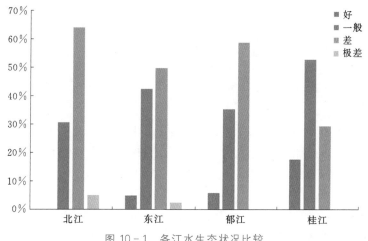

图 10-1　各江水生态状况比较

10.6　P-MBI 指数评价结果与水质理化结果对比分析

选取 2011 年北江的水质理化评价结果与 P-MBI 指数评价结果进行比较，以分析底栖动物评价结果与传统水质评价结果之间的差异。2011 年北江水质理化评价结果与 P-MBI 指数评价结果对比见表 10-11。

表 10-11　　2011 年北江水质理化评价结果与 P-MBI 指数评价结果对比

断面	理化参数评价水质级别	P-MBI 指数评价水质级别	断面	理化参数评价水质级别	P-MBI 指数评价水质级别
B01	Ⅲ	一般	B18	Ⅲ	差
B02	Ⅲ	一般	B20	Ⅳ	差
B06	Ⅲ	一般	B21	Ⅱ	差
B07	Ⅲ	差	B24	Ⅲ	差
B08	劣Ⅴ	差	B25	Ⅲ	差
B11	Ⅴ	差	B26	劣Ⅴ	极差
B12	Ⅴ	一般	B27	Ⅲ	差
B13	Ⅲ	一般	B28	Ⅳ	差
B15	Ⅲ	差	B29	Ⅴ	差
B16	Ⅲ	差	B31	Ⅳ	极差
B17	劣Ⅴ	差			

由表 10-11 可知，以理化结果来评价水质，在 21 个断面中，11 个断面水质处于Ⅲ类水，所占比例为 53%，其次为Ⅳ类、Ⅴ类和劣Ⅴ类，各有 3 个，各占 14% 的比例，Ⅱ类 1 个，占 5%。以 P-MBI 指数来评价水生态状况，在 21 个断面中，14 个断面水生态状况为差，所占比例为 67%，5 个为一般，占 24%，2 个为极差，占 9%。对比分析水质理化结果与 P-MBI 指数评价结果可知，2011 年北江以 P-MBI 指数评价的水质结果整体差于以理化评价的水质结果。当 P-MBI 指数评价结果为一般时，对应的理化结果基本处于Ⅲ类水级别；当 P-MBI 指数评价结果为极差时，对应的理化结果处于Ⅳ类及以下级别。这两个级别的 P-MBI 指数评价结果与理化结果基本处于同一个级别，差异性较小。当 P-MBI 指数评价结果为差时，对应的水质级别跨度较大，Ⅱ类～劣Ⅴ类均有分布，其中对应为Ⅲ类的水的断面有 7 个，对应Ⅳ类及以下级别的有 6 个，对应的水质整体处于中等偏下水平。

P-MBI 指数评价结果为极差的两个断面，其理化水质级别分别对应Ⅳ类水和劣Ⅴ类水。分析这两个断面的理化参数，均为氨氮含量过高导致，其他理化参数均能达到Ⅰ类～Ⅲ类水。分析各理化参数与 P-MBI 指数的相关性可知：P-MBI 指数与各理化参数之间不存在显著相关性（$p > 0.05$），与 P-MBI 指数值相关性较高的前几种理化参数分别是氨氮＞pH 值＞高锰酸盐指数＞五日生化需氧量。这说明 P-MBI 指数是水体综合状况的反映，并不能由单一的理化参数决定，但是氨氮在各指标中对 P-MBI 指数值影响最大。

第11章

底 栖 动 物 指 数 小 结

11.1 结论

目前我国常规水质监测体系仅限于理化监测，尽管具有灵敏、快速、精确等优点，但是测得的结果仅能表明采样那一时刻的"瞬时"状况，无法表明各种环境因素产生的联合效应，也无法表明环境因素的生物的真实影响以及生态系统是否安全。

河流水质生物监测能直接、综合地体现河流生态状况，可以弥补理化监测的各种缺陷，而底栖动物监测技术在国外应用最为广泛、技术最为成熟。在每年都有上千种新的化学物质问世的情况下，水质理化分析已经显得力不从心，而底栖动物监测却可以反映较长时段内的水环境状况，在水利行业实施底栖动物监测与评价时，可以减少理化监测频率，优化监测站点，极大地节省监测成本。

底栖动物监测与评价技术的全面应用可以为构建河流生态系统健康综合评估体系提供新的平台，为流域机构预测河流生态发展状况，实施水资源管理提供新的决策依据，使流域水资源质量管理更科学、更精确，可以向公众提供更直观、综合性更强的水质生物数据，为构建我国生态文明作出新的贡献。

本书基于珠江流域多年水生生态监测成果，首次构建了珠江流域底栖动物评价指数，从流域层面统一了底栖动物评价方法，使流域内各条河流的底栖动物评价结果具有可比性，解决了以往国内底栖动物研究仅局限于局部河流，评价结果和其他河流缺乏可比性的难题。对推动流域内河流生物评价技术具有较好的指导意义。

另外，本书提出的珠江流域底栖动物监测技术指南、底栖动物鉴定辅助软件和底栖动物数据管理软件降低了底栖动物监测和样品鉴定的技术难题，解决了以往底栖动物鉴定过高依赖于个人经验的难题，减小了由于个人经验参差不齐导致的人为误差，方便在基层水文机构大规模地推广应用，有助于提高水文系统的水生态监测能力。

11.2 研究展望

本书采用综合环境梯度结合指数分布的方法来构建底栖动物综合指数，以底栖动物群落参数对环境梯度的响应为依据，筛选出合适的生物指数来构建适合珠江流域进行水质生物评价的底栖动物综合指数。

在研究过程中，我们认为指数构建的参照系选取仍然是影响评价指数准确性的重要因素之一。原则上，参照系应为未受人类活动干扰或干扰极小的断面，但是在实际操作中尚无统一标准。

目前在国内，除自然保护区内的核心区尚有未受人类活动干扰的溪流外，其他均已不同程度地受到人类活动影响。在确定无干扰和干扰极小断面的方法，除尽量参考水体理化参数外，主要是通过实地调查和与当地居民的交流来获得所需信息，决定断面受干扰程度。这种方法或多或少地会影响结果的准确性。建议在以后的研究中，可以通过遥感数据分析断面上游农作物、森林、村庄等分布情况，增加水体及底泥化学指标等来综合确定断面的干扰程度，以提高参照断面选择的准确性。

因此，本研究将会在推广应用过程中增加指数应用的河流范围，不断扩充底栖动物基础数据库；同时更科学地选取能够为指数建立提供有效对照的参照系，提高指数在珠江流域应用的准确性。

第四部分
研究结论

第 12 章

结 论 与 展 望

12.1 结论

在我国河流水环境监测中，一般采用理化参数，它反映的是采样瞬时水环境物理特征和化学特征。尽管河流着生硅藻和底栖动物监测与评价能够反映各种污染物对河流水生物长期、累积、综合的生态效应，而且具有生命周期短、反应迅速、采样方便、成本较低等优点，但是该评价方法在我国河流水环境质量评价的适用性研究报道较少，还未得到大范围的研究和推广。

本书以河流着生硅藻和底栖动物作为研究对象，在珠江流域设置多个监测断面，同步采集着生硅藻样品、底栖动物样品和水质样品，分析珠江流域着生硅藻和底栖动物的物种组成和空间分布差异。通过数量分类和排序等统计分析方法研究了珠江着生硅藻和底栖动物群落的结构特征，确定着生硅藻和底栖动物群落变化的主要影响因素，区分水质理化参数和地理因素对着生硅藻群落的影响大小。同时也采用了统计分析手段，探讨常用的硅藻评价指数和底栖动物评价指数在珠江河流水质评价中的适用状况。最后，分别利用硅藻评价指数、底栖动物评价指数对珠江河流水质和生态质量进行综合评估。具体研究结果如下。

（1）硅藻及底栖动物这两个生物类群的群落结构变化均是各项环境参数共同作用的结果，采用这两个类群作为环境生态质量的指示工具是可行的。其中，硅藻群落结构是水质、地理因素和土地利用共同作用的结果；而底栖动物则受到溶解氧、有机物、电导率等因素的影响。

（2）验证研究了 7 项常用硅藻评价指数对于珠江水系河流水质评价的适用性，通过相关性分析、层次聚类分析、逐步判别分析等方法进行分析研究，结果表明 IBD 和 IDG 指数为最适合用于珠江河流水质生物监测的硅藻评价指数。

（3）通过对多个底栖动物指数的适用性研究发现，单一指数未能很好地反映评价河流的生态质量，多度量指数因缺少合理的评价标准而使其结果存在偏差。

（4）通过硅藻多样性指数分析、硅藻评价指数分析、硅藻生态类群划分体系分析 3 种方法进行珠江河流水质评价和生态质量评估。分析归纳，3 种硅藻评价方法各有优劣，为了提高评价结果的可靠性，应联合使用多层次的硅藻评价方法。

（5）通过对东江、北江、桂江等珠江子流域的底栖动物数据和水质数据的统计分析，构建了适合珠江状况的底栖动物评价指数——珠江综合指数 P - MBI，运用该指数对珠江水生态状况进行了评价。

12.2 展望

本书分析确定了珠江着生硅藻群落的变化主要源于水质因素，探讨试验了硅藻评价指数的适用性，采用不同的硅藻评价方法对珠江水质生态质量进行评估，证明了基于着生硅藻的评价方法是珠江河流生物监测体系中行之有效的方法。但是在实际应用中，河流着生硅藻评价方法具有一些不确定性，例如复杂环境因素交叉影响而导致的硅藻群落变异不定向，硅藻对于污染的耐受驯化效应，其他水生生物对于硅藻群落的生物影响因素。同时应用着生硅藻进行水质评价时，还应考虑不同生态区域、不同季节、不同采样基质对评价结果的影响。河流着生硅藻的水质评价研究在我国河流的生物监测还需要进一步的研究支持，应加强对河流着生硅藻生理、生态学的基础研究，建立水生态分区制度，划分水质硅藻评价等级，开发适合我国河流特征的硅藻水质评价指数，建立可以大面积推广的着生硅藻评价标准体系。

底栖动物区系组成特点与动物地理区或生态区密切相关。本书所用断面均来源于珠江流域，避免了因断面来自不同生态区对 B - IBI 指数及其评价标准的影响。但是由于受数据数量和来源的限制，该标准目前仅限于珠江流域使用。用于底栖动物评价的珠江综合指数是根据特定水域实际状况建立的综合指数，但是建立的过程中，因为统计学的需要，剔除部分点位，因此是否能够准确地反映该水域水体生物学质量还有待验证。目前国外已经很少使用多样性指数进行水质生物评价，但是基于特定流域状况建立的综合指数是否合理，评价结果与多样性指数评价结果进行比较验证是否合理还需要进一步的探讨。

参 考 文 献

[1] COSTE M, BOUTRY S, TISON ROSEBERY J, et al. Improvements of the Biological Diatom Index (BDI): Description and efficiency of the new version (BDI - 2006) [J]. Ecological Indicators, 2009, 9 (4): 621 - 650.

[2] FEIO M J, ALMEIDA S F P, CRAVEIRO S C, et al. A comparison between biotic indices and predictive models in stream water quality assessment based on benthic diatom communities [J]. Ecological Indicators, 2009, 9 (3): 497 - 507.

[3] FERRÉOL M, DOHET A, CAUCHIE H M, et al. An environmental typology of freshwater sites in Luxembourg as a tool for predicting macroinvertebrate fauna under non - polluted conditions [J]. Ecological Modelling, 2008, 212 (1 - 2): 99 - 108.

[4] HARRISON E T, NORRIS R H, WILKINSON S N. Can an indicator of river health be related to assessments from a catchment-scale sediment model [J]. Hydrobiologia, 2008, 600 (1): 49 - 64.

[5] JOHNSON R K, HERING D, FURSE M T, et al. Detection of ecological change using multiple organism groups: Metrics and uncertainty [J]. Hydrobiologia, 2006, 566 (1): 115 - 137.

[6] MISERENDINO M L, MASI C I. The effects of land use on environmental features and functional organization of macroinvertebrate communities in Patagonian low order streams [J]. Ecological Indicators, 2010, 10 (2): 311 - 319.

[7] MARTÍN G, TOJA J, SALA S E, et al. Application of diatom biotic indices in the Guadalquivir River Basin, a Mediterranean basin. Which one is the most appropriated? [J]. Environmental Monitoring & Assessment, 2010, 170 (1 - 4): 519 - 534.

[8] PAN Y D, HILL H B, HUSBY P, et al. Relationships between environmental variables and benthic diatom assemblages in California Central Valley streams (USA) [J]. Hydrobiologia, 2006, 561 (1): 119 - 130.

[9] PETER R, LEON M, SIMON C. Can macroinvertebrate rapid bioassessment methods be used to assess river health during drought in south eastern Australian streams? [J]. Freshwater Biology, 2008, 53 (12): 2626 - 2638.

[10] PONADER C K, CHARLES F D, BELTON J T. Diatom-based TP and TN inference models and indices for monitoring nutrient enrichment of New Jersey streams [J]. Ecological Indicator, 2007, 7 (1): 79 - 93.

[11] POTAPOVA M, CHARLES F D. Diatom metrics for monitoring eutrophication in rivers of the United States [J]. Ecological Indicators, 2007, 7 (1): 48 - 70.

[12] SALMAN A S, CHE S M R, ABU H A, et al. Influence of agricultural, industrial and anthropogenic stresses on the distribution and diversity of macroinvertebrates in Juru river basin, Penang, Malaysia [J]. Ecotoxicology and Environmental Safety, 2011, 74 (5): 1195 - 1202.

[13] SALOMONI S E, ROCHA O, CALLEGARO V L, et al. Epilithic diatoms as indicators of water quality in the Gravatai River, Rio Grande do Sul, Brazil [J]. Hydrobiologia, 2006, 559 (1): 233 - 246.

[14] SMUCKER J N, VIS L M. Diatom biomonitoring of streams: Reliability of reference sites and the response of metrics to environmental variations across temporal scales [J]. Ecological Indicators, 2011, 11 (6): 1647 - 1657.

[15] SOININEN J. Environmental and spatial control of freshwater diatoms: a review [J]. Diatom Research, 2007, 22 (2): 473 – 490.

[16] SOLAK C N, ÀCS É. Water quality monitoring in European and Turkish Rivers using diatoms [J]. Turkish Journal of Fisheries and Aquatic Sciences, 2011, 11 (2): 329 – 337.

[17] STEVENSON R J, HILL B E, HERLIHY A T, et al. Algae-P relationships, thresholds, and frequency distributions guide nutrient criterion development [J]. Journal of the North American Benthological Society, 2008, 27: 783 – 799.

[18] TAYLOR C J, VAN VUUREN J M S, PIETERSE A J H. The application and testing of diatombased indices in the Vaal and Wilge Rivers, South Africa [J]. Water SA, 2007, 33 (1): 51 – 60.

[19] TISON J, GIRAUDEL J L, COSTE M. Evaluating the ecological status of rivers using an index of ecological distance: An application to diatom communities [J]. Ecological Indicators, 2008, 8 (3): 285 – 291.

[20] URREA G, SABATER S. Epilithic diatom assemblages and their relationship to environmental characteristics in an agricultural watershed (Guadiana River, SW Spain) [J]. Ecological Indicators, 2009, 9 (4): 693 – 703.

[21] ZALACK T J, SMUCKER J N, VIS L M. Development of a diatom index of biotic integrity for acid mine drainage impacted streams [J]. Ecological Indicators, 2010, 10 (2): 287 – 295.

[22] 戴纪翠, 倪晋仁. 底栖动物在水生生态系统健康评价中的作用分析 [J]. 生态环境学报, 2008, 5: 2107 – 2111.

[23] 邓培雁, 雷远达, 刘威, 等. 桂江流域附生硅藻群落特征及影响因素 [J]. 生态学报, 2012, 32 (7): 2196 – 2203.

[24] 段学花, 王兆印, 徐梦珍, 等. 底栖动物与河流生态评价 [M]. 北京: 清华大学出版社, 2010.

[25] 胡鸿钧, 魏印心. 中国淡水藻类: 系统分类及生态 [M]. 北京: 科学出版社, 2006: 300 – 416.

[26] 克拉默尔. 欧洲硅藻鉴定系统 [M]. 刘威, 朱远生, 黄迎艳, 译. 广州: 中山大学出版社, 2012.

[27] 齐雨藻. 中国淡水藻志: 第四卷 硅藻门 中心纲 [M]. 北京: 科学出版社, 1995.

[28] 渠晓东, 张远. 人为活动对冈曲河大型底栖动物空间分布的影响 [J]. 环境科学研究, 2010, 23 (3): 304 – 311.

[29] 王备新, 杨莲芳, 刘正文. 生物完整性指数与水生态系统健康评价 [J]. 生态学杂志, 2006, 25 (6): 707 – 710.

[30] 王博, 刘全儒, 周云龙, 等. 东江干流底栖动物群落结构与水质生物学评价 [J]. 水生态学杂志, 2011, 32 (5): 43 – 49.

[31] 吴东浩, 王备新, 张咏, 等. 底栖动物生物指数水质评价进展及在中国的应用前景 [J]. 南京农业大学学报, 2011, 2: 129 – 134.

[32] 尤仲杰, 陶磊, 焦海峰, 等. 象山港大型底栖动物功能群研究 [J]. 水生生物学报, 2011, 42 (3): 431 – 435.

[33] 张丹, 丁爱中, 林学钰, 等. 河流水质监测和评价的生物学方法 [J]. 北京师范大学学报 (自然科学版), 2009, 45 (2): 200 – 204.